TRAITÉ

DE

MACHINES A VAPEUR

PARIS. — E. BERNARD ET Cie, IMPRIMEURS, RUE LACONDAMINE, 75 ET 77.

TRAITÉ

DE

MACHINES A VAPEUR

AVEC DISTRIBUTION PAR TIROIRS, SANS MÉCANISME DE PRÉCISION

EXPOSÉ DU DÉVELOPPEMENT, DES PROGRÈS
ET DES PRINCIPES DE CONSTRUCTION DE CES MACHINES

A L'USAGE DES INGÉNIEURS, DES CONSTRUCTEURS DE MACHINES A VAPEUR, DES ÉCOLES INDUSTRIELLES ET DES PROPRIÉTAIRES DE MACHINES A VAPEUR

Par M. UHLAND, Ingénieur civil,
Rédacteur en chef du PRACTICHEN MASCHINEN CONSTRUCTEUR

ÉDITION FRANÇAISE PUBLIÉE ET ANNOTÉE

Par M. N. JARRY

INGÉNIEUR, ANCIEN ÉLÈVE DE L'ÉCOLE CENTRALE DES ARTS ET MANUFACTURES
PROFESSEUR DE TECHNOLOGIE INDUSTRIELLE ET COMMERCIALE, AUX COURS COMMERCIAUX DE LA VILLE DE PARIS

PARIS
E. BERNARD et Cie, LIBRAIRES-ÉDITEURS
4, RUE DE THORIGNY, 4

1882

TRAITÉ

DE

MACHINES A VAPEUR

AVEC DISTRIBUTION PAR TIROIRS, SANS MÉCANISME DE PRÉCISION

EXPOSÉ DU DÉVELOPPEMENT, DES PROGRÈS

ET DU PRINCIPE DE CONSTRUCTION DE CES MACHINES

A. MACHINES A VAPEUR AVEC DISTRIBUTION

PAR TIROIRS ORDINAIRES OU SIMPLES

I. — DISTRIBUTION AVEC DÉTENTE FIXE

---

1. — Tiroir à coquille.

La distribution de la vapeur dans le cylindre d'une machine à double effet est caractérisée par quatre passages ou périodes distinctes : ce sont l'admission et l'échappement de chaque côté du piston pendant un tour de la manivelle et par conséquent pendant une double course du piston. Le tiroir de distribution sert d'organe de transition à ces différentes périodes; et par le déplacement de ses arêtes, il ouvre ou ferme les orifices de vapeur situés sur la table, en glissant sur cette dernière. On peut représenter le tiroir de distribution (la tige d'excentrique supposée de longueur infinie) comme animé d'un mouvement d'oscillation autour de sa position moyenne, c'est-à-dire s'écartant de chaque côté de cette position de la même quantité. Ce mouvement est transmis dans le plus grand nombre de cas, de l'arbre de la manivelle au tiroir au moyen d'un excentrique; ainsi que nous le verrons dans la suite. Lorsque le mécanisme de mouvement qui relie l'excentrique au tiroir n'a pas été disposé pour une course variable, le fonctionnement du tiroir ne varie pas non plus et l'on obtient une détente fixe correspondant à une disposition de l'excentrique et du tiroir.

Prenons pour point de départ le cas le plus simple : Considérons un tiroir avec une détente nulle, c'est-à-dire avec une introduction à pleine pression ; les pompes, les machines d'épuisement sont généralement munies de tiroir semblables. Lorsque le piston est arrivé au point mort, le tiroir se trouve au milieu de sa course. Au commencement de sa course, animé de sa vitesse maximum, il découvre les orifices ; à la fin de sa course, il les ouvre de nouveau. Il n'y a donc ni détente, ni compression. Dans ce cas, l'écartement des deux arêtes du tiroir est égal à la largeur du canal d'admission ; mais comme on ne peut arriver à une précision mathématique, on augmente cet écartement en donnant au tiroir du recouvrement. Ce recouvrement se subdivise en *recouvrement extérieur* et en *recouvrement intérieur*.

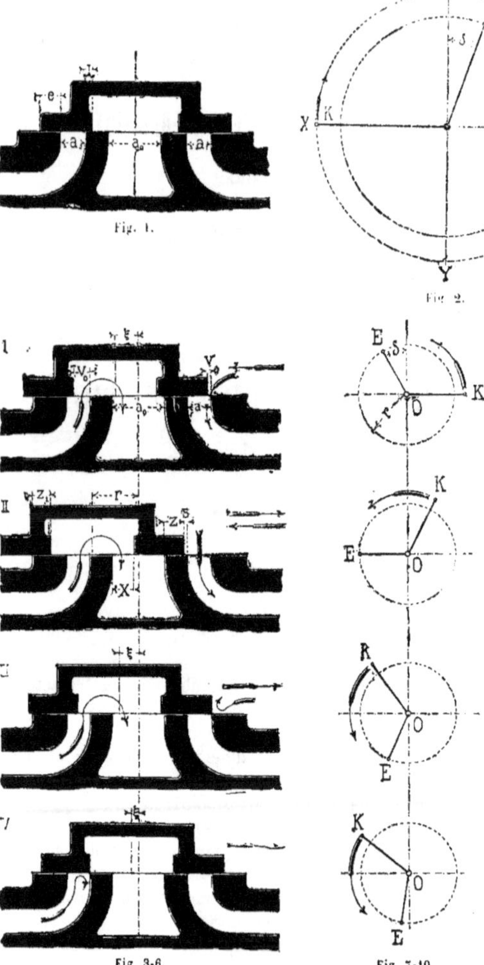

Fig. 1. Fig. 2. Fig 3-6. Fig. 7-10.

La figure 1 du texte représente un tiroir à coquille, avec le recouvrement en question ; il occupe sa position moyenne. Nous désignerons commme d'habitude par e le recouvrement extérieur, par i le recouvrement intérieur, par a la largeur ou hauteur de l'orifice d'admission, par a_0 celle de l'orifice d'échappement et par b l'écartement intérieur de ces deux orifices.

Dans ces conditions, la position moyenne du tiroir ne correspond plus à la position extrême du piston. Le tiroir et par conséquent l'excentrique devront être déjà sortis de leur position moyenne, pour laisser affluer la vapeur au commencement de la course du piston. Dans la figure 2, où le piston est arrivé à son point mort, l'angle décrit par l'excentrique en allant de la normale YY à la ligne de direction OE, s'appelle angle d'avance, ordinairement désigné par δ ; E désigne l'excentrique (l'excentricité sera représentée par un manivelle idéale) et K la manivelle. La rotation de l'arbre moteur a lieu dans le sens indiqué par la flèche. Suivant la grandeur de l'angle de calage, qui cependant ne doit varier qu'entre certaines limites, on obtient une faible détente ; laquelle évidemment reste constante pour un cas déterminé.

Dans une distribution par simple tiroir, il faut encore considérer la course du tiroir, l'excentricité r (1) correspondante de l'excentrique dont la grandeur dépend principalement de la largeur de l'orifice a, et l'avance linéaire v qui dépend de l'angle d'avance et de l'excentricité ; cette avance représente la quantité dont le tiroir a déjà ouvert l'orifice d'admission au commencement de la course du piston. Il reste enfin à considérer le degré de détente E. Nous désignons par AB, la course du piston, AC étant la fraction de sa course pendant laquelle l'orifice d'admission est ouvert, on a $E = \frac{AC}{AB}$.

La manivelle motrice pouvant tourner dans les deux sens ; l'angle d'avance doit être porté à droite et à gauche de la normale YY, ce que, pour plus de clarté, nous avons indiqué dans les figures 7-10 du texte en donnant à la manivelle une rotation en sens contraire de la rotation indiquée figure 2.

Les figures 3-6 du texte représentent les principales positions que prend le tiroir en marchant dans l'un des deux sens, et les figures 7-10 les positions correspondantes de l'excentrique et de la manivelle. L'écartement du tiroir étant symétrique, par rapport à sa position moyenne, il en résulte que des positions analogues se reproduisent de l'autre côté.

I. — *Le piston est à droite au commencement de sa course.* — L'orifice d'admission est ouvert de la quantité v égale à l'avance linéaire extérieure ; en même temps, l'orifice d'échappement correspondant est ouvert d'une quantité égale à l'avance linéaire intérieure v_0. Le chemin parcouru par le tiroir à partir de sa position moyenne est déterminé par l'égalité $\xi = e + v$.

II. — *Le tiroir occupe sa position extrême à gauche.* — Le chemin parcouru par le tiroir est déterminé par $\xi = r = e + a + s$. Les deux orifices sont complètement ouverts. Les quantités Z et Z_1, sont égales entre elles, et doivent être assez grandes pour faire joint avec la glace du tiroir.

III. — *Commencement de la détente.* — L'échappement a encore lieu ; le chemin à parcourir jusqu'à la position moyenne est $\xi = e$.

IV. — *Commencement de la compression.* — Le chemin qui reste à parcourir est $\xi = i$. La détente a lieu sur la face droite du piston et la compression a lieu sur la face gauche. Cette période est aussi appelée *fausse détente.*

Nous pouvons résumer ainsi le fonctionnement du tiroir : pendant que le tiroir occupe les positions I, II, III, la vapeur agit d'une façon uniforme, c'est-à-dire à pleine pression. La détente a lieu lorsque le tiroir passe de la position III à la position IV. La compression commence en IV, et continue jusqu'à ce que l'orifice de vapeur de droite soit ouvert pour l'échappement. Avant que le piston ne soit arrivé à la fin de sa course, à gauche, la vapeur afflue sur l'avant du piston et agit ainsi en sens contraire du mouvement jusqu'à ce que le piston ait atteint une position analogue à la position I pour le côté gauche du cylindre. La distribution est donc parfaite de I à IV, mais elle est défectueuse de cette dernière position jusqu'à la fin de la course. En donnant un faible recouvrement et une faible avance, la détente réelle est très limitée, mais les défauts dans le fonctionnement disparaissent presque totalement.

(1) L'excentricité est la distance du centre de l'excentrique à l'axe de l'arbre

Ce qui importe surtout, c'est de fixer à quelles positions de la manivelle, le tiroir ouvre les différents orifices, et de déterminer les largeurs d'ouverture correspondant à chaque position voulue de la manivelle. Ces problèmes se résolvent très facilement par les procédés graphiques et l'on peut, par un coup d'œil rapide, examiner toutes les phases de la distribution de la vapeur. Ces procédés fournissent le moyen de trouver pour un projet de distribution de vapeur, où il n'y a qu'un changement de données, la distribution de vapeur voulue et la mieux appropriée.

2. — Diagramme de Zeuner.

Au moyen du diagramme de Zeuner (1) on peut chercher rapidement, et avec une très grande facilité, les relations qui existent entre l'angle de la manivelle ou la course du piston et la distribution de la vapeur. Le diagramme ne donne, sans doute, que des résultats approximatifs ; mais ils sont largement suffisants dans la pratique et les premiers projets.

Considérons une distribution simple, dans laquelle on se donne l'excentricité r et l'angle d'avance δ. On va d'abord chercher l'écartement du tiroir de sa position moyenne pour un angle de rotation donné ω de la manivelle.

Pour cela, on trace le système des axes rectangulaires OX et OY (fig. 11 du texte) OX correspondant à la ligne de direction de la glace du tiroir. L'angle d'avance δ est porté, soit à droite, soit à gauche de OY, suivant le sens de la rotation, de sorte que $YOJ = \delta$ et l'on prend $OJ = OJ_1 = r$; en décrivant sur ces lignes comme diamètre des circonférences, on obtient les cercles du tiroir. Ces dimensions sont dessinées en grandeur d'exécution. On décrit du centre O avec un rayon arbitraire une circonférence qui représente le cercle réduit de la manivellle et l'on trace un rayon OR_1 qui représente une position de la manivelle ; la distance OP située à l'intérieur du cercle du tiroir est égale à l'écartement du tiroir de sa position moyenne ; le cercle supérieur donne les écartements du tiroir vers la droite, et le cercle inférieur les écartements vers la gauche. Ces deux cercles étant symétriques par rapport à la droite DD perdendiculaire à JJ_1, il suffit, dans la plupart des cas, de dessiner seulement l'un de ces cercles, le cercle supérieur par exemple.

On obtient les principales positions du tiroir de la façon suivante : lorsque la manivelle est au point mort, elle occupe dans le diagramme la position OR ; le tiroir est éloigné du milieu de sa course de la longueur OP_1. Le plus grand écartement du tiroir correspond à la position OJ de la manivelle. Il se trouve au milieu de sa course c'est-à-dire dans sa position moyenne, quand la manivelle occupe la position OD, perpendiculaire à OJ.

Si l'on considère la rotation de la manivelle à partir de OR dans le sens indiqué par la flèche, on reconnaît facilement que les chemins parcourus par le tiroir augmentent très rapidement tandis qu'ils varient peu lorsque la manivelle arrive dans le voisinage de la position OJ. Arrivé au milieu de sa course, le tiroir se meut avec la plus grande vitesse, tandis qu'au contraire son mouvement devient très lent lorsqu'il arrive à son maximum d'écartement OJ, c'est-à-dire à la course rétrograde. Le diagramme permet donc de se rendre compte de la vitesse du tiroir pour toutes les positions de la manivelle (2).

(1) Zeuner déduit l'équation du mouvement du tiroir en fonction de l'angle ω de la manivelle. Comme le rapport de l'excentricité à la longueur de la tige d'excentrique est très petit on peut négliger certains termes et on a $\xi = r \sin(\delta + \omega)$ (*) : équation en coordonnées polaires dans laquelle le rayon vecteur est la course du tiroir correspondant à chaque position ω de la manivelle. En développant l'équation s'écrit encore $\xi = r \sin \delta \cos \omega + r \cos \delta \sin \omega$. Si l'on pose $r \sin \delta = A$ $r \cos \delta = B$, on a l'équation $\xi = A \cos \omega + B \sin \omega$ usitée dans les distributions par coulisses.

(2) On suppose que l'angle ω croît proportionnellement au temps, c'est-à-dire que la vitesse angulaire de l'arbre est constante.

(*) Nous établirons cette relation dans une note placée à la fin de l'ouvrage.

Il reste à déterminer, au moyen du diagramme, la largeur d'ouverture des orifices pour chaque position du piston. Supposons que le tiroir soit éloigné du milieu B de sa course de la quantité ξ et qu'il ouvre l'orifice d'admission de la quantité a_1; la figure 12 donne directement $a_1 = \xi - e$, et pour l'orifice d'échappement $a_2 = \xi - i$. On obtient (fig. 11) l'ouverture des orifices en portant sur le rayon vecteur le recouvrement extérieur et le recouvrement intérieur. Pour répéter le même tracé pour toutes les positions du tiroir, il suffit de décrire, du point O comme centre, un cercle de recouvrement extérieur avec le rayon $OV = e$ et un cercle de recouvrement intérieur avec le rayon $OW = i$; les longueurs interceptées VP et WP donnent alors l'ouverture des orifices d'admission et d'échappement de la vapeur.

Finalement, en portant la largeur a des orifices d'admission à partir de V et W sur une corde et vers l'extérieur (ce qui n'a été fait pour plus de clarté que pour un seul cercle de tiroir), et décrivant de O comme centre, des cercles de rayon OM et ON de manière que $VM = a$ et $WN = a$, les quantités, dont sont découverts les orifices, sont déterminées par les portions des cordes situées entre les cercles V et M et W et N.

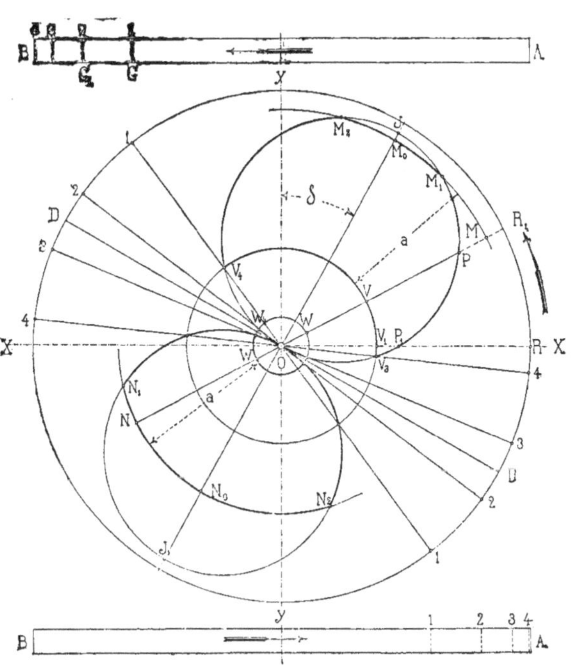

Fig. 11.

L'intersection du cercle M avec le cercle du tiroir a lieu pour la position OM_1 de la manivelle, où l'orifice d'admission est complètement ouvert; la course du tiroir est dans ce cas $\xi = e + a$. Il en est de même pour la position OM_2 de la manivelle, où le tiroir commence de nouveau à fermer l'orifice.

Pendant que la manivelle parcourt l'arc M_1M_2, l'orifice d'admission est complètement ouvert; M_0J donne, en vraie grandeur, la quantité dont l'arête extérieure du tiroir a dépassé l'arête intérieure de l'orifice, pour la course maximum.

Sur le côté opposé de la figure, on répète la même construction pour l'échappement; et N_0J_1, donne la quantité dont l'arête intérieure du tiroir a dépassé l'arête extérieure de l'orifice.

De cette façon, l'action de la vapeur dans le cylindre est parfaitement déterminée. La détente commence lorsque la manivelle occupe la position 1, et la compression lorsqu'elle occupe position 2 ; l'échappement de la vapeur commence à avoir lieu à la position 3 de la manivelle et l'introduction de la vapeur à la position 4.

L'échappement est par conséquent en avance sur l'admisison, et cesse plus tard également. La figure 11 du texte indique le diagramme pour la marche en avant et en arrière du piston, la bielle étant toujours supposée de longueur infinie. En projetant simplement les positions de la manivelle sur la droite AB, le rapport de AC à AB exprime celui de la détente, et le rapport de AC_1 à AB, celui de la compression.

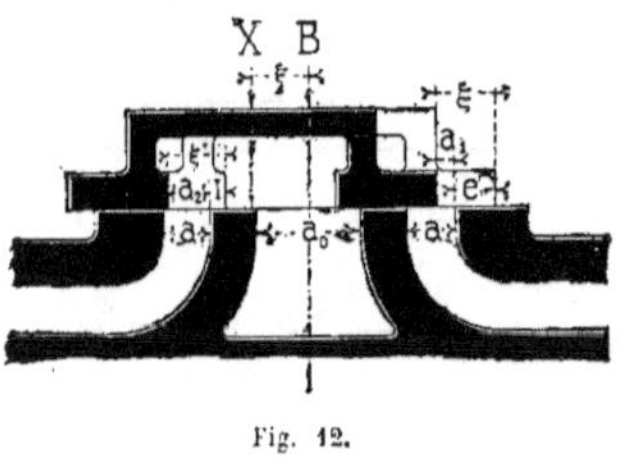

Fig. 12.

On reconnaîtra donc facilement comment on devra modifier les données pour une nouvelle distribution de vapeur. Si par exemple, on augmente l'excentricité r, la détente a lieu plus tard, et l'avance augmente ; ce qu'on ne doit recommander dans aucun cas. Si au contraire, on augmente l'angle d'avance δ, l'orifice d'admission se ferme plus tôt et l'on obtient ainsi une détente et une avance plus grandes. En augmentant le recouvrement extérieur, l'orifice d'admission se ferme plus tôt, et on a une détente plus grande, mais avec admission retardée de la vapeur.

Il résulte de tout cela que le tiroir à coquille simple convient très peu pour une grande détente; aussi ne conseille-t-on son emploi que dans les petits moteurs à vapeur, où l'une des premières conditions imposées est la simplicité de construction.

3. — Ellipse du tiroir.

Le procédé qui permet de représenter graphiquement les chemins parcourus par le tiroir par rapport à ceux du piston, en tenant compte de la longueur de la bielle, est le tracé par ellipse. Il est vrai qu'il exige beaucoup plus de temps que le procédé par cercles, lequel donne l'éloignement du tiroir de sa position moyenne par rapport à l'angle ω dont a tourné la manivelle ; mais d'un autre côté, le procédé par ellipse ne laisse rien à désirer quant à la clarté.

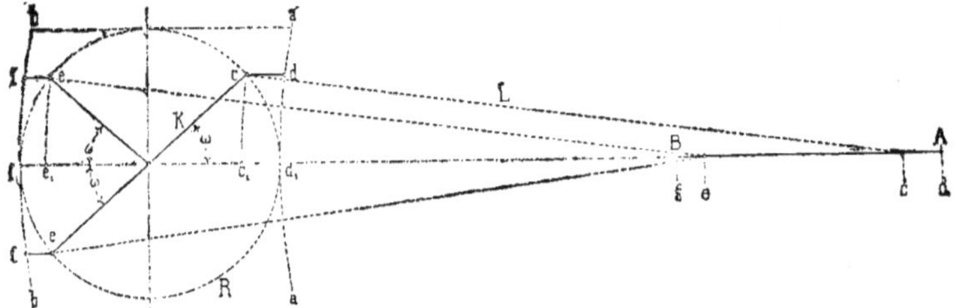

Fig. 13.

Pour bien faire comprendre ce procédé, il est nécessaire d'envisager de plus près, dans leur ensemble, le mouvement de la manivelle et celui du piston; car les chemins parcourus par le piston ne sont pas égaux pendant la première moitié et la seconde moitié de sa course, pour des angles égaux de la manivelle avec l'axe du cylindre.

Ainsi que le montre la figure 13, on trace à une échelle arbitraire le cercle R de la manivelle ; on porte également la longueur de la bielle (ordinairement égale à 5 fois la demi-course ou 5 fois la longueur de la manivelle); les points A et B représentent ainsi les deux points morts du piston. Des points A et B comme centres, on décrit, avec la longueur de la bielle comme rayon, les arcs de cercle aa et bb, tangents au cercle de la manivelle. On trace ensuite la droite K, représentant une position de la manivelle correspondant à un angle arbitraire ω, et par le point c d'intersection avec le cercle de la manivelle, on mène, parallèlement à la ligne d'axe du cylindre, une ligne cd qui, terminée à l'un ou à l'autre des arcs aa et bb, indique à quelle distance du point mort se trouve le piston.

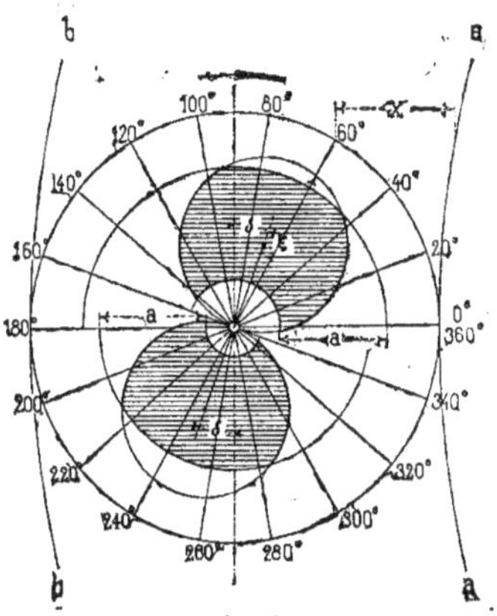

On peut se fixer sur l'exactitude de ce tracé, en détachant la bielle de la manivelle et en la plaçant dans l'axe même de la machine sans changer la position du piston ; la distance marquée par les points c_1 et d_1 est alors égale à cd.

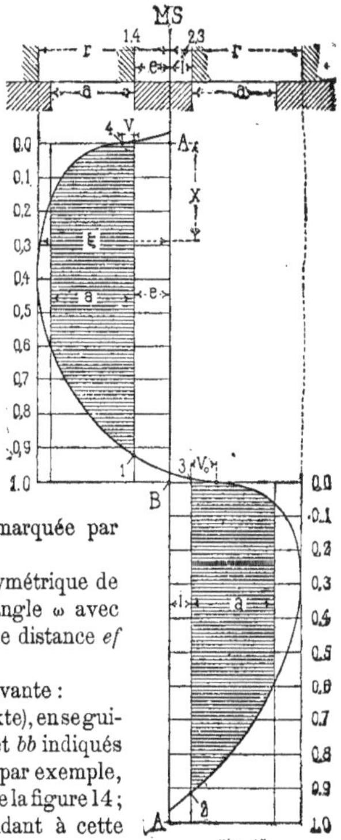

Fig. 14.

Fig. 15.

En reproduisant dans le second quadrant, la position symétrique de la manivelle par rapport à la verticale, laquelle fait le même angle ω avec la ligne d'axe et répétant le tracé précédent, on obtient une distance ef plus petite que cd.

On construit un diagramme combiné de la manière suivante :

Après avoir tracé le diagramme de Zeuner (fig. 14 du texte), en se guidant, d'après les données précédentes, on décrit les arcs aa et bb indiqués (fig. 13) et on obtient ainsi, pour angle de 60° de la manivelle par exemple, le chemin effectif $= X$ parcouru par le piston, ainsi que le montre la figure 14 ; on obtient en même temps la course ξ du tiroir correspondant à cette position du piston. On peut donc déterminer le chemin réel parcouru par le piston et obtenir la position correspondante du tiroir pour un angle quelconque de la manivelle.

Pour en avoir une représentation claire, on continue le tracé en prenant des divisions régulières correspondantes à des angles de rotation successifs de la manivelle (fig. 14), et on porte sur deux axes rectangulaires les distances trouvées (les chemins parcourus par le piston dans le sens vertical, et ceux parcourus par le tiroir dans le sens horizontal) ; la ligne AB (fig. 15), représentant en vraie grandeur la course du piston. On obtient alors une courbe, l'ellipse du tiroir, qui indique les écartements du tiroir par rapport à la course du piston. Pour rendre la figure parfaitement claire' on porte (fig. 15), les deux courses du piston l'une à la suite de l'autre, ce qui fait que l'on n'obtient pas l'ellipse fermée. Le diagramme se complète par les projections verticales des recouvrements extérieur et intérieur sur les perpendiculaires à l'axe ABA; et pour simplifier, on porte le premier dans la partie supérieure et le dernier dans la partie inférieure de la figure; ce qui évidemment se répète pour chaque course, dans les machines à double effet.

En projetant enfin, des deux cotés, la largeur a de l'orifice, les surfaces hachées obtenues montreront les grandeurs d'ouverture des orifices. La ligne AB correspond à la position moyenne MS du tiroir, dont les positions principales sont de nouveau indiquées par les chiffres 1, 2, 3 et 4.

Le tracé par ellipse donne, en outre, une image très exacte et très instructive de la vitesse avec laquelle chaque orifice est ouvert ou fermé par le tiroir. On sait que la distribution est d'autant plus parfaite que cette vitesse est plus grande et que par conséquent l'angle sous lequel la courbe coupe les lignes droites limites, s'approche davantage de l'angle droit.

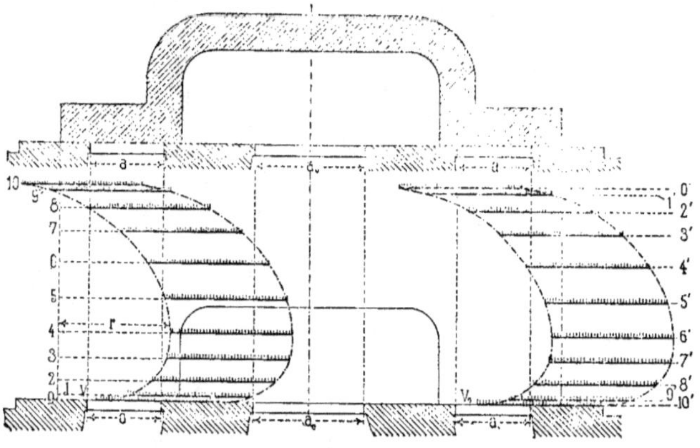

Fig. 16.

Quelle que soit l'exactitude de la méthode qui vient d'être exposée, elle permet de se représenter d'une façon nette le fonctionnement d'une distribution, elle a néanmoins ce défaut de ne pas prendre en considération la longueur finie de la tige d'excentrique. L'écart, avec les tiges d'excentriques de grande longueur, est en général, tellement faible qu'il peut être négligé. Toutefois, si l'on veut procéder avec une grande exactitude, on peut introduire une correction dans les chemins parcourus par le tiroir, comme on l'a fait (fig. 13) pour ceux du piston. Cependant, une méthode aussi longue ne serait recommandable que pour les distributions compliquées, en faisant usage d'un gabarit.

Nous avons introduit dans la fig. 16, au moyen de l'ellipse du tiroir, une autre représentation du mouvement du tiroir, elle est de moindre importance pour la construction du tiroir, mais elle donne une image extrêmement simple de son fonctionnement. Au moyen de cette figure, on peut étudier facilement et en toute sécurité la marche du piston combinée avec les différentes positions du tiroir. Dans la partie supérieure de la figure, le tiroir est représenté dans sa position moyenne.

Lorsque celui-ci prend par ses barrettes la position indiquée, sur la ligne 0-10′ par les hachures verticales, le piston se trouve au point mort. Sur les deux côtés, l'avance linéaire se reconnaît par les lettres v et v_0. Le piston, dont il faut se représenter la marche dans le sens vertical, avance de la ligne 0-10′ à 1-9, distance qui correspond au $\frac{1}{20}$ du cercle de la manivelle.

Pendant ce temps, le tiroir a marché horizontalement vers la droite, et ainsi que l'indiquent les hachures qui montrent la position du tiroir pour les différentes positions 1-9′ du piston, il a ouvert l'orifice d'environ la moitié. Lorsque le piston est arrivé aux lignes 4-6′ et a ainsi effectué environ les $\frac{3}{10}$ de sa course, ce qui correspond aux $\frac{4}{20}$ environ du cercle de la manivelle, le tiroir a complètement découvert l'orifice d'admission; celui-ci est, en effet, complètement ouvert à peu près à partir de 2,5 à 5. Le tiroir continuant sa marche rétrograde, on voit que les deux orifices d'admission et d'échappements ont formés entre les positions 8-2′, et 9-1′ du piston et par suite toute communication du cylindre avec les conduits de vapeur est interrompue; toutefois, cette période n'est que de courte durée, $\frac{1}{10}$ de la course à peine. La ligne 10-0′ donne la position du tiroir à la fin de la course; elle est analogue à celle dont il a été question en premier lieu.

4. — Construction du tiroir.

Pour construire un tiroir, il faut d'abord déterminer la section des orifices de vapeur.

Dans les petites machines, la largeur et la longueur des orifices sont entre elles dans le rapport de 1 à 4; dans les machines de force moyenne, de 1 à 5; et, dans les grandes machines de 1 à 10. On prend généralement $B = \frac{2}{3}$ du diamètre du cylindre. Plus la longueur est grande, plus la largeur est petite, et par conséquent, plus est petite l'excentricité.

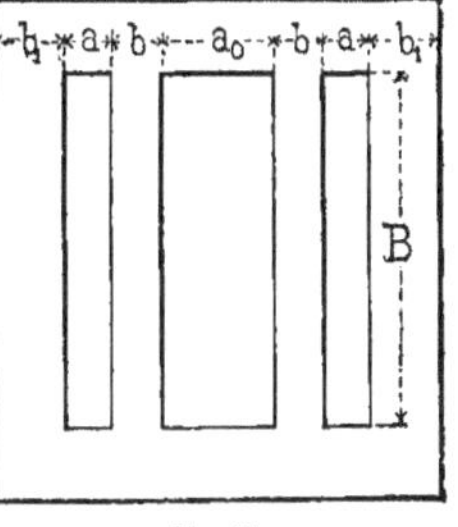

Fig. 17.

En ce qui concerne la mesure de l'excentricité, nous envisagerons trois cas :

1° *Tiroir devant produire la plus grande détente possible et ne recevoir qu'une faible course.* On donne aux deux orifices la section nécessaire pour l'échappement; mais, pendant la période d'admission, cette section ne devra être découverte que de la quantité suffisante pour le passage de la vapeur affluant avec une vitesse normale; le canal d'admission n'est donc pas encore complètement ouvert lorsque le tiroir est à l'extrémité de sa course. Il convient alors de faire l'excentricité $r = a + i$;

2° *Au plus grand écartement du tiroir de sa position moyenne, son arête extérieure correspond exactement à l'arête intérieure de l'orifice de vapeur.* L'excentricité se calcule alors par $r = a + e$ (recommandé par M. Armengaud).

3° *L'arête extérieure du tiroir dépasse encore d'une petite quantité sur la paroi de séparation, l'orifice de vapeur,* D'après la figure 4, l'excentricité sera $r = a + e + s$; la surface pleine désignée par z et z_1, reçoit de 10 à 15 mm.

Le recouvrement extérieur e varie, entre deux limites, pour les constructions ordinaires; on prend $e = 0,25\ a$ à $0,66\ a$; la valeur normale étant $e = 0,3\,a$. Le recouvrement intérieur varie moins, souvent il n'est pas déterminé en rapport avec la largeur de l'orifice; mais l'on fait à peu près $i = 1$ à 3 mm. Lorsque l'angle d'avance est faible, i devient nul, et même négatif; de telle sorte que le tiroir, arrivé dans sa position moyenne, laisse échapper la vapeur des deux orifices. Il faut disposer l'échappement, de façon que le canal central reste encore ouvert d'une quantité égale à la largeur de l'orifice d'admission, lorsque le tiroir est arrivé à l'extrémité de sa course.

On fera donc, d'après la figure 4 position *II*, $x = a$ et par suite,

$$a_0 = a + r + i - b.$$

Pour éviter que le tiroir ne laisse échapper librement de vapeur fraîche, il faut que la paroi de séparation b soit plus grande que la distance M_0J du diagramme figure 11 du texte.

Zeuner recommande de prendre.

$$b = 10 + 0{,}5\,a \text{ millim.}$$

La hauteur a du canal d'admission étant exprimée en millimètres. La hauteur de l'ouverture de la coquille doit toujours être prise plus grande que la hauteur a de l'orifice.

Si l'on n'a pas encore obtenu toutes les données nécessaires pour le tracé du diagramme de Zeuner, et qu'il reste à déterminer l'angle d'avance; on recommande la construction suivante.

Le degré de détente, ainsi que l'avance linéaire $= v$ sont toujours donnés d'avance. L'avance linéaire est réglée d'après le système de la machine et sa vitesse; elle varie de 1 à 6 mm. L'excentricité r doit être provisoirement déterminée par estimation.

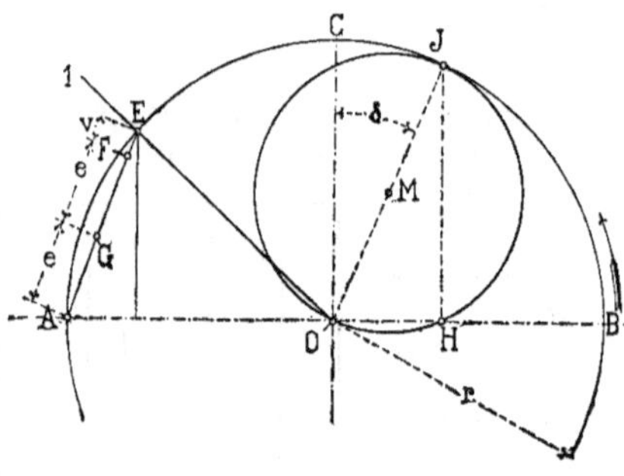

Fig. 18.

On décrit alors avec r pour rayon (fig. 18) une circonférence ACB, puis on fixe la position OE de la manivelle où doit commencer la détente; on joint AE et l'on porte sur cette ligne $EF = v$. On partage en deux parties égales la portion restante de la corde AF; $AG = e$ désigne le recouvrement extérieur. En portant sur l'axe AB la longeur $OH = EG = e + v$, et élevant en H sur AB la perpendiculaire HJ, celle-ci coupe le cercle ABC en J; le rayon OJ forme comme on le sait avec le rayon OC l'angle d'avance $= \delta$. La position du cercle du tiroir étant ainsi déterminée on pourra compléter le tracé du diagramme.

Le plus souvent, le tiroir est disposé de façon, qu'aux deux points morts du piston, il découvre les orifices d'admission et d'échappement de la même quantité; et par conséquent donne lieu, sur chaque côté, à une même ouverture anticipée. Mais dans ce cas, on obtient des introductions inégales qui, évidemment, sont d'autant plus sensibles, que les bielles et les tiges d'excentriques sont plus courtes. Pour avoir des introductions uniformes, il faut adopter des recouvrements inégaux, qui alors produisent une avance linéaire inégale. Il résulte donc, de ce qui a été dit plus haut, que pour fixer les dimensions en question, le tracé des cercles du tiroir ne suffit pas dans beaucoup de cas, et qu'il faut employer le tracé par ellipse décrit ci-dessus, lequel donne des résultats d'une très grande exactitude.

5. — Différentes formes du tiroir.

Le tiroir à coquille est modifié suivant les conditions spéciales qu'il doit remplir; ainsi, dans les machines à vapeur à grande vitesse, où l'on doit viser à une distribution rapide de la vapeur, on cherche à réduire la course du piston et la longueur des orifices de vapeur, etc. Les variétés les plus communes du tiroir à coquille, sont les suivantes :

A. *Tiroir à coquille partagé en deux ou tiroir séparé* (fig. 19 et 20 du texte). — Lorsque la machine a une grande course de piston, pour éviter, en se servant d'un seul tiroir à coquille, l'emploi d'orifices de vapeurs de trop grandes largeurs, et par suite, pour que l'espace nuisible ne devienne pas trop considérable ; on adopte de préférence, surtout dans les machines à condensation, le tiroir partagé, représenté (fig. 19 et 20 du texte).

Fig. 19.

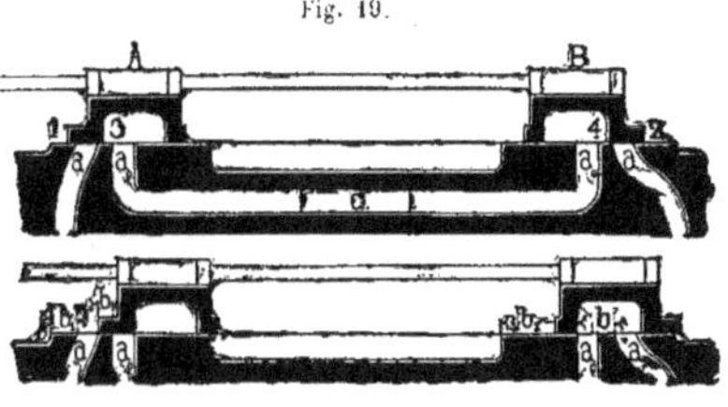

Fig. 20

Chacune des deux parties A et B solidement reliées ensemble, ne possède que deux arêtes de manœuvre ; celles désignées par 1 et 2 déterminent l'admission, celles désignées par 3 et 4 l'échappement. Il en résulte quelques modifications dans la glace du tiroir. La largeur b de la paroi de séparation et la largeur b_1 extérieure de la table, restent les mêmes que dans les constructions ordinaires, mais la surface b_2 ainsi que le montre la figure 20, doit être convenablement allongée, de façon à présenter au tiroir une assise suffisante à son maximum d'écartement. La largeur a_0 de l'orifice d'échappement peut être prise égale à a. Dans la figure 19, le tiroir occupe sa position moyenne ; dans la figure 20, au contraire, il a son maximum d'écartement. Les deux orifices d'échappement communiquent entre eux au moyen du canal de sortie c.

B. *Tiroir à canal* (fig. 21). — Il s'emploie également dans les grandes machines. Au lieu des deux orifices d'échappement admis dans le tiroir séparé, on n'emploie ici qu'un seul orifice a_0 disposé d'un côté ; la vapeur d'échappement arrive de l'autre côté par le canal A du tiroir. La partie centrale du tiroir est évidée ; les arêtes de manœuvres ont les mêmes désignations que plus haut.

Fig. 21

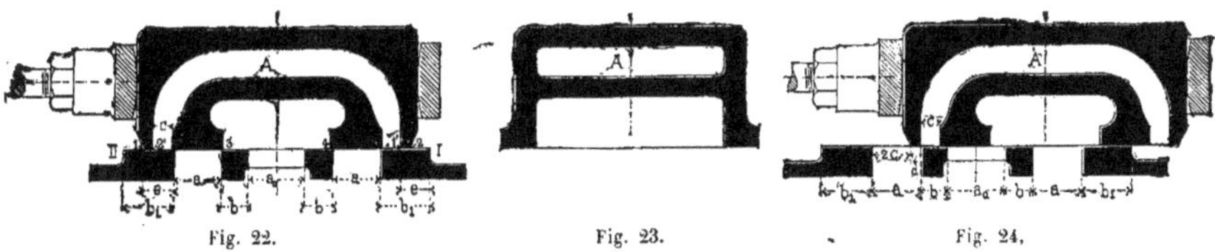

Fig. 22. Fig. 23. Fig. 24.

C. *Tiroir à canal de Trick* (fig. 22 à 24 du texte). — On peut, au moyen de ce tiroir, obtenir une double admission de vapeur ; aussi l'emploie-t-on principalement dans les machines à vapeur à grande vitesse et dans les machines locomotives. Ce tiroir renferme intérieurement un canal A dans le but de doubler la section d'admission au commencement de la course du piston. Dès que le tiroir a été mis en mouvement vers la droite, par exemple, et qu'il a parcouru un chemin égal au recouvrement extérieur e, l'arête 1 commence à découvrir l'orifice de vapeur à gauche ; en même temps que l'arête 1' vient dépasser l'arête extérieure I de la glace du tiroir et la vapeur peut alors passer dans le canal d'admission de vapeur à gauche, en circulant par le canal *A* du tiroir.

Les sections d'admission continuent à augmenter jusqu'à ce que *d*, qui est égal à 1'—2' soit arrivé au milieu de l'orifice *a* de façon que la distance *c* subsiste des deux côtés de *d*, $a = 2c + d$.

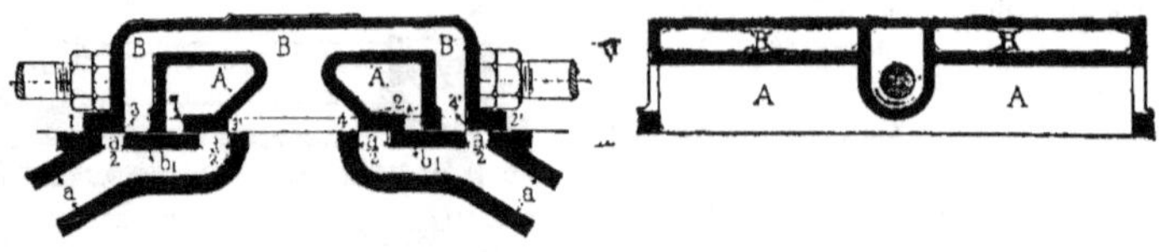

Fig. 25. Fig. 26.

Cette section d'admission reste constante jusqu'à la position indiquée fig. 24 du texte. L'ouverture des orifices de vapeur se détermine également ici par la formule $a = 2c + d$. L'admission de la vapeur commence lorsque le tiroir s'est éloigné de sa position moyenne d'une quantité égale au recouvrement extérieur $e = o + d + c$. L'excentricité pour ce tiroir est donnée par $r = e + 2c$ et la glace doit avoir pour longueur $b_1 = e + c + o$. On donne à *d* et à *o* les plus petites dimensions possibles.

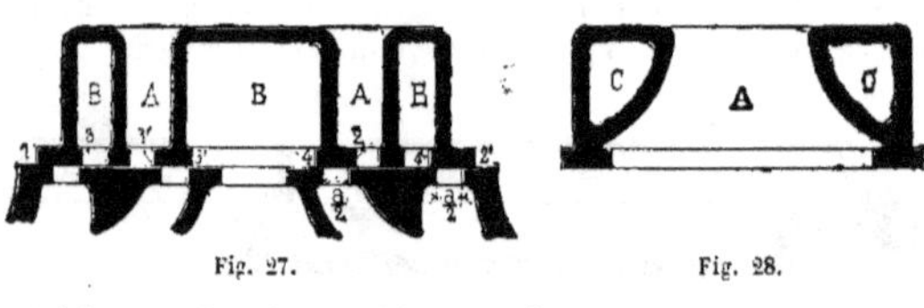

Fig. 27. Fig. 28.

D. *Tiroir à coquille de Penn* (fig. 25 et 26). — Ce tiroir dû à MM. Penn de Greenwich est employé dans les grandes machines et spécialement dans les machines marines. Pour réduire la course du tiroir, on dispose de chaque côté du cylindre, deux orifices de vapeur, de largeur égale à la moitié de la largeur calculée pour l'orifice. L'excentricité devient alors $r = 0{,}5\,a + e$. Chaque moitié du tiroir porte deux arêtes qui travaillent simultanément, les unes 1 et 1' ainsi que 2 et 2' forment le recouvrement extérieur, et les autres 3 et 3', ainsi que 4 et 4', le recouvrement intérieur. Les canaux *AA* traversent le tiroir et laissent affluer la vapeur de chaque côté, les canaux *B*, au contraire, servent à l'échappement. On recommande de donner à la paroi de séparation b_1 une largeur suffisamment grande, afin que le canal plus étroit 2 ne dépasse pas le conduit extérieur de vapeur. Le recouvrement et l'avance linéaire sont réduits à la moitié de leurs dimensions ordinaires. Le tiroir Penn peut, comme le simple tiroir à coquille, être employé par parties séparées pour les cylindres de grandes longueurs ; il s'adapte principalement aux cylindres à basse pression des machines Compound, lorsque ces derniers travaillent avec une détente constante.

Fig. 29.

E. *Tiroir à grille de Borsig* (fig. 27 et 28). — Ce tiroir offre tous les avantages du tiroir Penn et permet, en outre, de placer au-dessus de lui, des plaques pour la détente : elles ne sont point indiquées sur la figure. La section (fig. 28) montre la communication des orifices d'échappement

BBB (fig. 27) entre eux par les canaux latéraux CC, de forme triangulaire. Les arêtes de manœuvre sont désignées de la même manière que celles du tiroir Penn.

F. *Tiroir de Hick* (fig. 29 du texte). — Ce genre de tiroir est fréquemment employé dans les machines de Woolf dont les pistons marchent dans le même sens. Cinq orifices sont ménagés dans la glace du tiroir ; les deux extérieurs a et a_1 conduisent la vapeur au petit cylindre et les deux intérieurs b et b_1 au grand cylindre ; le canal intermédiaire c établit la communication avec le condenseur. On doit considérer ce tiroir comme deux tiroirs simples à coquille emboîtés l'un dans l'autre ; il porte, en effet, pour cela huit arêtes de manœuvre ; les arêtes 1, 2, 3, 4 distribuent la vapeur dans le petit cylindre, et les arêtes 5, 6, 7 et 8, dans le grand. La vapeur, après avoir accompli son travail dans le cylindre à haute pression, passe par le canal A, dans la direction opposée, et de là dans le cylindre à basse pression. Les orifices de vapeur du cylindre à basse pression sont généralement plus larges que ceux du cylindre à haute pression, toutefois le recouvrement extérieur reste le même dans les deux cas (1).

Fig. 30.

G. *Tiroir en E* (fig. 30 du texte). — Ce tiroir est également employé dans les machines Woolf ; mais spécialement dans les cas où les pistons marchent en sens opposé. Comme dans le tiroir Hick, les orifices sont disposés les uns à la suite des autres ; toutefois il n'y a ici que six arêtes de manœuvre au lieu de huit, parce que l'arête d'échappement du petit cylindre fonctionne, en même temps, pour l'admissiondans le grand.

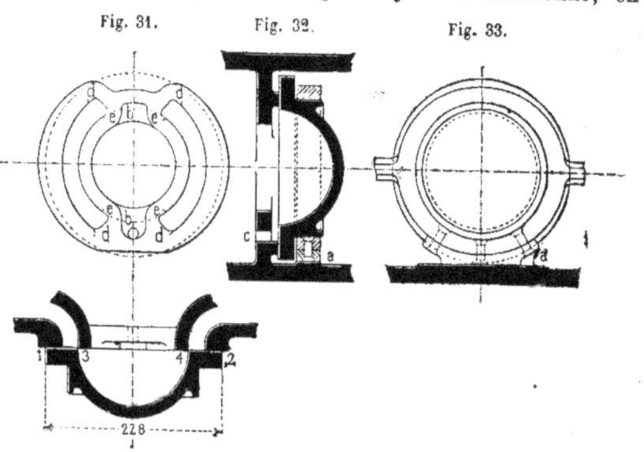

Fig. 31. Fig. 32. Fig. 33. Fig. 34.

H. *Tiroir circulaire de Webb* (fig. 31-34 du texte). — Ce tiroir offre l'avantage d'être mobile dans son cadre, ce qui permet d'assurer la conservation de la glace du tiroir, en rendant l'usure uniforme de part et d'autre. Ce tiroir ne glisse pas sur une plate-bande en saillie sur la boîte du tiroir, mais il est entièrement supporté par son cadre, lequel porte à sa partie inférieure un coulisseau a. La table du cylindre est munie en bas et en haut de cavités bb_1, permettant, à la vapeur d'échappement d'agir constamment sur une partie de la glace du tiroir. La cavité inférieure b_1, reçoit un orifice d'échappement c. Les arêtes des orifices sont formés d'arcs de cercle, les arêtes extérieures dd des conduits de vapeur ont un rayon égal à celui des arêtes extérieures du

(1) MM. Hick, Hargreaves et Cie, à Bolton, ont modifié ce tiroir, dans leurs machines Compounds, dont les cylindres sont munis d'orifices à chaque extrémité.

tiroir. Le diamètre du tiroir est de 9 pouces anglais ou de 128 mm. Les arêtes intérieures *cc* des orifices ont un rayon égal à celui de la hauteur intérieure du tiroir. Un tiroir de cette forme fonctionne d'une façon identique au tiroir à coquille ordinaire (1).

6. — Guidage du tiroir.

Les systèmes de construction du guidage de tiroir, c'est-à-dire de sa liaison avec la tige d'excentrique sont extrêmement variés. Aussi, ne pourrons-nous les étudier tous dans l'espace limité qui nous est réservé ; nous ne parlerons que des systèmes de construction tout à fait récents.

Primitivement, la tige du tiroir était filetée à son extrémité et simplement vissée dans le tiroir ; on obtenait ainsi une liaison solide et durable. Ce système de construction doit être abso-

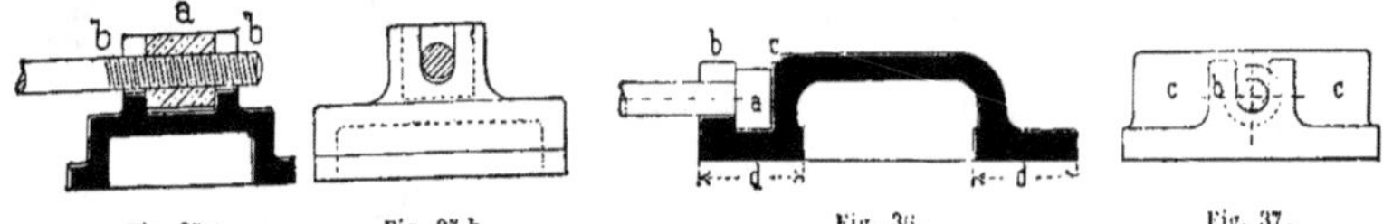

Fig. 35 a. Fig. 35 b. Fig. 36. Fig. 37.

lument rejeté ; car la distance de l'axe de la tige à la glace du tiroir ne peut être maintenue avec la précision nécessaire et il en résulte avec la glace, un contact qui n'est plus étanche. La combinaison à rechercher doit être telle, quelle offre pendant la marche une très grande solidité pour l'entraînement du tiroir, en même temps qu'elle permette de le démonter facilement ; et qu'il puisse jouer librement dans son cadre et être appuyé ainsi sur la glace pour la pression de la vapeur.

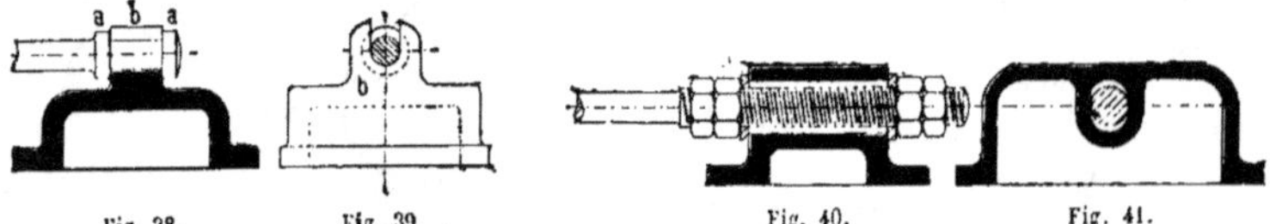

Fig. 38. Fig. 39. Fig. 40. Fig. 41.

Le mode d'attache représenté figure 35 *a*, et figure 35 *b*, convient pour les petits tiroirs de distribution. L'extrémité de la tige est filetée, et vissée dans un écrou en bronze *a*, ajusté avec précision entre les deux oreilles *bb* du tiroir. Le démontage se fait facilement, les deux oreilles étant à jour au-dessous de la tige ; par suite, on peut enlever la vis et l'écrou sans difficulté.

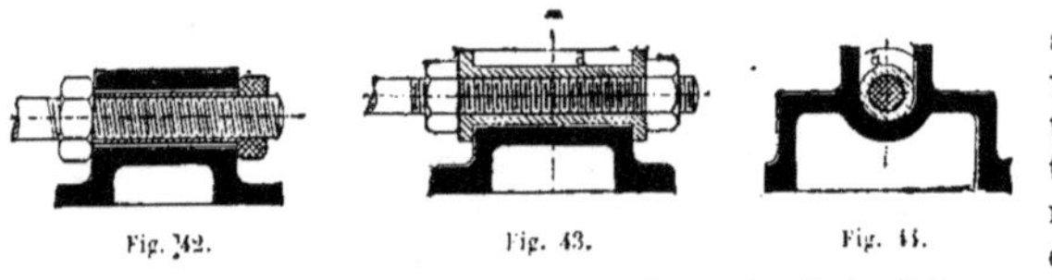

Fig. 42. Fig. 43. Fig. 44.

La disposition représentée figures 36 et 37 convient également pour de petits tiroirs. L'extrémité de la tige est munie d'une tête ronde *a* ajustée entre l'oreille *b* et la paroi *c* du tiroir. Cette construction n'est toutefois employée qu'avec des tiroirs à longues barettes *d*. Si ces dernières

(1) Ce tiroir a donné d'excellents résultats sur le chemin de fer de Londres et du Nord-Est et MM. Aveling et Porter l'ont adopté pour leurs locomobiles (*Engineering* du 12 décembre 1879).

n'existent pas, il vaut mieux fixer la tige au dos du tiroir de la manière indiquée par les figures 38 et 39 ; la tige est alors munie d'un tourillon avec embase *aa* ajustée dans la partie *b* du tiroir.

Les figures 40 et 41 montrent une construction fréquemment employée. Le tiroir a sa coquille traversée par un trou destiné à recevoir l'extrémité filetée de la tige du tiroir; laquelle est fixée au tiroir au moyen de deux rondelles, de deux écrous et de deux contre-écrous. On donne au trou de passage la forme ovale, laquelle permet de tenir compte de l'usure du tiroir. Si ce genre de construction a l'inconvénient qu'à la longue, la vis ne se mâche et que les écrous ne puissent plus

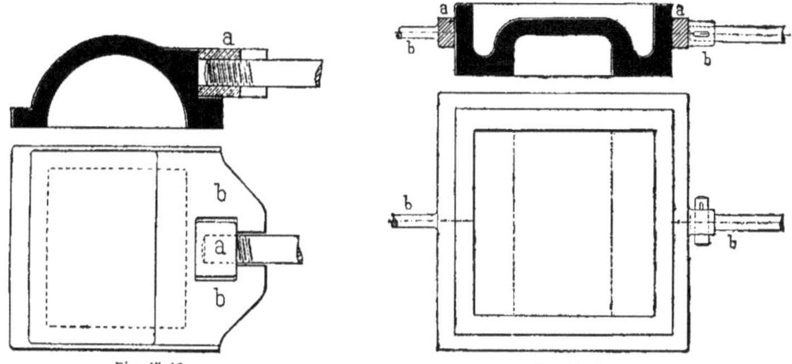

Fig. 45-46. Fig. 47-48.

être desserrés, il offre néanmoins l'avantage de pouvoir ajuster le tiroir avec grande facilité.

La figure 42 montre une construction semblable à la précédente, dans laquelle on a supprimé les rondelles et les contre-écrous; la tige du tiroir est engagée dans une douille mince en fer forgé. Les figures 43 et 44 montrent une douille plus forte, munie de rebords et ajustée dans le tiroir comme un coussinet.

Les figures 45 et 46 montrent un système d'attache à la fois simple et économique et très souvent employé. L'écrou en bronze *a*, dans lequel est vissée l'extrémité de la tige du tiroir, se trouve fixé dans l'espace creux fermé par deux patins *bb*. Avec cet écrou, la tige peut se déplacer faiblement dans le sens perpendiculaire à son axe; c'est pour cette raison que les coins de l'écrou ont été un peu arrondis. Dans tous ces systèmes d'attache, pour guider le tiroir avec précision, on ménage dans la boîte à tiroir, des faces rabotées, sur lesquelles il peut glisser.

La disposition représentée figures 47, 48 du texte, souvent employée, montre la conduite d'un tiroir entouré d'un cadre en fer forgé *aa*. Ce cadre est arrondi à l'intérieur, de sorte que le tiroir, sans avoir précisément du jeu, peut néanmoins s'y mouvoir facilement. L'un des côtés du cadre se prolonge par une courte tige-guide *b*; le côté opposé porte un bossage forgé avec le cadre, dans lequel est fixée la tige du tiroir au moyen d'une clavette. Cette disposition est souvent modifiée de la façon suivante : la tige du tiroir est vissée au cadre, ainsi que le montrent les figures 49 et 50 ; pour plus de sécurité, on ajoute quelquefois un écrou en *a* (fig. 29).

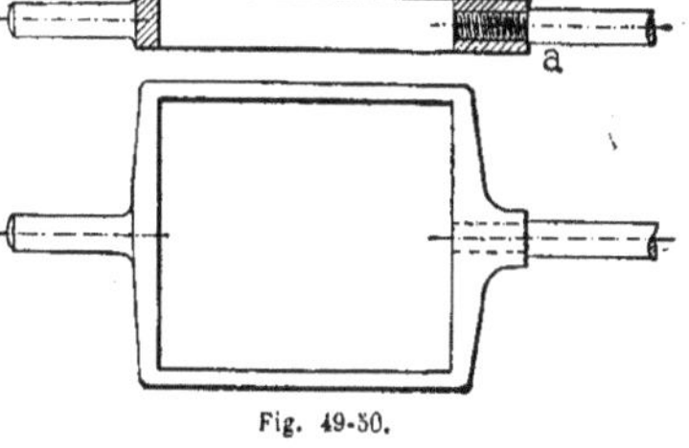

Fig. 49-50.

Dans le système de construction représenté figures 51, 52 du texte, on a supprimé les vis et les écrous et on les a remplacés par des bossages *b.b.* fixés au moyen de clavettes; ces bossages s'appliquent contre une douille passée dans la tige. Cette disposition a cependant un inconvénient, les clavettes peuvent se détacher lorsqu'on néglige le serrage avec leurs goupilles. C'est pour éviter cet inconvénient que l'ingénieur Kramer a adopté le système représenté figures 53 et 54, dans lequel la liaison de la tige avec le tiroir a lieu en dehors de la boîte à tiroir, ce qui permet en même

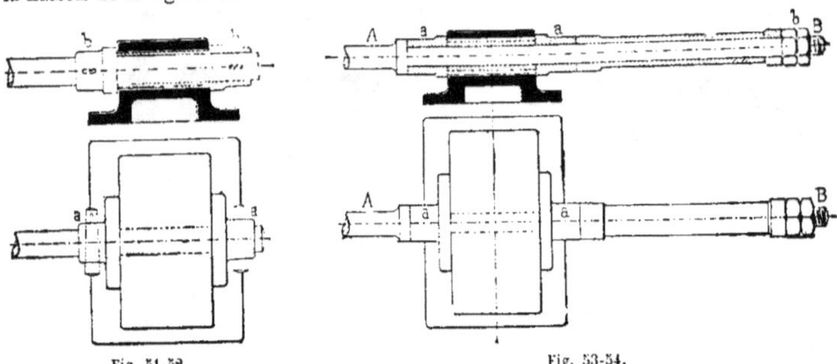

Fig. 51-52. Fig. 53-54.

temps de démonter et de sortir facilement ce dernier. Cette disposition exige deux boîtes à étoupes; mais une seule peut suffire, si la tige au lieu de se terminer seulement en A, est également allongée en B. Les deux manchons $a.a$ reçoivent leur serrage contre le tiroir, au moyen des écrous b situés en dehors de ce dernier.

II. — MACHINES A VAPEUR AVEC DISTRIBUTION PAR TIROIRS SIMPLES SANS DETENTE OU AVEC DETENTE FIXE

1. — MM. Tangye frères à Birmingham

(Planche 1 et 2 de l'Atlas, et planche 1 des esquisses)

Généralement, on étudie les machines à vapeur de grande puissance avec le meilleur goût et le plus grand soin possible, on les exécute consciencieusement et avec précision; mais il n'en n'est pas toujours ainsi des machines à vapeur de faible puissance. Ce sont principalement les constructeurs anglais qui ont perfectionné la qualité de ces machines ; par une exécution soignée et des dimensions bien proportionnées, ils sont parvenus à les faire marcher à une vitesse plus grande que la vitesse admise pour des machines de qualité inférieure et par conséquent à leur faire développer une plus grande force. L'économie ainsi obtenue, avec des dimensions plus petites et un poids plus faible, compense l'augmentation de frais provenant d'un travail remarquable et de l'emploi de matériaux de choix.

Toute une série de maisons anglaises, se basant sur ces principes, ont fait de la construction des petits moteurs à vapeur, une branche spéciale d'industrie; elles ont pu ainsi établir une concurrence avantageuse avec les maisons étrangères exécutant le même genre de construction.

Parmi ces maisons, nous citerons en premier lieu la maison Tangye frères.

Le type de machines à vapeur Tangye, sorti des ateliers de cette maison est très répandu ; par son adaptation facile aux machines de très faibles dimensions, il a trouvé beaucoup d'imitateurs. Par leurs formes solides et ramassées, ces machines se prêtent avantageusement à la commande de petites usines ; surtout dans certaines localités, où manque un personnel capable d'entreprendre quelques réparations sérieuses.

Leur grande durée est en partie obtenue par leur simplicité de construction et le nombre restreint des organes ; car, ainsi que le montrent les figures 1 et 2 *pl* 1, la plaque de fondation, le palier de l'arbre, situé près de la manivelle, les glissières et le couvercle d'avant du cylindre avec la boîte à étoupe sont venus de fonte. Le genre de construction de ces machines se distingue par la belle forme donnée au bâti ; celui-ci joint aux avantages du bâti à bayonnette, ceux du bâti horizontal solidement scellé sur la fondation. Le cylindre est boulonné en l'air sur le bâti, et celui-ci est fixé sur une large base au moyen de cinq boulons de fondation.

Cette machine est de la force de 2 chevaux ; le diamètre intérieur du cylindre a 101 mm. (4 pouces anglais) et la course du piston 203 mm. (8 pouces anglais). La vitesse du piston est de 1 m. 20 par seconde pour 180 tours par minute. La dépense de combustible nécessaire à la production de la vapeur à 3 atmosphères 1/2 de pression est égale 7 kilog. 5 et la quantité d'eau nécessaire à 50 kilog. par heure. La machine pèse 265 kilog. et le volant, de 760 millim. de diamètre sur 75 millim. d'épaisseur, 88 kil.

L'excentrique a 22 millim. d'excentricité, et est calé sous un angle d'avance de 53° ; comme le recouvrement extérieur est de 13 millim., la détente commence à la moitié de la course du piston. Le tuyau d'entrée de vapeur a 25 millim. de diamètre, c'est-à-dire $\frac{1}{16}$ de la section du cylindre ; d'où il résulte, que la vapeur possède une vitesse moyenne de 19 mètres par seconde dans le tuyau (1). Le tuyau d'échappement a 28 millim. de diamètre intérieur. Les orifices de vapeur ont les dimensions suivantes : 11 millim. de largeur sur 64 millim. de longueur, ce qui représente une section égale à $\frac{1}{11}$ de la section du cylindre.

La bielle a une longueur égale à 5 fois la manivelle, elle porte endedans un coussinet fermé et en dehors un coussinet fendu verticalement. La manivelle ordinairement en fer forgé, est remplacée ici par un disque circulaire en fonte qui permet d'adapter un contre poids facile à masqner ; ce contre poids sert à régulariser le mouvement. Les glissières sont rabotées planes ; pour compenser leur usure, la tête de piston en fonte reçoit deux paires de doubles écrous, au moyen desquels on règle le serrage. Un tourillon occupe le centre de la tête du piston sous les plateaux glissières ; il est fixé par deux écrous, sa longueur dans la tête est de 38 millimètres et son diamètre de 23 millimètres. Le tourillon de la manivelle rivé dans le disque a 33 millimètres de diamètre et 45 millimètres de longueur. Le coussinet de l'arbre de la manivelle a 49 millimètres de diamètre intérieur sur 72 millimètres de longueur ; il est fendu obliquement. Derrière le palier, se trouvent placés l'excentrique, la poulie de commande du régulateur retenue par une vis, et le volant. L'arbre sur lequel toutes ces pièces sont montées, a une épaisseur uniforme sans embase. La pompe alimentaire a une disposition originale ; ainsi que le montre la figure 2, elle est placée

(1) Radinger a trouvé que la vitesse moyenne de la vapeur à laquelle il ne se manifeste plus de perte de pression est égale à 30 mètres par seconde. D'où il suit, qu'en désignant par f_1 la section d'admission de la vapeur, on la calculera par la relation $\frac{f_1}{F} = Cv$ dans laquelle f désigne la section du cylindre, v la vitesse du piston exprimée en mètres par seconde et $C = \frac{1}{30}$, valeur réciproque de la vitesse moyenne de la vapeur.

entre l'excentrique et le tiroir et est actionnée par la tige d'excentrique. La figure 5 montre la liaison de la tige d'excentrique avec le piston plongeur et la tige du tiroir.

Le régulateur de cette machine est représenté (fig. 6 et 7) en coupe longitudinale, à une plus grande échelle. Il agit sur une soupape cylindrique servant de modérateur, placée dans la boîte du tiroir. Le régulateur est représenté dans la position la plus élevée des boules, la soupape modératrice étant supposée fermée. Les extrémités des bras opposées aux boules *a*, la forme de doigt de pression, conformement au principe du simple régulateur à pendule. Ces bras viennent s'engager entre les oreilles d'un axe creux en métal, sur l'extrémité inférieure duquel est fixé l'engrenage conique de commande ; dans l'intérieur de cet axe, se trouve une tige en acier sur laquelle agissent, par le haut, les deux doigts de pression en forme de griffes ; et à laquelle est attachée par la partie inférieure, la tige de la soupape, laquelle n'est point entraînée dans la rotation.

Pour adapter le régulateur à différentes vitesses, on a disposé sur la tige de pression en acier, un ressort à boudin qui agit en sens contraire de la poussée de bas en haut des boules du régulateur. Dans ce but, ce ressort peut être plus ou moins comprimé, au moyen d'une vis et d'un écrou rapporté sur la tête du support du régulateur ; la vis traverse la tige de pression en acier et est reliée à la partie inférieure du ressort au moyen d'une goupille engagée dans les entailles de la tige d'acier. Le régulateur fait 500 tours par minute, la vitesse de la machine est maintenue avec une si grande uniformité par le régulateur, que le détachement de la courroie principale ne saurait occasionner d'accélération visible à l'œil.

Les frères Tangye construisent huit modèles différents de ces machines, dans lesquelles le diamètre du cylindre varie de 76 à 304 millim. ; leurs dimensions principales sont indiquées par le tableau suivant :

Force nominale en chevaux.	1	2	3	4	6	8	10	12
Force en chevaux à l'indicateur pour une pression dans la chaudière = 3,5 atmosphères ; une vitesse du piston = 1m,20 et une détente = 1/2	2,1	3,8	5,9	8,6	15,0	19,4	23,9	34,5
Diamètre du cylindre en millimètres.	76	101	127	152	203	228	254	304
Course du piston —	153	203	254	304	406	457	507	609
Nombre de tours par minute	204	180	144	120	90	80	72	60
Diamètre du volant en millimètres.	507	762	990	1219	1372	1524	1676	1828
Largeur —	50	76	101	127	152	177	203	228
Poids du volant en kilogrammes.	37	87	177	312	475	675	950	1100
Diamètre de l'arbre du volant en millimètres . . .	38	50	60	70	82	92	102	114
Longueur — — . . .	380	711	914	990	1143	1219	1295	1372
Diamètre du tuyau d'entrée de vapeur en millim .	12	20	25	32	38	45	50	62
Diamètre du tuyau d'échappement.	20	32	38	45	56	62	76	88
Poids total de la machine en kilogrammes	115	265	475	725	1200	1650	2350	3000

Tout récemment, les frères Tangye ont adopté un autre genre de construction, pour leurs machines à vapeur qui ont figuré aux différentes expositions anglaises et à l'exposition universelle de Paris, en 1878 ; il est connu sous le nom de « moteur Soho ». Les figures 8-11 (pl. II) représentent une machine horizontale de ce genre, de la force de 10 chevaux : le diamètre du cylindre est de 250 millimètres et la course du piston 304 millimètres. Cette machine a par la forme particulière de sa plaque de fondation, un aspect tout à fait singulier ; le disque manivelle est remplacé par un arbre coudé; la plaque de fondation reçoit deux paliers; il y a, en outre, l'avantage d'avoir le deuxième palier à distance pour le montage.

Le volant est placé sur une extrémité libre de l'arbre. Les glissières ont aussi une disposition spéciale, elles sont formées par la partie supérieure du bâti et se trouvent placées au dessus de la tige du piston. Les joues de la tête du piston embrassent les règles et sont fixées par un double écrou sur le tourillon vertical qui sert en même temps de godet graisseur.

La bielle et la tige de l'excentrique sont en acier fondu et leurs sections transversales ont la forme en I; le coussinet de la bielle intérieure est fermé et il reçoit le serrage au moyen d'une clavette; on n'a que des conduits de vapeur très courts. L'excentrique est fixé en dedans du bâti et, pour cela, la tige d'excentrique passe par une entaille faite dans la plaque de fondation; la pompe alimentaire est actionnée par le prolongement de la tige du tiroir, guidée par un presse-étoupe sur l'arrière. On peut, par cette disposition, supprimer à volonté la pompe alimentaire.

Toutes les surfaces guides ont été faites suffisamont grandes.

Le diamètre du tourillon de la manivelle est de 83 millimètres sur 127 millimètres de longueur. Les coussinets des paliers ont 89 millimètres de diamètre intérieur et 172 millimètres de longueur. Le tourillon de la tête du piston a 44 millimètres de diamètre et 113 millimètres de longueur, et la surface des joues de la tête du piston est de 314 centimètres carrés.

Entre la plaque et la fondation, se trouve une plaque en zinc cintrée placée sous la manivelle et servant ici de réservoir d'huile ; tandis qu'elle a déjà servi de modèle dans la construction de la fondation.

Les dimensions des machines à vapeur Soho sont les suivantes :

Force nominale en chevaux	3	4	6	10	14
Diamètre du cylindre en millimètres	127	165	202	254	305
Nombre de tours par minutes	240	210	180	150	130
Diamètre du volant en millimètres	760	890	1010	1520	1830
Largeur en millimètres de la couronne recevant la courroie	100	127	152	202	253
Longueur en millimètres de l'arbre du dehors des paliers	127	165	200	253	305
Diamètre du tuyau d'entrée de vapeur en millimètres	32	38	50	63	75
— de sortie —	38	50	63	75	88
— de la pompe alimentaire	19	19	25	25	32
Longueur et Largeur de la machine en mètres	1,50 1,17	1,75 1,40	2,08 1,68	2,35 2,10	3,07 2,50

Machines à vapeur verticales. — La maison Tangye frères a également exposé à Paris en 1878, une machine à vapeur verticale, représentée par les figures 11 et 13 (pl. I des esquisses). Elle se distingue également par sa construction solide, son peu d'emplacement et son bâti. Car ici, comme dans les machines horizontales, la plaque de fondation, le bâti et le fond du cylindre sont venus d'une seule pièce de fonte. Le cylindre est boulonné sur le support, il est évidé intérieurement et garni d'une enveloppe en acier. Le diamètre du cylindre est de 203 millimètres, la course du piston de 228 millimètres et le nombre de tours de 180 par minute; la force de cette machine est de 6 chevaux. Les règles-guides font corps avec le bâti; la tête du piston est de construction ordinaire, ses joues reçoivent le serrage au moyen de doubles-écrous; elles ont 120 centimètres carrés de surface. La bielle est de construction identique à celle des machines précédemment décrites. Le tiroir de distribution est situé sur le côté du cylindre ; il est actionné par un excentrique. La pompe alimentaire fixée à la plaque de fondation est également actionnée par un excentrique.

Sur les deux paliers de la plaque de fondation, repose l'arbre de la manivelle, à coude solide, dont les collets ont 70 millimètres de diamètre sur 140 millimètres de longueur.

Le volant, tourné sur l'extérieur de sa couronne, peut également servir de poulie de transmission. Son diamètre est de 1016 millimètres et la largeur de sa jente de 152 millimètres. Le volant peut être placé indifféremment à l'une ou à l'autre extrémité de l'arbre. Le régulateur décrit agit sur une soupape cylindrique équilibrée, et est actionné par une courroie (1).

2. — E.-S. Hindley, Bourton, Angleterre.

Les machines horizontales et verticales de cette maison sont spécialement construites pour l'exportation, sous la condition imposée, d'éviter toute espèce de complication dans la construction et d'obtenir une très grande durée des organes.

Le type des machines horizontales est représenté figure 55 du texte. Le cylindre est boulonné en l'air contre le bâti ; celui-ci porte les deux paliers de l'arbre de la manivelle et repose par une large base sur la fondation. Les glissières n'existent que sur un côté ; entre le palier d'avant et la manivelle, se trouve un excentrique actionnant la pompe alimentaire et le tiroir de distribution ; de l'autre côté de la manivelle, se trouve une poulie à gorge pour la commande du régulateur, construit avec une très grande simplicité. Le volant peut être fixé indifféremment sur l'une ou l'autre extrémité de l'arbre.

Fig. 55.

La table suivante donne les dimensions principales de ces machines.

Force nominale en chevaux	2	3	4	5	6	8	10	12	15
Diamètre du cylindre en millimètres	101	127	152	177	203	228	254	279	311
Course — —	152	190	228	266	304	330	355	381	431
Diamètre du volant	711	812	914	1066	1219	1371	1524	1828	1981
Nombre de tours par minute	240	210	180	160	140	130	120	110	90
Largeur de la machine en millimètres	585	663	762	889	914	1067	1169	1270	1425
Longueur — —	1169	1397	1625	1879	2133	2337	2540	3304	3226

La figure 56 du texte montre le type des machines verticales construites par la même maison ; la figure 57 fait voir la même machine appliquée contre un générateur vertical, le tout monté sur les roues d'une voiture armée d'un timon.

(1) Une machine horizontale d'extraction construite par MM. Tangye frères a été décrite dans l'*Engineering* du 6 août 1880.

Le bâti de cette machine a une section en forme de ⊢⊣ ; il reçoit à sa partie inférieure, dans deux larges paliers, l'arbre du disque-manivelle. Ce disque, pour la facilité du changement de marche, est muni de deux trous d'alésage pouvant recevoir le tourillon de la manivelle. Le cylindre est fixé contre la surface rabotée de la partie supérieure du bâti ; le dessus du cylindre et la boîte à tiroir sont venus d'une seule pièce de fonte avec le cylindre. Le bâti sert ainsi, en même

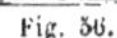

Fig. 56.

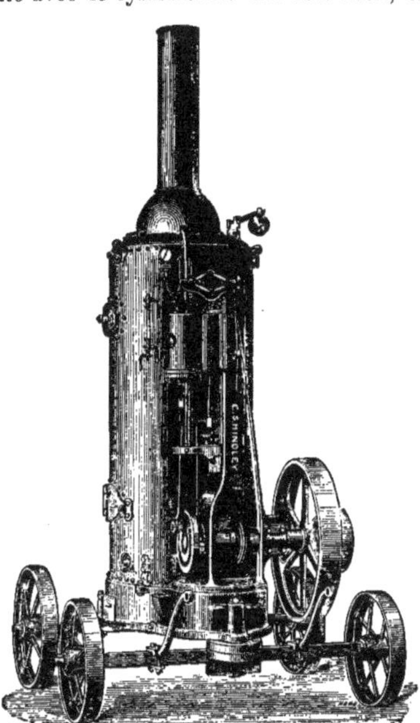

Fig. 57.

temps de couvercle de la boîte du tiroir ; d'où il résulte que, pour arriver au tiroir, il faut démonter tout le cylindre. Cette construction est néanmoins justifiée ; car ces machines marchant avec une vitesse excessivement lente, ne nécessitent ni visite ni réparation.

Entre le disque-manivelle et le bâti, se trouve placé un excentrique actionnant le tiroir et la pompe alimentaire, une fente ménagée dans le bâti permet le passage d'une poulie à gorge commandant un simple régulateur.

Les machines de la forme figure 56 du texte sont construites sur onze modèles différents, d'une force variant de 1 à 15 chevaux-vapeur ; leurs dimensions concordent avec celles de la table ci-dessus. La machine à vapeur avec générateur accouplé, montée sur roues, n'est construite que sur huit modèles différents, de 1 à 8 chevaux. La machine et le générateur reposent séparément sur une plaque d'assise en fonte servant également de réservoir d'eau et de cendrier. Cette dernière boulonnée avec l'axe d'arrière, est réunie avec celui d'avant par un pivot mobile. La construction symétrique de la machine et la disposition correspondante des boulons de fondation permettent de tourner la machine et d'avoir le volant de l'autre côté ; ce qui a paru très satisfaisant dans la plupart des cas.

3. — Ateliers de construction et fonderie de Halle. A. S.

Les machines à vapeur sorties des ateliers de construction et de la fonderie de Halle (prim R. Riedel et Kemnitz) sont caractérisées par la simplicité et l'originalité de leur construction. Ces machines à un seul tiroir sont construites d'après deux modèles différents. Les petites machines reçoivent la forme représentée, figure 58 du texte ; on emploie un arbre coudé et par suite deux paliers venus de fonte avec le bâti ; dans les machines plus grandes, l'arbre coudé est remplacé par un disque-manivelle, le second palier est monté séparément du bâti ; de sorte que le volant est placé comme d'habitude entre deux paliers.

Ce qui est remarquable dans ces deux genres de construction, c'est que le bâti est venu de fonte avec le couvercle du cylindre et les glissières. On a adopté ici, de préférence, la disposition moderne de deux glissières superposées verticalement, combinées avec un bâti fermé. La machine est ainsi rendue d'un accès facile pour tous les organes en mouvement, sans diminuer sa solidité et sa stabilité sur la fondation.

Les brides, les couvercles du cylindre, ainsi que les boules et le contre-poids du régulateur sont polis au tour ; il en est de même du volant qui sert de poulie de transmission ; ce qui donne à la machine un extérieur élégant. L'arbre du volant est assez long pour recevoir encore une ou plusieurs poulies de commande. Les coulisseaux massifs reçoivent, dans leurs glissières, le serrage au moyen de clavettes à vis. Avec de légères modifications, ces machines se transforment en machines verticales adossées. Elles n'ont besoin, dans le premier cas, que d'une légère fondation pour la mise en train. Comme machines transportables, elles sont montées avec les deux paliers de l'arbre du volant et le générateur sur un solide bâti en fonte qui leur est commun ; où néanmoins le générateur et la machine sont entièrement indépendants l'un de l'autre ; leur montage n'exige donc ni fondation, ni scellement.

Ces machines se construisent d'après les dimensions suivantes :

Force nominale en chevaux (la force à l'indicateur pour 3 1/2 atmosphères de pression dans le cylindre est plus du double)	2	3	4	5	6	8	10	12	15	18
Diamètre du cylindre en millimètres	100	125	150	175	200	225	250	275	300	325
Course du piston —	200	200	300	300	300	400	400	400	550	550
Nombre de tours moyens par minute	180	180	120	120	120	90	90	90	65	65
Diamètre du tuyau d'arrivée de vapeur	20	25	35	35	40	50	50	60	65	65
— d'échappement	35	40	50	50	65	65	80	80	90	100
Poids approximatif en kilogrammes de la machine complète	325	400	700	850	1400	1550	1700	2500	2800	3100

4. — MM. John Bourne et Cie à Londres.

(Planche 1 de l'Atlas, figure 8-13)

On voit par les figures que dans la construction de cette machine, on a pris en considération sa grande vitesse ; aussi, lui a-t-on donné une grande stabilité. Le bâti, le cylindre, le presse-étoupes, les glissières et les deux paliers de l'arbre de la manivelle sont venus de fonte ; le bâti est boulonné sur un bloc en bois qui forme la fondation. Sous la machine, se trouve un réservoir d'eau servant d'assise ; il contient de l'eau chauffée par la vapeur d'échappement, où puise la pompe alimentaire. La chemise du cylindre, qui est fondue d'une seule pièce avec le bâti, reçoit une garniture extérieure de feutre, recouverte elle-même d'une enveloppe d'acajou cerclée par des bandes de cuivre jaune. Le cylindre proprement dit se compose d'un tuyau ou douille en acier, introduit dans la chemise et maintenu en position par le couvercle du cylindre. La manivelle se compose d'un double disque en acier, fondu d'une seule pièce avec son arbre et son tou-

Fig. 58.

rillon. Puisque l'arbre est supporté par un palier de chaque côté de la manivelle, son palier extrême est supprimé ; et la machine paraît tellement ramassée dans son ensemble, qu'on peut la croire d'une seule pièce. Les disques-manivelles portent des contre-poids qui se trouvent dans le sens opposé du tourillon et qui ont le même poids que le piston avec son attelage ; il en résulte que ce dernier avec ses accessoires se mouvant dans une direction, une même masse est mise en mouvement de l'autre côté de l'arbre, dans une direction opposée. Les deux moments étant égaux, les chocs et les trépidations disparaissent ; autrement, ils ne manqueraient pas de se produire avec de brusques changements de marche. Au lieu d'être simple, le disque-manivelle est double, de façon à empêcher la torsion qui se produit lorsque le bouton de manivelle est en porte-à-faux sur un seul côté (il ne saurait en être autrement avec l'emploi d'un seul disque). Par l'emploi du disque-manivelle double, on applique, en même temps, d'une façon convenable, le poids nécessaire pour équilibrer les organes du côté opposé. Le disque-manivelle et son axe sont percés d'un trou qui permet le graissage; des godets graisseurs en bronze, non représentés sur le dessin entourent le disque-manivelle, de façon à éviter que l'huile amenée à travers l'axe ne soit chassée au dehors par la force centrifuge. Sur le côté de l'arbre, opposé au volant, est placée une poulie commandant le régulateur ; l'excentrique qui actionne le tiroir à coquille et la pompe alimentaire, est placé entre la poulie et le bâti.

Souvent, cette disposition est ainsi modifiée; la poulie du régulateur est fixée à côté du disque-manivelle et l'excentrique est remplacé par un tourillon excentré rapporté sur l'extrémité de l'arbre. Le tiroir à coquille a la forme ordinaire. Le régulateur se compose d'une boule métallique creuse en cuivre jaune ou en acier, coupée en segments sphériques ; elle est mise en mouvement au moyen d'une corde à boyau passée sur une poulie à gorge. La rotation a pour effet de gonfler la boule à l'équateur; et, comme l'un des pôles est retenu fixe dans un plan donné, l'équateur ne peut grossir qu'en entraînant le pôle libre ; lequel, combiné avec l'axe de la soupape de détente, ferme cette dernière en partie et régularise ainsi la vitesse de la l'arbre moteur. La tête du piston est en fer ou en bronze : elle est clavetée avec la tige et munie de coussinets en bronze, dont le serrage s'effectue au moyen d'une vis.

En ce qui concerne la vitesse, nous remarquerons qu'une machine de 50 chevaux de force à l'indicateur, par exemple, fait 400 tours par minute, ce qui correspond à une vitesse du piston de $3^m,383$ par seconde ; la pression dans la chaudière est de 9 kil. par cmq., et la pression moyenne sur le piston, d'après les diagrammes, de 6 kil. par cmq. Il n'est pas plus difficile d'effectuer le chauffage pour une machine à grande vitesse que pour une machine à faible vitesse; en supposant toutefois, que les surfaces de chauffe soient proportionnellement plus grandes. Les pertes de vapeur, provenant de la non-étanchéité du piston, sont moins à craindre dans les machines à grande vitesse que dans celles à faible vitesse ; il y a aussi moins de tendance à ce que l'eau du générateur soit entraînée dans le cylindre, parce que la vapeur est consommée d'une façon plus uniforme et plus soutenue.

La table suivante donne les dimensions principales des machines Bourne.

Force effective en chevaux.	4	8	12	20	30	40	50	70	90
Diamètre du cylindre en millimètres	61	83	95	121	142	163	188	207	233
Course du piston —	127	165	195	241	288	330	355	414	465
Diamètre du volant —	381	508	609	762	914	1066	1143	1270	1447
Nombre de tours par minute.	516	436	388	337	302	277	265	233	210
Poids approximatif de la machine en kilogr. . .	90	153	250	395	598	886	1091	1781	2240

5. — Maison Calla, Chaligny et Guyot-Sionnest S[rs], à Paris.

Cette maison avait installé à l'Exposition universelle de 1878, à Paris, une machine horizontale où l'ancien système de construction a été conservé ; il est caractérisé par un bâti de section en forme de Ω et par quatre glissières en forme de règles. Ce genre de construction est très solide pour les grandes forces.

La machine ci-contre (fig. 59), consiste en un cadre fermé, de faible hauteur, reposant sur un massif de maçonnerie. Les deux paliers de l'arbre de couche sont venus de fonte avec le bâti ; un excentrique, placé sur l'arbre, entre la manivelle et le palier d'avant, actionne la pompe alimentaire; tandis qu'un second excentrique, donne le mouvement à un simple tiroir. Derrière le palier d'avant est adapté un régulateur de Watt, actionné par des roues à hélice ; ce qui fait que l'évidement du bâti est d'un aspect original ; le régulateur commande la soupape de détente.

Les glissières s'appuient par l'avant comme dans les locomotives sur le bâti, et, par l'arrière, sont fixées au couvercle d'avant du cylindre ; ce dernier, enveloppé d'une chemise de vapeur, a 190 mill. de diamètre intérieur; le piston a 300 mill. de course, la manivelle fait 115 tours par minute ; ce qui correspond à une vitesse du piston de $1^m,15$. A la pression de 6 atm. dans la chaudière, cette machine développe 16 chevaux ; son poids approximatif est de 1300 kilogr.

Les machines verticales de la même maison sont construites avec un goût parfait; elles sont

Fig. 59.

demi-fixes et de la force de 2 à 8 chevaux; la figure 60 du texte montre une construction de ce genre.

La chaudière verticale de Field est placée sur un simple socle en fonte tout à fait indépendant de la machine, servant en même temps de plaque de fondation à la machine. Des deux côtés de la chaudière, s'élèvent deux supports en forme de *A*, disposés un peu obliquement. Ils ont à leur partie supérieure, deux paliers venus de fonte, qui supportent l'arbre moteur placé ainsi en porte à faux sur la chaudière. Le cylindre à vapeur est fixé contre la partie inférieure de l'un des supports. La glissière consiste simplement en une règle plate embrassée par la tête du piston. Un excentrique, placé près de ce support, actionne le tiroir ; par symétrie, la pompe est actionnée par un second excentrique placé près du support.

Dans ce genre de machines, le diamètre du cylindre varie de 110 à 150 millimètres et la course du piston de 220 à 300 mill. ; le nombre de tours est de 125 par minute. La surface de

Fig. 60.

chauffe du générateur varie de 3 mq., à 8,5 mq., et celle de la grille de 0,4 à 0,9 mq. La machine horizontale représentée figure 59 du texte, est exécutée avec les différentes dimensions suivantes :

Force en chevaux	3-4,5	4-6	6-9	8-12	10-15	12-18
Diamètre du cylindre en millimètres	120	132	150	190	210	230
Course du piston —	250	250	300	300	320	320
Diamètre de l'arbre du volant en millimètres	60	60	70	75	80	95
— du volant en millimètres	1250	1250	1500	1500	1500	1750
Nombre de tours par minute	125	125	115	115	110	105
Poids de la machine en kilogrammes	700	750	1000	1300	2000	2400

6. — Erie City Iron-Works, Erie, Penn, U. S. A.

Dans toutes ses machines, cette maison a adopté un bâti horizontal plat. Ainsi que le montre la figure 61 du texte, l'arbre coudé de la manivelle repose sur deux paliers latéraux symétriques, pouvant recevoir le serrage nécessaire ; la tête du piston est guidée par deux règles latérales. Le cylindre de cette machine extrêmement solide, mais d'un poids un peu léger, est à double paroi. Pour les petites machines où le mécanisme de détente est supprimé, on a les dimensions suivantes :

Force en chevaux	10	12	15	18	20
Diamètre du cylindre en millimètres	177	203	203	228	254
Course du piston	254	254	304	304	304

Fig. 61.

7. — P et H. P. Gibbons à Wantage (Angleterre).

(Planche 2, figure 1 et 5)

La petite machine horizontale, représentée planche II, figure 1-5, par sa forme élégante et sa disposition fort convenable, a été particulièrement signalée dans les expositions anglaises. La machine repose sur une plaque de fondation spéciale évidée intérieurement. Le couvercle d'avant du cylindre, ainsi que les guides de la tête du piston et les paliers de l'arbre du volant, sont venus d'une seule pièce de fonte ; dont la forme montre qu'on a eu évidemment pour but, abstraction faite de la forme à fourche, de concentrer autant que possible l'effort de la bielle sur le palier. Le cylindre peut, sous l'influence des changements de température, se dilater ou se contracter librement. La distribution se fait par un simple tiroir actionné par un excentrique. En même temps qu'on a rapporté à la tige du tiroir un piston plongeur, on s'est également servi de l'excentrique de distribution pour la commande de la pompe alimentaire ; on a ainsi l'avantage d'un appui guide pour la tige d'excentrique.

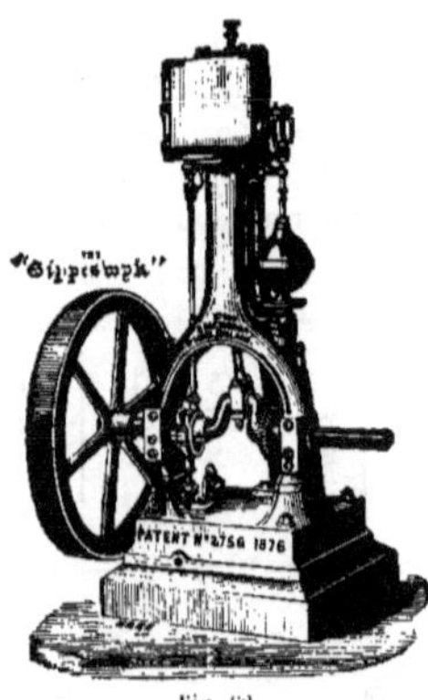

Fig. 62.

Le régulateur, reposant directement sur la boîte du tiroir, est actionné par l'arbre du volant au moyen d'une courroie, et agit sur une soupape modératrice ; on a disposé, en outre, une soupape d'admission spéciale. Le régulateur est représenté à une plus grande échelle, figures 4 et 5 ; les points *CC* sont ici des articulations fixes ; aux points FF_1 des bras du régulateur est fixée la pièce transversale *A*. Lorsque les boules s'écartent, les points FF_1 doivent être considérés comme de véritables points de suspension, autour desquels, les boules se meuvent dans une circonférence. Les points *DD* se meuvent en même temps que les boules ; et par suite de la position invariable des points *CC*, ils doivent décrire des cercles autour de ces derniers. Il est évident que lorsque les boules s'écartent, la pièce transversale A est soulevée en même temps, les points *FF* ont ainsi un mouvement vertical ; tandis que les boules décrivent des cercles autour des mêmes points. La conséquence de ces deux mouvements simultanés est que les boules se meuvent en réalité dans une ellipse, s'approchant de la courbe astatique (régulateur pseudo-astatique). Un ressort (tenant lieu de contrepoids) placé à la partie supérieure A, oppose une résistance à l'action de la force centrifuge des boules.

La tête du piston est représentée figure 3, indique le serrage particulièrement remarquable des surfaces-guides, au moyen de deux clavettes maintenues par des écrous.

8. — E. R. & F. Turner à Ipswick (Angleterre).

(Planche 2, figure 6-7)

Aux constructions tout à fait récentes de la maison ci-dessus, appartiennent les machines à vapeur dites de Gippeswyk. La planche 2, figures 6 et 7, représente une machine horizontale de ce genre, la figure 62 du texte une machine verticale et la figure 63 représente en élévation la même machine avec son générateur. Toutes ces machines ont un bâti à fourche dont les branches relient solidement le cylindre avec les corps des paliers de l'arbre moteur. Contrairement à la disposition ordinairement adoptée, où le bâti à baïonnette forme une seule pièce longitudinale jusqu'au palier, le bâti prend ici la forme à fourche à l'extrémité des glissières, dans le but spécial de concentrer les forces en mouvement ; chaque extrémité de la fourche se relie avec un des paliers de l'arbre du volant.

L'alésage de la glissière et du cylindre se fait par une même tige sans changer de place, ce qui permet de centrer parfaitement ces deux pièces.

Le mouvement du tiroir de distribution se fait au moyen d'un excentrique. La pompe alimentaire, logée dans l'intérieur d'une plaque de fondation en fonte, est actionnée par un second excentrique.

La distribution de la vapeur se fait par le régulateur au moyen du mécanisme suivant : dans une boule creuse, figure 63 du texte (en élévation), sont logées deux boules plus petites suspendues comme à l'ordinaire à des bras, qui sont munis par le haut, en avant du point de suspension, d'un petit taquet dirigé vers le haut.

Lorsque ces boules s'écartent, ces taquets viennent frapper de l'intérieur contre le massif de la boule creuse et la tiennent en suspension. Ainsi que le montre la disposition de la machine horizontale, ce mouvement se transmet au moyen d'un levier coudé et d'une tige, à la tige d'une soupape d'admission, pouvant ainsi s'ouvrir en totalité ou en partie suivant les besoins. Un volant à main placé sur la tige du régulateur sert à fermer complètement l'orifice d'admission de la vapeur; ce volant, dont le moyeu forme écrou, peut se mouvoir sur une portée filetée de l'arbre. Lorsque la rotation a lieu dans un sens, le moyeu du volant, vient s'appliquer sur une saillie formée par le bâti, soulève la tige de la soupape dans sa boîte et ferme ensuite la soupape, entraînant ainsi au repos les boules qui avaient leur écartement maximum. Lorsque la rotation a lieu en sens contraire, le petit volant s'écarte de son appui inférieur, et par suite, la soupape s'ouvre sous l'action du poids des boules du régulateur et de leur coquille ou enveloppe.

Dans les machines verticales, le mécanisme est complètement modifié; on place directement le régulateur dans l'axe de la soupape modératrice. Le mouvement ascensionnel de la boule creuse et de la soupape modératrice a lieu en faisant tourner le volant. Le moyeu de ce dernier est fileté intérieurement et repose sur le manchon du support du régulateur. La soupape modératrice fait ainsi, en même temps, l'office de soupape de détente.

L'arbre coudé de la manivelle est forgé d'une seule pièce, il repose sur deux paliers dont les coussinets sont fendus verticalement. L'arbre se prolonge extérieurement, des deux côtés, par des portées assez longues,

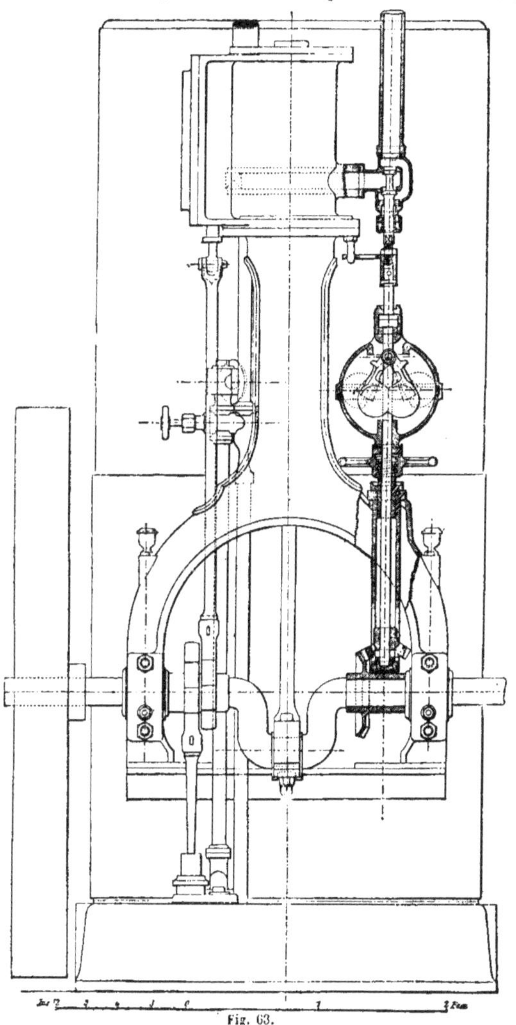

Fig. 63.

pour que l'une d'elles puisse recevoir le volant, et l'autre, soit une poulie de transmission, soit un engrenage, ou encore lorsque l'un ou l'autre de ces organes sert de volant, qu'il puisse être placé indifféremment sur l'une ou l'autre portée.

9. — Ames Iron, — Works, Oswego, N. Y.

Cette maison fabrique spécialement un système de machines et de chaudières transportables. Cette construction est remarquable parce que la machine, qui est assise sur une plaque de fondation creuse placée dans le sens longitudinal de la chaudière, peut, dans des cas particuliers, être placée à côté du générateur comme machine fixe, sans qu'on puisse reconnaître si elle a été primitivement construite comme machine combinée avec un générateur. La figure 64 du texte

Fig. 64.

représente la machine placée au-dessus de la chaudière horizontale (1). Six consoles entretoisées, sur lesquelles repose le bâti, au moyen de pattes correspondantes, sont boulonnées sur le corps de la chaudière. On peut facilement enlever la machine en dévissant les pattes. Sur le bâti, sont fixés le cylindre, les glissières en fonte et les deux paliers de l'arbre coudé. Le régulateur, actionné au moyen d'une courroie oblique, est fixé au-dessus de la boîte du tiroir et ainsi agit directement sur une soupape modératrice; entre cette dernière et le dôme de vapeur en fonte est placée la soupape de détente.

Quoiqu'on ne puisse pas considérer cette machine comme récente, elle montre néanmoins, dans toutes ses pièces, des dimensions solides confirmées par la pratique. Aussi, ce genre de construction jouit-il d'une grande vogue, et a-t-il été adopté par plusieurs constructeurs américains, pour les machines fixes et les machines locomobiles.

Cette machine est construite pour des forces de 20 à 40 chevaux. La maison en fournit également de plus petites, à partir de 3 chevaux, dans lesquelles la disposition est généralement la même, sauf une modification dans la construction du bâti qui repose directement sur la chau-

(1) *Iron* du 30 novembre 1878.

dière, au moyen de quatre pattes. Ces machines, qu'elles soient montées sur roues pour servir de locomobiles ou sur des supports en fonte comme machines combinées avec leurs générateurs (machines demi-fixes), sont exécutées d'après la forme qui vient d'être décrite ci-dessus.

Ces machines ont les dimensions suivantes :

Force en chevaux	3	6	8	10	12	15	20	25	30	35	40
Diamètre du cylindre en millimètres	89	127	152	178	203	203	228	254	254	280	305
Course du piston —	152	254				305			406	457	
Nombre de tours par minute	250	175				150			130	110	
Poids total approximatif en kilogrammes	760	1200	1750	2200	2600	3060	3240	3465	4860	5500	6250

10. — Ateliers de construction de machines et fonderie de fer de Gorlitz.

Cette maison a adopté pour toutes ces machines la forme creuse, ce qui permet une vente très avantageuse du matériel, un entretien propre et facile avec un aspect extérieur agréable.

Les figures 65 et 66 du texte, représentent une machine adossée contre un mur, dans laquelle l'arbre de la manivelle est presque toujours directement accouplé avec l'arbre de transmission; ce dernier étant d'ordinaire à une assez grande distance du sol, le cylindre est ainsi disposé en dessous de l'arbre de la manivelle. Comme l'arbre de transmission est généralement placé à une petite distance d'un mur, qu'il longe parallèlement, l'arbre de la manivelle doit être également disposé parallèlement au mur et la machine reçoit, dans ce cas, la forme indiquée figure 65 du texte. Au contraire, si l'arbre de transmission est disposé sous un plafond ou contre une série de colonnes, l'arbre de la manivelle est perpendiculaire au mur, ainsi que le montre la figure 66, ce qui est préférable. Pour une introduction constante de 0,7 à 6 atmosphères de pression, les machines à vapeur adossées sont construites d'après les dimensions suivantes :

Rendement en chevaux { normal	2	3	5	6
Rendement en chevaux { maximum	2,5	3,5	5,5	6,5
Diamètre du cylindre en millimètres	110	130	160	175
Course du piston en millimètres	180	200	250	300
Nombre de tours par minute	180	180	150	125
Vitesse du piston en mètres par seconde	1,08	1,20	1,25	1,25
Diamètre du volant en millimètres	630	800	1000	1250
Poids total approximatif en kilogrammes	350	400	800	950

11. — Ateliers de construction et de fonderie de fer de Weselin et Hübener à Halle. a. d. S.

Dans les fabriques, où l'on a besoin de force mécanique à plusieurs étages, on emploie souvent, avec avantage, les machines à vapeur adossées, pour la commande des machines manufacturières placées à chaque étage. La machine à vapeur adossée (à deux cylindres) représentée figure 67 du texte, convient avantageusement au but mentionné. Les machines de 4 à 8 che-

Fig. 65. Fig. 66.

vaux de force s'appliquent facilement contre les murs, sans qu'on soit obligé de renforcer notablement les piliers. La plaque de la machine est de construction solide, les couvercles d'avant des deux cylindres, les glissières et le palier de l'arbre du volant sont venus de fonte avec la plaque de fondation. L'installation est donc extrêmement simple ; car, on peut poser la machine complètement montée. Pour le régulateur, on a adopté le système Tangye décrit plus haut.

Les deux pistons sont actionnés par des manivelles calées sur l'arbre à 90° ; ce qui permet à la machine de fonctionner pour toutes les positions des manivelles et ce qui rend la vitesse de rotation sensiblement uniforme.

Ces machines sont construites d'après trois modèles différents dont les dimensions sont :

Nombre de chevaux vapeur	4	6	8
Diamètre du cylindre en millimètres	105	130	160
Course du piston —	210	260	320

12. — Humboldt, ateliers de construction de machines de la société par actions de Kalk, près de Cologne.

(Fig. 1-4 de la feuille d'esquisses 6).

La machine à vapeur adossée, exécutée par cette maison, est représentée figures 1 et 4 de

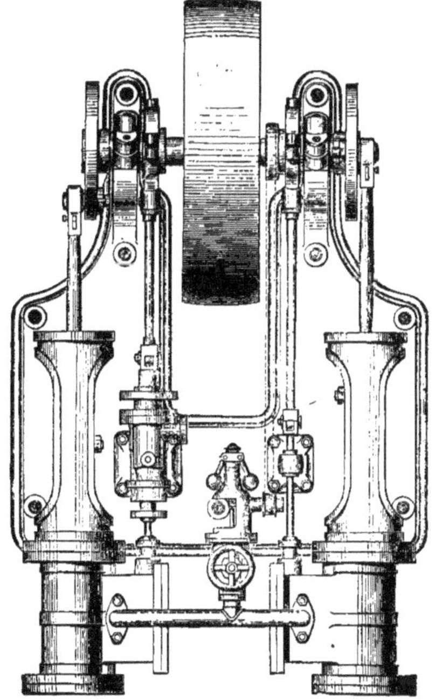

Fig. 67.

la feuille 6 des esquisses. Elle est moins remarquable par sa forme que par sa construction simple et solide; le bâti a une section transversale en forme de **Ω**. Le système de glissières adopté ici est employé de préférence pour les petites machines, à cause de sa simplicité; aussi, l'emploie-t-on encore aujourd'hui dans plusieurs maisons de construction. La tige du piston est prolongée au delà de la tête du piston, de façon à être guidée dans un simple support. Ce dernier est embrassé par la bielle en forme de fourche, dans laquelle le tourillon de la tête du piston est maintenu fixé, tout en étant articulé, avec l'œil de la tige du piston.

La machine en question a un diamètre de cylindre = 260 millimètres et une course du piston = 470 millimètres.

L'angle d'avance est de 28°, le piston et la tige guide ainsi que leurs tourillons sont en acier; le tiroir et sa glace ont la forme indiquée fig. 4.

Le tableau suivant donne en millimètres les dimensions principales de ces machines adossées :

Nombre de chevaux-vapeur	1	1,5	2	2,5	3	4	5	6
Diamètre du cylindre	108	120	130	140	150	165	178	188
Course du piston	200	220	240	260	280	320	340	360
Épaisseur du piston	45	50	54	58	64	70	75	80
Largeur des deux cercles du piston	10	11	12	12	13	15	16	17
Longueur intérieur du cylindre	250	275	300	325	350	400	425	450
Épaisseur des parois du cylindre	12	13	13	14	15	16	16	17
Diamètre des brides des couvercles	205	221	236	252	266	290	310	324
Épaisseur — —	15	16	16	18	18	20	22	22
Diamètre des boulons des couvercles	12	12	15	15	18	18	20	20
— de la tige du piston	20	22	24	26	28	30	32	34
— de la tige-guide	16	18	20	22	24	25	27	28
— du tuyau d'arrivée de vapeur	21	24	26	28	30	33	36	39
— du tuyau d'échappement de vapeur	27	31	33	36	39	43	47	50
Largeur des orifices *a*	10	11	11	12	12	13	13	14
— de l'orifice a_0	20	22	22	24	24	26	26	28
— de la paroi intermédiaire *b*	12	13	13	14	14	15	15	16
— de la coquille *c*	36	40	40	42	42	46	46	48
— des barrettes *d*	19	20,5	2,05	2,25	22,5	24,5	24,5	26,5
Longueur des orifices de vapeur	36	42	56	56	57	65	73	79
Surface des orifices *a*	360	462	616	672	684	845	950	1106
Course du tiroir	29	32	32	34	34	37	37	41
Diamètre de l'excentrique	108	118	118	125	135	156	156	170
Largeur —	21	21	21	24	27	27	30	30
Diamètre des boulons d'attache du cylindre	15	15	18	18	20	20	22	24
— du tourillon de la tête du piston	18	20	21	23	25	27	29	31
— du tourillon de la manivelle	21	21	26	28	30	33	36	40
Longueur de la bielle	500	550	600	650	700	800	850	900
Épaisseur du corps de la bielle	21-26	24-30	26-33	28-35	30-38	33-41	36-45	39-48
Diamètre de l'arbre du volant	45	50	54	58	63	69	74	79
Diamètre du volant	970	1080	1170	1260	1350	1480	1600	1700
Section de la couronne du volant	3050	3770	4424	5131	5890	7100	8200	9200
Hauteur du bâti	54	60	65	70	75	82	88	94
Largeur —	64	72	78	84	90	98	106	112
Épaisseur —	16	18	19,5	21	22,5	25	26,5	28
Diamètre des boulons de fondation	18	20	22	24	26	28	30	32

13. — Atelier de construction de machines du prince de Fürstenberg à Immendigen (Bade).

(Fig. 1-5 feuille 7 des esquisses).

La machine, représentée figures 1 à 5, feuille 7, est composée de deux cylindres inclinés qui actionnent un seul arbre moteur. Par cette disposition, elle commande directement les opérateurs ; elle est de la force de 6 à 8 chevaux, et est destinée à mettre en mouvement des machines à imprimer, ainsi que nous l'empruntons au journal de l'association des ingénieurs et des architectes autrichiens. Le diamètre des cylindres est de 195 millimètres, la course des pistons de 240 millimètres, la pression de la vapeur a été admise de 3 atmosphères 1/2 ; la machine fait 90 tours par minute avec une introduction de 0,90. Les deux supports ont une section transversale en forme de **I** de 105 millimètres de hauteur, avec des nervures de 12 millimètres d'épaisseur ; le support d'arrière porte le palier de l'arbre de commande, au-dessus se trouve un socle qui reçoit une petite colonne en fer de 66 millimètres de diamètre ; laquelle supporte une sous-poutre.

La distribution des deux cylindres est commandée par un excentrique unique, ce qui oblige à ce qu'une des tiges de l'excentrique soit articulée avec ce dernier, ainsi que l'indique la figure 3.

Il résulte de là une petite inexactitude, suivant la position uni-latérale de l'angle d'avance (qui est de 15°) ; mais on n'en tient pas compte, car le volant du poids de 110 kilog. peut très bien faire disparaître certaines petites irrégularités dans la marche. L'excentricité est de 30 millimètres. Le tiroir n'a pas de recouvrement intérieur, son recouvrement extérieur est de 9 millimètres, et l'avance au point mort est admise égale à *o*. La section des orifices d'admission de vapeur est égale $\frac{1}{18,9}$ et celle des orifices d'échappement à $\frac{1}{12,5}$ de celle d'un des cylindres.

L'arbre coudé de la manivelle a 75 millimètres de diamètre à l'endroit des paliers et 66 millimètres de diamètre à l'endroit du bouton de la manivelle ; le rapport de la longueur au diamètre du premier tourillon est de 1,28, et celui du second de 1,64. Le volant, qui a 840 millimètres de diamètre extérieur, est calé sur l'une des portées extrêmes de l'arbre ; sur l'autre est fixé un engrenage de 189 millimètres de diamètre, dont le pas est de 42 millimètres, et la largeur des dents de 90 millimètres. Cet engrenage en commande un autre à denture intérieure ayant 1m,125 de diamètre, et dont la couronne tournée extérieurement peut servir de poulie de commande.

Le type adopté pour les glissières est celui en usage pour les locomotives. Les tourillons des têtes de pistons ont 30 millimètres de diamètre, et les tiges de piston 33 millimètres de diamètre. Les boîtes à étoupe des couvercles d'avant des cylindres sont légèrement renforcées extérieurement, de façon à recevoir les règles-guides en fonte des glissières ; à cause de l'usure, on a employé de petites semelles métalliques. Les règles sont maintenues sur le côté opposé au moyen de chapes fixées elles-mêmes sur les supports ; les règles-guides ont 75 millimètres de largeur sur 45 millimètres de hauteur ; elles sont renforcées au milieu et aux extrémités.

Les supports sont reliés entre eux par le bas, au moyen de trois oreilles fixées ensemble par des boulons et par le haut, au moyen de deux oreilles ; l'ensemble de la machine est fixé sur les fondations au moyen de boulons de 30 millimètres de diamètre. Les figures 4 et 5 montrent la construction du tiroir de détente.

14. — West et Cie à Londres.

Les machines dites à tambour adoptées tout récemment sont remarquables par le grand nombre de tours qu'elles font et la régularité de leur marche ; on les emploie de préférence pour la commande directe. On obtient cette grande régularité dans la marche, en équilibrant les masses en mouvement ; c'est dans ce but que ces machines sont toujours munies de plusieurs cylindres d'après le système Woolf ou le système Compound, on obtient ainsi un meilleur rendement. Dans la machine à six cylindres de West, représentée figures 68 à 71 du texte, existe une disposition spéciale ; ainsi les six cylindres sont remplis successivement de vapeur fraîche, et l'on peut se représenter la distribution dans chaque cylindre comme effectuée par un tiroir actionné par un excentrique.

La machine repose sur un bâti qui supporte un gros tambour contenant les cylindres disposés en cercle. Le piston *A* de chaque cylindre construit le plus légèrement possible, se termine par une partie conique toujours en contact avec un disque *B* ; ce dernier est fixé sur l'axe *F* dont l'extrémité *D* est sphérique et dont l'autre extrémité cylindrique est engagée dans la manivelle *G* rapportée sur l'arbre. La pression du piston est supportée, d'une part par le pivot sphérique *D* et de l'autre par la surface conique tournée *E* du couvercle sur laquelle frotte en tournant le disque *B*. Trois pistons de ce système sont, à cet effet, constamment en action quelle que soit la position de la manivelle ; de cette manière, l'arbre *H* tourne avec une vitesse uniforme ; on évite ainsi les points morts et on supprime le volant.

Les figures 69 à 71 montrent les dispositions du mécanisme de distribution. Sur l'arbre *H* est fixé un seul excentrique *I*, lequel est embrassé par une bague mobile reliée solidement à l'anneau extérieur *K* ; ce dernier sert de tiroir à chaque orifice de vapeur ; il est formé par deux cercles à équerre, dont les brides, de sens opposé, sont fortement serrées par la pression de la vapeur dans le compartiment *C* contre les orifices d'une part et contre le couvercle de l'autre. L'admission de la vapeur se fait par la tubulure *L* ; de là, elle passe dans le compartiment *C*, pendant que la vapeur d'échappement traverse le compartiment *M* ; et de là, passe dans des ouvertures et se rend dans le compartiment intérieur de la caisse ou tambour pour s'échapper par la tubulure *N*. Le mouvement du tiroir produit une usure uniforme puisqu'il peut tourner librement sur son axe. La figure 71 du texte nous montre, au moyen d'une coupe transversale de l'intérieur de la machine, la disposition des orifices d'admission et des orifices d'échappement de vapeur ainsi que la manivelle *G*, le couvercle *E* ; le disque *B* et les pistons *A* étant supposés enlevés.

Les données principales pour les plus grandes et les plus petites machines de ce genre sont :

FORCE EN CHEVAUX A L'INDICATEUR correspondant à une vitesse de piston de 1,50, à une introduction de 1/2, pour des pressions de :		NOMBRE DE TOURS pour une vitesse de piston de 1,50	DIAMÈTRE du CYLINDRE	DIAMÈTRE extérieur DE LA MACHINE	POIDS EN QUINTAUX
3 atmosphères	5 atmosphères				
			millimètres	millimètres	
3	5 1/2	720	50	280	1 1/2
87	152	223	254	960	34

Fig. 68.

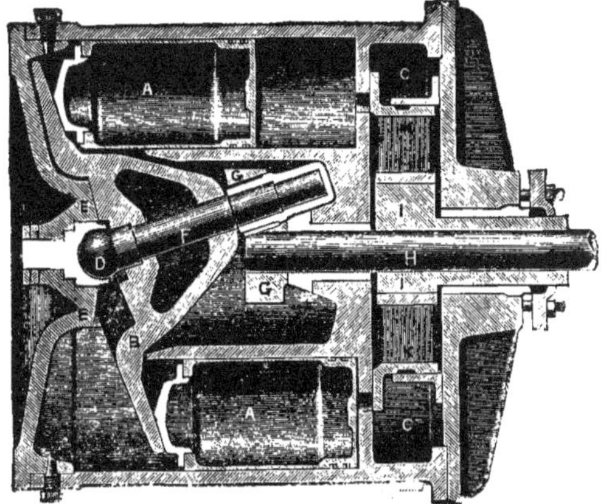

Fig. 69.

Fig. 70.

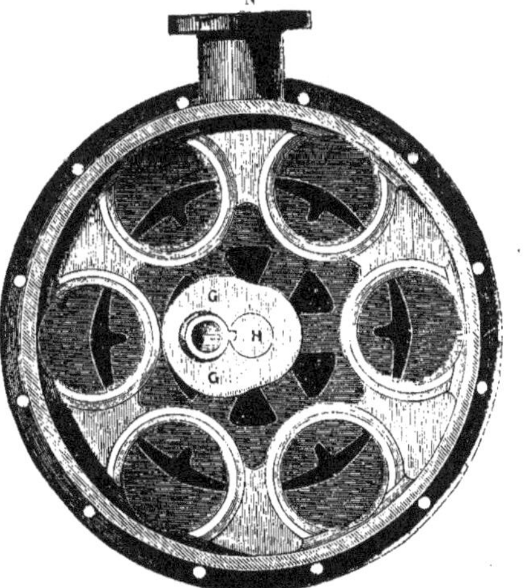

Fig. 71.

15. — Types de machines à vapeur horizontales.

Jusqu'ici, nous avons décrit les machines à vapeur pour lesquelles nous possédions des documents étendus sur la disposition des détails. Dans ce qui va suivre, nous allons comparer les caractères distinctifs de plusieurs autres systèmes de construction ; comme ils se répéteront pour toutes les machines en particulier, un aperçu général nous fera mieux connaître comment les formes actuelles se sont développées d'après des types plus anciens.

La forme caractéristique de la machine tient à la disposition variée des supports, du bâti et de la plaque de fondation. Le bâti qui supporte les différentes pièces de la machine doit présenter la plus grande durée possible et être solidement relié à la fondation. Aussi, pour des machines de

Fig. 72.

grandes dimensions, la construction la plus solide à adopter est celle où le bâti repose par la plus grande surface possible sur une fondation en maçonnerie. Pour les petites machines, principalement pour celles destinées à l'exportation ou à la vente, où l'on veut réduire le plus possible les différentes pièces de détail, on arrive à d'autres dispositions en partant de cette même considération. Le constructeur modifie l'exécution d'après son goût et surtout d'après le but auquel la machine est destinée : c'est ainsi, par exemple, que le bâti à baïonnette d'abord employé dans les machines Corliss a trouvé une application extraordinaire, même dans les machines auxquelles il paraissait le moins convenir.

Les figures 1 et 2, pl. 1 des esquisses représentent une machine à vapeur à distribution par tiroir, avec un bâti à baïonnette, construite par **Alexander et fils** à Circenter. Ce système de construction a l'avantage de combiner directement le cylindre à vapeur comme point de dérivation de la force motrice avec le palier de l'arbre de la manille. La glissière doit être alésée de façon que son axe et l'axe du cylindre soient en ligne droite, ce qui facilite notablement le montage de la machine. Sous l'influence de la pression verticale exercée par la tête du piston, ce bâti suspendu a l'inconvénient de fléchir par le milieu, s'il n'est construit avec une solidité particulière. Pour parer à cet inconvénient, on ajoute un support en son milieu comme le montrent les figures 5 et 6 de la machine **Taylor et Challen**, à Birmingham ; et l'on obtient ainsi une construction très solide. Dans cette machine, les glissières ont la forme cylindrique, le couvercle d'avant du cylindre et le palier incliné de l'arbre moteur sont venus de fonte avec le bâti ; de même aussi, la boîte du tiroir forme une seule pièce de fonte avec le cylindre, ce qui réduit le nombre des joints. Le régulateur animé d'une faible vitesse est commandé directement, sans l'intermédiaire d'une courroie, par l'arbre moteur au moyen de deux engrenages ; il agit sur une soupape équilibrée pouvant complètement intercepter l'admission de la vapeur, tandis que les valves modératrices ordinaires ne peuvent jamais fermer hermétiquement.

On trouve une disposition de bâti à baïonnette semblable à celle de Gibbons (voir pl. 2) dans la machine **Robey et Cie**, à Lincoln, représentée figure 72 du texte, avec la seule différence que son cylindre est pourvu d'un socle spécial. Dans presque toutes les machines anglaises, on voit la tête extérieure de la bielle taillée verticalement comme dans les machines marines ; c'est le cas pour la machine Robey comme de toutes celles représentées planche 1 des esquisses.

Fig. 73

Les figures 5 à 7, pl. 5 des esquisses représentent une autre machine, avec bâti à baïonnette de **A.-F. Brown** à New-York, que nous empruntons au mémoire de M. Radinger sur l'exposition de Philadelphie. Le bâti à baïonnette a sa face supérieure plane, qui couvre totalement la tige de la distribution, ce qui donne à la machine un extérieur d'une simplicité remarquable. La glissière est de forme trapézoïdale et le serrage s'opère au moyen de longues clavettes ; la manivelle en fonte est fixée tout près du palier, dont les coussinets extérieurs reçoivent un serrage horizontal au moyen de trois boulons. La figure 5 montre cette disposition originale ; la tige d'excentrique est disposée de façon à pouvoir être enlevée et transmet par un arbre faux le mouvement plus près du cylindre. Le tiroir de distribution, de grande longueur, est un tiroir séparé. Cette machine de 35 chevaux de force a un cylindre de 305 millimètres de diamètre, une course de piston de 610 millimètres, et fait 84 tours par minute ; la vitesse du piston est par conséquent de 1[m],71 par seconde ; le tuyau d'entrée de vapeur a 65 millimètres de diamètre et celui d'échappement 80 millimètres, c'est-à-dire 1/22 et 1/15 respectivement de la section du cylindre. Ces dimensions sont à peine suffisantes ; car la vapeur fraîche devrait affluer avec une vitesse moyenne de plus de 37 mètres, ce qui n'a pas lieu. La disposition des glissières placées verticalement dans un foureau cylindrique combiné avec un bâti plat a été exécuté d'une façon parfaitement raisonnée dans les constructions suivantes. Dans toutes ces machines, on a employé des arbres coudés et supprimé le second palier de montage séparé en sorte que l'ensemble de la machine paraît extrêmement ramassé et parfaitement dégagé. A cette catégorie appartient la machine des **frères Decker et Cie**, à Canstatt (Wurtemberg) représentée figure 73 du texte ; on ne l'exécute que sur un seul modèle.

Le cylindre de cette machine a 120 millimètres de diamètre intérieur ; la course du piston est de 200 millimètres, le nombre de tours de l'arbre moteur est de 180 par minute et la vitesse correspondante du piston est de 1^m^,20 par seconde. La force normale, à 6 atmosphères de pression au générateur, est de 5 chevaux-vapeur ; le volant a 1 mètre de diamètre ; l'emplacement pour les montages ne demande que 1^m^,70 en longueur (y compris le volant) et 0^m^,85 en largeur. Cette machine pèse environ 500 kilog. Par suite de sa construction solide, on peut, avec une pression plus élevée de la vapeur, augmenter sa puissance ; ainsi à une pression de 7 atmosphères 1/2 dans la boîte à vapeur correspondante à une pression de 8 atmosphères dans le générateur, la force serait de 8 chevaux-vapeur avec une introduction constante de 0^m^,7. Une force de 3 chevaux-vapeur n'exige que 3 atmosphères 1/2 de pression dans la boîte à vapeur.

La machine de **M. Marshall fils et Cie** à Gainsborough (fig. 74 du texte) dans laquelle la glissière est placée très bas dans le bâti, dont les formes arrondies ne laissent apercevoir que quelques lignes, assure par sa forme ramassée une très grande solidité. Cette disposition tire son origine de machines plus anciennes à bâti rectangulaire et à manivelles intérieures. Le cylindre est muni intérieurement d'une paroi en métal très dur, fondu séparément, et qui forme en même temps enveloppe de vapeur ; les tiges du tiroir et du piston sont en acier, et la tête du piston porte des coulisseaux avec serrage. Pour arriver à une détente variable, ces machines sont également munies d'un excentrique variable.

Les dimensions des quatre différents modèles de ces machines sont les suivantes.

Force en chevaux	4	6	8	10
Diamètre du cylindre en millimètres	172	216	241	266
Course du piston —	304	304	355	406
Nombre de tours par minute	125	125	110	95
Diamètre du volant en millimètres	1397	1574	1727	1828

Une construction, en tout plus légère que les précédentes, est représentée par la machine de **T. Maude**, Lansdowne Engine Works à Oldham (fig. 3 et 4, feuille 1 des esquisses).

Les glissières sont des surfaces planes ; les deux paliers sont disposés obliquement et le bâti est fixé sur la fondation par six boulons de scellement.

Le diamètre du cylindre et la course du piston de ces machines construites d'après neuf modèles différents, sont indiqués dans le tableau suivant :

Force en chevaux	1	1 1/2	2	2 1/2	4	5	6	8	10
Diamètre du cylindre en millimètres	76	101	114	140	152	177	203	228	254
Course du piston —	152	152	215	215	266	304	304	406	406

La rotation de l'arbre s'effectuant dans un seul sens, la pression de la tête du piston est par conséquent dirigée d'un seul côté; il résulte de là, que les deux glissières supérieure et inférieure, disposées symétriquement, ne sont pas absolument nécessaires; mais il faut que la surface qui supporte la pression soit suffisamment grande, l'autre pouvant être relativement plus petite. **MM. Deakin Parker et Cie** à Salford se servent de ce genre de guidage unilatéral, ainsi que l'indiquent les figures 7 et 8 de feuille 1. La glissière est disposée dans la partie inférieure du bâti en forme de **U**, auquel on a ajouté des pieds supports de fonte; le cylindre est boulonné en l'air.

La société (par actions) de construction de machines et wagons (prim. H. D. Schmid), à Simmering près de Vienne (Autriche), exécute un type de machines à vapeur de grande simplicité que nous empruntons au mémoire de Riedler (fig. 1 et 4, feuille 5 des esquisses) · elles se distinguent spécialement par un bâti solide reposant par deux grandes surfaces sur un massif en maçonnerie.

A son extrémité, le bâti est relevé en arc pour recevoir le cylindre qui est fixé en l'air, et pour donner une prise suffisante au guidage unilatéral; à l'autre extrémité, les deux paliers de l'arbre sont venus de fonte. De chaque côté de la manivelle, se trouve un excentrique; ce qui

Fig. 74.

donne lieu à une disposition symétrique pour la commande du tiroir de distribution situé d'un côté du cylindre et la pompe alimentaire de l'autre.

Cette machine a un cylindre de 166 millimètres de diamètre et une course de piston de 320 millimètres, le nombre de tours de l'arbre moteur est de 85 par minute; ce qui donne pour la vitesse de piston $0^m,90$ par seconde. Avec une introduction aux 3/4 et une pression de 5 atmosphères, la force de cette machine est de 4 chevaux-vapeur.

Nous empruntons, à la même source, le dessin de la machine à vapeur représentée figures 8 et 9, feuille 5, sortie des ateliers de construction **J. Körösi** de à Andritz près de Graz; cette machine a un bâti continu disposé de façon que la machine puisse être également montée sur une chaudière locomobile sans subir de modification dans sa construction. Le diamètre du cylindre est de 211 millimètres, la course du piston de 316 millimètres; l'arbre fait 85 tours par minute, par suite la course du piston est de $0^m,89$ par seconde. Entre les deux paliers de l'arbre, se trouve sur un côté, l'excentrique de commande du tiroir avec 33 millimètres d'excentricité et sur l'autre, un autre excentrique actionnant la pompe alimentaire; celle-ci est boulonnée sur le bâti et son piston a 80 millimètres de course. Le volant a $1^{m},065$ de diamètre, sa couronne, de 200 millimètres de largeur, est disposée pour recevoir une courroie.

Comme type de petites machines à vapeur d'une grande simplicité, très employé dans les locomobiles, nous reproduisons fig. 6 à 8, feuille 26, la machine construite par **M. W. H. Ulhand à** Leipzig. Elle repose sur un bâti en forme de A servant en même temps de socle à une chaudière verticale; le prolongement de la tige du piston sert, en même temps, de piston plongeur à la pompe alimentaire dont le presse-étoupes sert de glissière; c'est pour cela que la bielle est faite à fourche sur toute sa longueur. Au-dessous de la machine on a rapporté un réchauffeur consistant en une boîte en fonte, où se trouvent deux tuyaux en cuivre dans lesquels circule l'eau d'alimentation. Nous recommanderons également, pour les petites machines, la disposition du guidage en ligne droite adoptée par **M. Chaudré** mécanicien à Paris, représentée figure 75 du texte.

Il se compose d'une règle unique, de section carrée, dont les quatre arêtes longitudinales servent de guides au coulisseau qui l'embrasse sur son contour.

Fig. 75.

Le patin-guide de ce dernier est muni de joues pouvant recevoir du serrage ; les supports de la règle et de la conduite de la tige du tiroir ont une forme spéciale en colonnette.

Nous citerons encore la disposition d'une machine jumelle à grande vitesse avec distribution par simple tiroir, représentée, figures 6 à 13, feuille 7 des esquisses, et construite par **M. H. Flaud** à Paris. Cette machine, marchant à 150 tours par minute, développe 30 chevaux de force. Elle s'applique à la commande directe de ventilateurs, pompes, etc. Chaque cylindre a 250 millimètres de diamètre intérieur et 260 millimètres de course du piston.

Le régulateur, disposé horizontalement, est commandé au moyen d'une courroie. Sur son axe est rapporté un ressort à boudin qui, par une extrémité s'applique contre une embase fixe, et par l'autre, contre la douille du régulateur ; on équilibre ainsi l'influence du poids des boules. Cette construction du système horizontal est préférée parce qu'on évite ainsi les ébranlements qui ont lieu dans un bâti vertical. Le régulateur commande une soupape circulaire représentée en détail figures 11 et 12, rapportée dans le tuyau E d'admission de vapeur; F désigne le tuyau d'échappement de vapeur.

16. — Types de machines à vapeur verticales.

Les machines verticales ont, sur les autres dispositions, le grand avantage que le bâti reliant le cylindre au palier de l'arbre moteur, peut être placé sur la fondation, et par suite recevoir les forces verticales. L'usure, qui a lieu sur un côté du cylindre par suite de la flexion de la tige et de la pression du piston, disparaît totalement ici. Ce sont là les raisons principales qui pendant longtemps ont empêché l'adoption des machines horizontales; mais on est arrivé à construire les fondations suffisamment solides pour ne plus craindre aucune flexion; et par une disposition et une exécution spéciales l'usure sur un côté des presse-étoupes et du cylindre a disparu sinon en totalité du moins a été réduite à un minimum. Aussi, emploie-t-on de préférence les machines horizontales pour de grandes forces; le montage et l'entretien sont plus faciles et leur prix d'installation moins élevé.

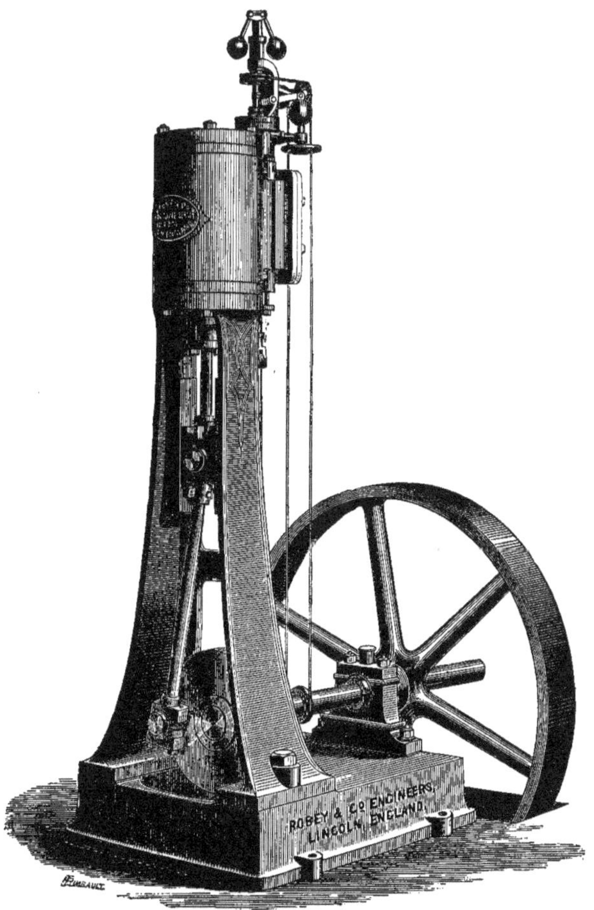

Fig. 76.

Dans le système vertical, on peut placer le cylindre en dessus ou en dessous de l'arbre moteur, la première disposition est presque toujours adoptée dans les grandes machines récentes. La plupart des petites machines qui vont être décrites ici, sont combinées avec le générateur de façon à pouvoir déposer les deux parties séparément sur un bâti commun. On emploie, de préférence, cette disposition, parce que les forces qui se développent entre le cylindre à vapeur et le palier de l'arbre de la manivelle sur les parois du générateur, déjà soumis à une forte tension, sont nuisibles; par suite la solidité du générateur et de la machine en souffre.

Les figures 1 et 2, feuille 8 représentent une machine à vapeur verticale de forme ordinaire, construite par la maison **Reading Iron-Works.** La plaque de fondation est allongée de façon à recevoir la chaudière verticale ; le support se compose de deux montants fixés sur la plaque de fondation et sur lesquels est assujetti le cylindre à vapeur au moyen de boulons. Un régulateur système Widmark, actionné par une courroie, est disposé sur la boîte du tiroir ; la masse du régulateur est formée de deux pièces jointes ensemble paraissant former une sphère lorsque la machine est en repos. L'arbre coudé de la manivelle, formé d'une seule pièce, s'étend sur toute la largeur de la plaque de fondation ; il porte sur une extrémité un volant et sur l'autre une poulie motrice ; la pompe alimentaire, fixée sur la plaque de fondation, est commandée ainsi que le tiroir par un excentrique. On réduit les pièces du mécanisme en réunissant les deux supports et en leur donnant la forme d'une pyramide ou d'un cône ; cette forme très prisée dans ces derniers temps a été adoptée par plusieurs maisons de construction en Allemagne, en Angleterre et en Amérique; elle l'a été moins en France. Les figures 9 et 10, feuille 1 des esquisses, reproduisent la disposition de **MM. Marshall fils et Cie** à Gainsborough. Le support (fig. 9-10) est boulonné sur un socle en fonte, très solide, allongé du côté gauche pour recevoir la chaudière; ce socle sert de réservoir pour l'eau d'alimentation réchauffée par la vapeur d'échappement. Un excentrique spécial commande la pompe alimentaire ; un régulateur commande la soupape modératrice.

Fig. 77.

La figure 76 du texte représente la machine de **MM. Robey et Cie** à Lincoln, dont le bâti est de construction légère et d'un aspect agréable. La manivelle a la forme d'un disque, et l'arbre reçoit à l'extrémité opposée, outre le volant, une poulie; la plaque de fondation sert encore ici de réchauffeur. Les machines de ce genre sont construites pour des forces de 1 et 1/2 à 12 chevaux.

Les figures 5 et 6, feuille 8 des esquisses, représentent une machine à vapeur verticale de 4 chevaux, construite par **MM. Ruston Proctor et Cie** à Lincoln. Elle est, en tout, à peu près semblable à celle de MM. Marshall Sons et Cie ; la chaudière verticale, que nous supposons être du côté droit (fig. 5) de la machine, repose sur une plaque de fondation servant à la fois de cendrier et de réchauffeur. Le couvercle inférieur du cylindre se trouve dans la partie tournée du bâti ; il est fixé au cylindre par des boulons qui traversent également les brides du bâti. Le diamètre du cylindre est de 222 millimètres, la course du piston, de 254 millimètres, le cylindre est muni d'une enveloppe de vapeur ; les glissières sont tournées et la tête du piston porte de grosses joues en fonte pouvant recevoir du serrage. Près de la manivelle, se trouve un palier de l'arbre moteur venu de fonte avec le bâti; l'autre, près du volant, est boulonné sur la plaque de fondation.

Les figures 7 et 8, feuille 8 représentent une machine exécutée par **M. Jacob Naylord** à Philadelphie, nous l'empruntons au mémoire de M. Radinger sur l'Exposition de Philadelphie. Elle est construite sur 8 modèles différents.

La machine exposée avait un socle de forme ovale de 560 millimètres de haut; sur ce socle qui se prolonge au-dessous du volant est fixé le deuxième palier de l'arbre. Le cylindre, de 305 millimètres de diamètre intérieur et de 356 millimètres de course de piston, repose sur un bâti de $1^m,560$ de haut, auquel sont venus de fonte, les glissières et l'un des paliers. Le fond du cylindre est venu de fonte avec le bâti; le presse-étoupe muni d'un filetage conique est vissé par le dehors. La manivelle est en fer forgé avec contrepoids forgé avec le corps de l'arbre; le volant a $1^m,520$ de diamètre sur $0^m,300$ de largeur. Un canal situé sur le contour du socle reçoit l'huile et facilite la propreté du sol.

Dans les machines de **Proctor et Walis**, à Londres (fig. 77), les deux paliers de l'arbre moteur sont venus de fonte avec le bâti.

La table suivante donne les dimensions de ces machines :

Force nominale en chevaux-vapeur	1 1/2	2 1/2	4	5	6
Force effective —	3	6	9	12	15
Diamètre du cylindre en millimètres	88	127	165	184	203

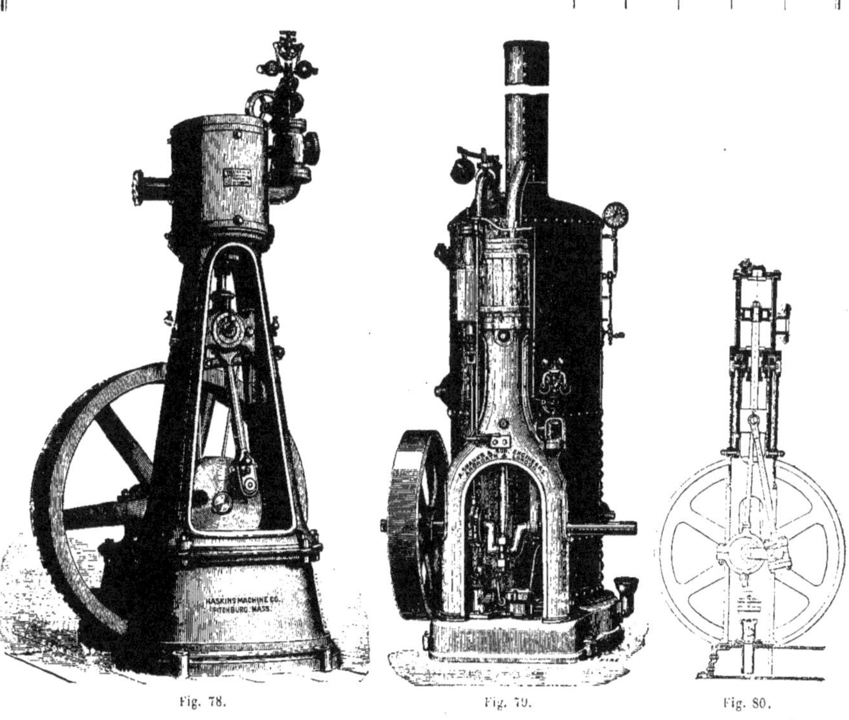

Fig. 78. Fig. 79. Fig. 80.

La maison **Fitchburg Steam-Engine et Cie** (primitivement Haskin et Cie), Mass. U. S. A., construit des machines à vapeur verticales de différentes dispositions. Cependant, toutes ces machines ont un bâti conique creux, ainsi que le montre la figure 78 du texte. Dans les petites machines, l'arbre moteur est coudé ; celles au-dessus de 12 chevaux ont une manivelle à disque, et leur arbre repose sur un palier séparé. Les machines de 50 chevaux ont les dimensions suivantes : diamètre intérieur du cylindre : 356 millimètres, course : 356 millimètres, nombre de tours : 140, vitesse du piston : $1^m,66$. Le volant pèse 1.140 kilogrammes ; il a $1^m,60$ de diamètre sur 457 millimètres de large.

La maison **Alexander Shanks et fils,** à Arbroath, emploie un bâti à fourche semblable à celui de la machine Gippeswyk, déjà mentionnée. Il est représenté par une vue extérieure, fig. 79 du texte, et en coupe verticale, fig. 80 ; les règles-guides ne sont point venues de fonte avec le bâti, mais sont assujetties au moyen de boulons et sont à surface plane. La pompe alimentaire puise l'eau dans le réservoir formé par la plaque de fondation en fer forgé ainsi que le montre la figure 79.

Les données suivantes s'appliquent à ces différentes machines :

Force en chevaux nominale	2	3	4	5	6	8	10	12
Diamètre du cylindre en millimètres	120	146	171	183	210	240	566	285
Course du piston	228	254	254	301	304	355	355	406
Diamètre du volant	888	914	990	1041	1219	1417	1600	1828
Nombre de tours par minute	160	150	150	130	130	120	120	110

Les États-Unis d'Amérique, où la petite industrie a pris un développement très considérable, produisent un nombre indéfini de petits moteurs à vapeur. Nous citerons entre autres la machine de **Weimer,** à Lebasson (fig. 9 et 10, feuille 8), et celle de **Mitchell,** à Philadelphie (fig. 11 et 12, feuille 8), à peu près semblables entre elles. Leurs bâtis rappellent le petit marteau-pilon à vapeur et donnent à la machine un aspect agréable. La machine Mitchell a une hauteur de 2 mètres ; le diamètre du cylindre est de 160 millimètres et la course du piston de 190 millimètres. La distribution se compose, de chaque côté du piston, de tiroirs séparés ; le disque manivelle est équilibré.

B. Herreshoff, de Londres, a construit une machine (fig. 11-15, feuille 6) marchant à la vitesse exceptionnelle de 500 tours par minute, à une pression de 10 atmosphères.

Le diamètre du cylindre n'est que de 57 millimètres et la course du piston, 76 millimètres. Avec une introduction de 0,66 la machine développe 4 chevaux-vapeur. Le cylindre est construit dans un bloc d'acier massif; le piston et sa tige, l'arbre moteur avec l'excentrique venu à même, ainsi que le tourillon de la tige du piston, sont également en acier ; la plaque de fondation, le bâti, la bielle et le couvercle du cylindre sont en bronze phosphoré ; tous les boulons sont en acier et leurs écrous en bronze. Sur le palier d'avant est montée la pompe alimentaire commandée par le maneton de la manivelle. Pour réduire le poids, les pièces suivantes : telles que manivelle, tige d'excentrique, et même la tête du piston avec son tourillon, ont été faites creuses; elles forment ensemble la partie la plus originale de la machine. Nous devons signaler une propriété spéciale consistant en ce que les écrous du palier de l'arbre de la manivelle sont munis de rondelles fusibles, de telle sorte que, dans le cas d'échauffement d'un palier, ces plaques fondent et produisent un desserrage. La boite à tiroir avec son couvercle venu de fonte est fixée au cylindre.

La machine de **M. G. Péteau,** à Paris, représentée, fig. 5-7, feuille 6 des esquisses, est reliée verticalement au générateur par son bâti qui occupe toute la longueur de la machine. Le cylindre est boulonné sur le générateur au moyen de pattes ordinaires ; le tuyau d'admission, sur le coude duquel est rapportée la valve modératrice, débouche dans la boîte à tiroir et celui d'échappement débouche, en traversant le bâti, dans la maçonnerie du générateur. La glissière-guide est formée par une règle qu'embrasse la tête du piston. Le diamètre du cylindre est de 200 millimètres, la course du piston de 300 millimètres, et le nombre de tours de 110 par minute.

Comme exemple d'une machine à deux pistons, à forces bien équilibrées et d'un rendement avantageux, nous citerons la machine construite par **M. R. Wells**, de New-York, représentée fig. 3 et 4, feuille 8 des esquisses. L'effort du piston supérieur est transmis en bas au moyen de deux tiges qui traversent le piston inférieur par l'intermédiaire d'un emboîtement métallique. Les manivelles sont calées sous un angle de 180° ; d'où il résulte que les pistons ont, l'un par rapport à l'autre, une marche opposée et que les points morts ne sont pas supprimés. Un excentrique commande la distribution de la vapeur.

MM. Buffaud frères, à Lyon, ont adopté une disposition contraire à toutes celles déjà citées ; laquelle est représentée, fig. 81 du texte. L'arbre moteur se trouve au dessus du cylindre. Le bâti est fixé par le haut sur le générateur et, par le bas, repose sur le socle. Le cylindre à vapeur, la boîte du tiroir et la pompe alimentaire sont venus de fonte. Le cylindre à vapeur qui, dans cette disposition, serait exposé à un refroidissement notable est, ici, isolé de la pompe par une chemise d'air ; le réchauffeur, placé derrière le cylindre, est venu de fonte avec le bâti. Les machines de ce genre sont construites d'après les dimensions suivantes :

Fig. 81.

Force en chevaux.	1	2	3	4	6	8	10	12	15
Diamètre du cylindre en millimètres	95	120	130	160	175	190	205	255	290
Course du piston.	110	160	200	200	260	320	380	380	420
Nombre de tours par minute	150	140	115	115	110	100	95	75	75

La machine de **M. W. N. Nicholson, Trent Iron-Works,** à Newark (fig. 82 du texte), offre une disposition semblable à la précédente, mais avec chaudière séparée. Le cylindre, muni d'une enveloppe de vapeur, forme avec les deux montants et les paliers une seule pièce de fonte; les deux couvercles des paliers sont réunis entre eux par une pièce venue de fonte avec eux; la machine paraît ainsi former un cadre solide; entre les deux montants sont rapportées les glissières-guides en V de la tête du piston.

Fig. 82.

En ce qui concerne la disposition du bâti par rapport à la chaudière, nous reproduisons (fig. 83 du texte) une disposition souvent exécutée par les ateliers de construction de machines et de bateaux à vapeur, à Dresde en Saxe.

Le bâti, formé de deux montants entretoisés par le haut, repose librement sur la chaudière, suivant sa ligne d'axe, et est fixé par la base sur la plaque commune de fondation. A l'un des montants du bâti est fixé le cylindre à vapeur muni de sa distribution, et à l'autre, la pompe alimentaire; le tout se complète par un régulateur.

Sous le nom de machines Baxter existe une disposition qui jouit d'une vogue extraordinaire. Le cylindre est enfoncé dans la partie supérieure du générateur. Nous montrons cette disposition au moyen d'une construction de la maison **Proctor et Walis,** à Londres, appelée *machine Talbot* par les constructeurs. La figure 85 du texte montre sa disposition intérieure et la figure 84 sa vue extérieure. Le cylindre repose sur le couvercle du générateur par sa bride supérieure, qui sert en même temps de plaque de fondation au bâti de la machine.

Le cylindre, complètement enfoncé dans le générateur, est ainsi garanti de la façon la plus favorable contre le refroidissement. Cette installation de la machine, sur le milieu même du générateur, permet à ce dernier une libre dilatation sous l'influence de la chaleur à laquelle il est soumis, et, de plus, le poids total du générateur sert ici de massif de fondation. Comme les pièces en mouvement sont dans l'axe de la chaudière, toute secousse ou vibration est supprimée d'avance.

Nous terminerons ce chapitre par une machine oscillante (fig. 8-10, feuille 6), construite par **M. L. Bréval,** à Paris; elle est logée dans une caisse en tôle séparée, et repose sur les roues d'avant d'une locomobile, ce qui lui a fait donner par son constructeur le nom de *crypto-dynamique*, c'est-à-dire *force cachée*. Comme dans toutes les machines oscillantes il y a deux pivots *A* et *B*, d'où partent des tuyaux de conduite traversant le bâti pour aboutir au générateur.

Le mouvement du tiroir se fait d'une manière simple. Pour équilibrer le mouvement d'oscil-

.ation, la tige d'excentrique est fixée à un étrier qui se meut sur le couvercle de boîte à tiroir; à l'autre extrémité de cet étrier est fixée la tige conductrice du tiroir. Le corps de la pompe alimentaire est boulonné contre le cylindre à vapeur et son piston plongeur reçoit le mouvement de l'axe de la tête du piston. Le tuyau d'aspiration de la pompe se trouve du côté de l'axe B, tandis que celui de refoulement passe par l'intérieur de ce dernier ; de cette façon, l'eau d'alimentation est encore réchauffée d'avance par la vapeur d'échappement et le tuyau n'est plus gêné par l'oscillation.

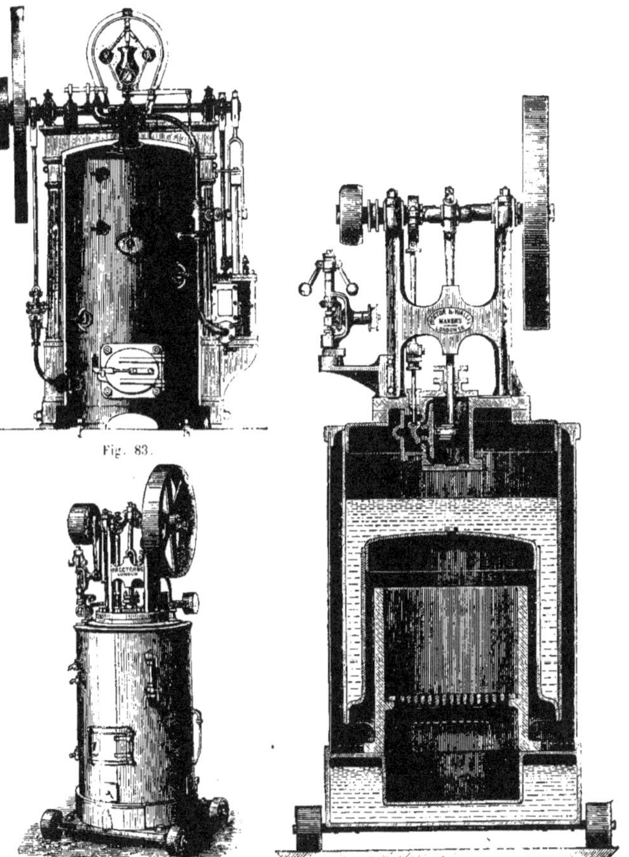

Fig. 83.

Fig. 84.

Fig. 85.

Cette machine est de la force nominale de 6 chevaux-vapeur, le diamètre du piston est de 180 millimètres, et sa course de 300 millimètres ; le nombre de tours par minute est de 100 et la machine travaille à 6 atmosphères de pression.

III — MACHINE A VAPEUR A UN SEUL TIROIR ET A DÉTENTE VARIABLE

I. E. R. et F. Turner, à Ipswich.

(Feuille 9 des esquisses.)

Le moyen le plus simple de produire la détente variable, au moyen d'un seul tiroir, consiste à employer un excentrique dont la course et l'angle d'avance puissent varier et être réglés à volonté. Dans ce but, sur l'arbre de la manivelle est fixé un disque, dans la coulisse excentrée duquel est maintenu l'excentrique dans différentes positions, au moyen d'une vis de serrage. Il en résulte que l'angle d'avance peut varier, ainsi que l'excentricité. Avec cette disposition, le réglage ne peut évidemment se faire que lorsque la machine est au repos.

Toutefois, au moyen de mécanismes spéciaux, l'excentrique peut, avec cette disposition, être rendu variable automatiquement par le régulateur, pendant la marche de la machine. Parmi les dispositions de ce genre, citons en premier lieu celles employées par la maison E. R. et F. Turner, à Ipswich, combinée avec le régulateur Hartwell et Gutherie.

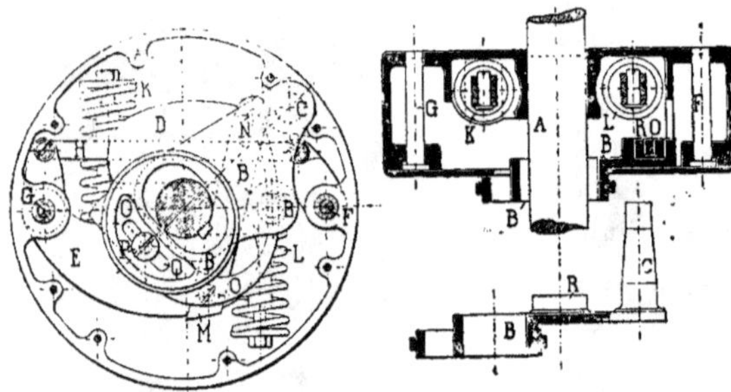

Fig. 86 à 88.

Sur l'arbre moteur A est fixée la boite renfermant le régulateur et se meut l'excentrique B, pourvu d'un grand jeu et suspendu librement au tourillon opposé C, au moyen d'un bras de levier placé dans la ligne d'axe de l'excentricité, ainsi que le montrent les figures 86-88 du texte. Dans la position correspondant au point mort, c'est-à-dire dans la position la plus élevée du régulateur, la direction de ce bras coïncide avec celle de la manivelle ; dans ce cas, l'angle d'avance de l'excentrique est de 90°. L'excentrique pouvant être rendu variable autour du point d'oscillation C, il en résulte que le tiroir qu'il conduit, reçoit, lorsque le bras s'est déplacé, non le mouvement produit par plus grande excentricité, mais celui provenant d'un angle de calage devenu plus faible. L'orifice s'ouvre alors plus rapidement et sa largeur augmente en même temps que la durée de son ouverture.

On se sert de cette position du bras de levier pour la mise en train de la machine : le régulateur doit ensuite de nouveau tourner le bras vers l'intérieur, et pour la vitesse normale, le maintenir dans une position moyenne. Lorsque le mouvement se ralentit, le bras s'écarte de cette position vers l'extérieur et lorsqu'il s'accélère, le bras s'écarte vers l'intérieur. Dans ce dernier cas, l'excentricité s'approche de la position correspondant au point mort où les orifices de vapeur sont réglés comme par un excentrique, devenu plus petit, ou une course de tiroir avec un angle d'avance pouvant augmenter jusqu'à 90° ; l'avance linéaire augmente ; et les orifices ne s'ouvrent plus totalement et ferment lentement.

Le régulateur, qui effectue la variation de l'excentrique, se distingue par la construction suivante : les poids *D* et *E* oscillent autour des tourillons *F* et *G*; ceux-ci sont reliés entre eux par la tige *H*, de manière à se balancer l'un et l'autre dans un sens opposé ; les ressorts à boudins *K* et *L* règlent le mouvement de ces poids en les empêchant de s'écarter trop brusquement. Au poids *E* est rapporté un bras vertical *M*, et à l'extrémité supérieure de ce dernier, un tourillon *N* autour duquel peut articuler le bras recourbé *O*. Au moyen d'une vis de pression *P* guidée dans une coulisse *Q*, ce bras est fixé dans différentes positions au poids *E*; il s'engage en outre dans l'entaille du tourillon *R* mobile dans le bras de l'excentrique *B*. La section transversale, (fig. 87 du texte), montre cette combinaison.

La disposition des différentes parties est combinée de telle façon que, dans la position représentée par le dessin où la vis de serrage *P* se trouve au milieu de l'entaille *Q*, la partie la plus faible du bras *O* décrive un arc du cercle du point de rotation *G* comme centre, de telle sorte qu'un mouvement des poids est sans influence sur la position de l'excentrique et de plus que la ligne de jonction des points milieux *A* et *C* se trouve parallèle à la position de la manivelle ; de cette manière la machine ne se met point en mouvement par suite de la distribution défavorable de la vapeur. Si, au contraire, après avoir un peu desserré la vis de pression, l'on tourne le bras autour du tourillon *C* vers l'intérieur, l'excentrique de distribution se soulève et la machine marche à gauche, tandis qu'en tournant le bras vers le haut, la machine marche à droite. La courbure de *O* cesse de coïncider avec l'arc décrit de *G* comme centre et par suite de l'écartement des poids, conséquence de l'accroissement de la vitesse de l'arbre moteur, l'excentrique est de nouveau amené plus près de la position moyenne et même dans cette position pour laquelle l'admission de la vapeur est interceptée avec l'avance respective. En disposant l'excentrique pour une course plus ou moins grande avant que le régulateur ne commence à agir, on règle l'introduction normale pour le travail normal et en le plaçant de l'un ou de l'autre côté du point mort, on change le sens de rotation ; mais l'un et l'autre ne sont possibles que lorsque la machine est au repos.

La feuille 9 des esquisses représente une machine à vapeur munie d'une distribution de ce genre. Le diamètre du cylindre est de 165 millimètres et la course du piston de 254 millimètres ; le cylindre est, avec enveloppe et boîte de distribution de vapeur, fondus d'une seule pièce. Le cylindre et les paliers sont reliés ensemble par des fers ⊏ qui se trouvent à la hauteur de l'axe longitudinal, et par cette forme supportent les pressions dans la direction axiale. Cette machine, de la force nominale de 8 chevaux, est destinée à travailler à 8 atmosphères et à 270 tours ou à 2^{m},30 de vitesse de piston. Entre les longerons du bâti, se trouve une traverse en tôle qui supporte des glissières rectangulaires en fonte.

Le volant est à poulie pouvant recevoir une courroie ; le régulateur est disposé extérieurement.

2. — Satre et V. Averly, à Lyon, système Deprez.

(Planche 3.)

Avec la distribution Deprez, on peut également donner une course variable au tiroir au moyen d'un mécanisme adapté à l'excentrique. La planche 3 représente ce système appliqué à une machine à condensation construite par **MM. Satre et Averly**, à Lyon. Le tiroir porte (fig. 5) de très grands recouvrements ; sa tige est très longue ; elle est reliée au collier *A* qui embrasse l'excentrique *B* calé diamétralement opposé à la manivelle. Ce collier reçoit un mouvement parfaitement rectiligne au moyen d'un guidage et se meut simplement dans le sens horizontal. Dans ce collier est pratiquée une coulisse circulaire C dans laquelle s'engage un coulisseau c relié par un tourillon à la tige d'excentrique D.

Considérons ce mécanisme dans la position représentée fig. 1, où le coulisseau se trouve dans le prolongement de l'axe de la tige du tiroir ; on voit que le collier, le tiroir et sa tige exécutent un mouvement correspondant parfaitement à un déplacement symétrique de l'excentrique. Dans cette position a lieu le minimum d'introduction, égal à 0,1 de la course du piston. Les figures 1 et 2 montrent clairement que le tiroir et le piston occupent exactement leur position moyenne, alors que l'admission de la vapeur est depuis longtemps interceptée et que, d'autre part, l'échappement de la vapeur commence, car les arêtes intérieures du tiroir coïncident exactement avec les arêtes intérieures des orifices.

Poursuivant l'examen des principales positions du tiroir et examinant le diagramme (fig. 89 du texte) dans lequel la ligne pointillée indique la marche du tiroir correspondant à cette position du coulisseau, on obtient le résultat suivant :

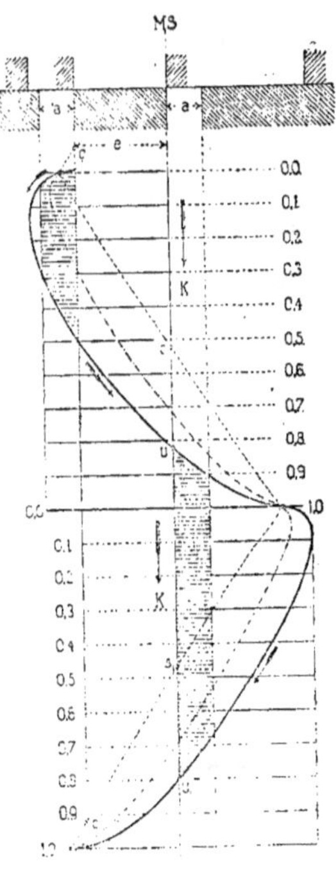

Fig. 89.

Le tiroir commence à découvrir l'orifice de vapeur en c lorsque le piston a encore $\frac{1}{10}$ de sa course à parcourir (le piston se mouvant dans la direction de la flèche k) jusqu'au point mort ; à ce moment, l'orifice est découvert d'environ les $\frac{4}{10}$ de sa largeur ; mais aussitôt après l'orifice commence déjà à se rétrécir, et après un nouveau déplacement du piston égal à $\frac{1}{10}$ de sa course la vapeur est interceptée et la détente commence. Le mouvement du tiroir peut donc être représenté comme divisé en parties égales par rapport au point mort.

D'un autre côté, l'échappement commence à la position s lorsque le piston se trouve au milieu de sa course ; dès lors, la vapeur ne se détend que pendant les $\frac{4}{10}$ environ de la course du piston et commence déjà à s'échapper à la fin de cette période. En même temps, la compression commence sur l'autre côté du piston, ainsi que l'indique la position s_1 de la partie inférieure du diagramme. Cette distribution particulière ne donne point lieu à un mouvement continu du piston ; au contraire, ce dernier va bientôt se trouver en repos. Mais dès qu'on soulève le coulisseau dans sa coulisse, la distribution de la vapeur change et le piston va reprendre son mouvement. Pour se rendre compte de ce fait, examinons de plus près la position représentée fig. 5, où le coulisseau se trouve au point le plus élevé de la coulisse et à laquelle correspond une introduction de vapeur de 0.5 de la course du piston. (A cette position correspond la courbe en traits pleins du diagramme, fig. 89.) Dans cette même position du coulisseau a lieu le maximum de la course du tiroir, tandis que dans le cas précédent avait lieu le minimum.

Lorsque le tiroir se trouve dans sa position la plus éloignée, le piston n'a parcouru que le premier cinquième de sa course, et, continuant sa marche, il intercepte la vapeur lorsque le piston a parcouru la moitié de sa course. L'échappement commence en u lorsque le piston a parcouru les 0,82 de sa course et dure jusqu'en u_1, position dans laquelle le piston est éloigné de $\frac{1}{5}$ de l'autre point mort. Dans la position représentée fig. 5, le tiroir se trouve au milieu de sa course. Cette même figure montre l'influence de la longueur de la tige d'excentrique sur le mouvement du tiroir, car, si les positions du tiroir ne dépendaient exclusivement que de l'excentrique, le tiroir se trouverait à ce moment dans sa position moyenne comme le piston à vapeur, tandis que la figure 5 montre que le tiroir s'est éloigné de cette position. Cette modification du mouvement de l'excentrique n'est rendue possible que par l'emploi d'une tige d'excentrique très courte, car dans le cas actuel le rapport de l'excentricité à la longueur de la tige d'excentrique est grand, et dès lors l'influence de l'inclinaison de la tige d'excentrique est suffisante pour engendrer ainsi une course variable du tiroir. La courbe représentée dans le diagramme par les traits — · — · — · — · — correspond à une introduction égale à 0,3. Ce système ne permet que des introductions variant de 0,1 à 0,5 de la course du piston.

La variation de la détente dépend par conséquent de la position variable du coulisseau dans la coulisse. Le changement de position de ce dernier peut avoir lieu soit à la main, soit automatiquement par le régulateur, comme dans le cas actuel. Le régulateur repose latéralement sur la plaque de fondation et reçoit, par l'intermédiaire d'une courroie, son mouvement de l'arbre moteur. La douille du régulateur transmet son mouvement au coulisseau par un mécanisme représenté (figure 1) et établi de la façon suivante : à l'extrémité du levier r du régulateur est rapporté un manchon entourant l'arbre vertical Q, de manière qu'il ne puisse participer au mouvement de rotation de ce dernier, tout en lui communiquant les différents écartements de la douille du régulateur. Cet arbre porte deux disques coniques q et q_1 mis alternativement en contact avec un troisième disque s par le soulèvement et l'abaissement de l'arbre Q et qui participent au mouvement de rotation continue du disque s. Suivant le disque inférieur ou le disque supérieur, q ou q_1, l'arbre Q est entraîné dans un sens ou dans l'autre. En dessous du disque q_1 sur l'arbre Q est rapportée une vis sans fin p engrenant avec une roue p_1 (fig. 2). Cette dernière est disposée sur un axe fileté s, de manière qu'en tournant celui-ci prenne un mouvement de va-et-vient dans la roue. Au moyen d'une articulation est reliée avec cet axe la tige s' qui transmet au coulisseau les oscillations du régulateur par l'intermédiaire d'un levier coudé T et d'une tige de suspension T_1.

On évalue la puissance nominale de cette machine à 25 chevaux-vapeur. Le diamètre du cylindre est de 450 millimètres et la course du piston de 700 millimètres ; à raison de 40 tours par minute, la vitesse du piston est de 1m,10 par seconde, la pression absolue de la vapeur étant de 5 kilogrammes par centimètre carré.

Le corps du cylindre proprement dit est isolé et engagé dans le cylindre extérieur ; ils forment ensemble une chemise de vapeur dans laquelle la vapeur fraîche s'introduit par le bas, passe sur le côté et afflue en haut, par la soupape modératrice, dans la boîte du tiroir (fig. 3). De plus, un robinet d'entrée de vapeur spécial v est rapporté au cylindre ; on l'ouvre au moment de la mise en train de la machine lorsque le tiroir ferme l'orifice de vapeur. Le robinet est à *deux embranchements* qui communiquent chacun avec l'un des deux orifices de vapeur.

3. — Pius Fink, à Vienne.

La figure 90 du texte montre la manivelle R diamétralement opposée à l'excentrique D dont le collier porte une coulisse. Le collier de l'excentrique est articulé en un point Q avec un levier qui oscille autour du point d'articulation G ; le point Q prend ainsi un mouvement d'oscillation de va-et-vient dans la direction de la poussée de l'excentrique ; en même temps, par suite de la rotation de l'arbre, la coulisse accomplit des oscillations circulaires autour du même point.

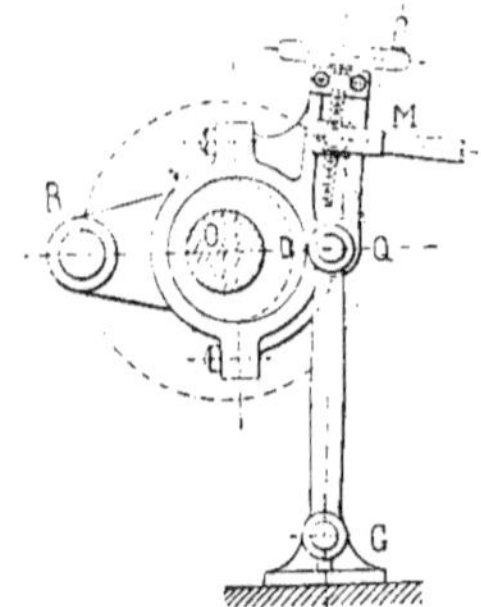

Fig. 90.

La bielle M est reliée par articulation avec la tige du tiroir ; sa position est fixée dans la coulisse par une vis de réglage actionnée par un volant ; la course du tiroir varie ainsi avec le déplacement du coulisseau. Lorsque ce dernier est placé très bas dans la coulisse, il en résulte une forte détente, car, dans ce cas, la conduite du tiroir se fait à peu près comme avec un excentrique calé sous un angle d'avance de 90°. Dans la position la plus élevée du coulisseau, le mouvement de la coulisse est encore transmis, celle-ci devant être envisagée par rapport à l'excentrique à peu près comme un levier coudé à angle droit ; par conséquent ce mouvement peut être considéré comme communiqué par un second excentrique avec un retard de 90° sur la manivelle ($\delta = 180°$). De la combinaison de ces deux mouvements résulte celui du tiroir.

La coulisse a la forme d'un arc de cercle dont le rayon est égal à la longueur L de la bielle ; le point d'appui Q est convenablement placé dans la ligne d'axe de la coulisse. Ce système de distribution ne donne de bons résultats qu'avec de faibles introductions.

4. — Robey et Richardson, à Lincoln.

Il convient de signaler une disposition très simple pour la variation de l'excentrique, dans laquelle l'angle d'avance et l'excentricité sont à la fois modifiés ; c'est le mécanisme de détente à action directe (patente Robey et Richardson) employé par la maison **Robey et Cie**, à Lincoln, et représenté fig. 91 et 92 du texte.

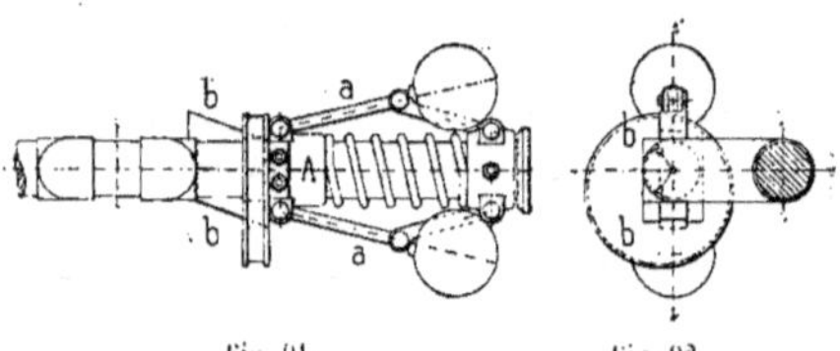

Fig. 91. Fig. 92.

Le régulateur est ici placé directement sur l'arbre moteur et les boules se meuvent verticalement. A la douille mobile A, avec laquelle articulent les bras de leviers aa des boules, sont rapportés deux glissoirs ou guides bb en forme de clavettes qui, à chaque changement de vitesse de la machine, c'est-à-dire à chaque changement de position des boules du régulateur, exécutent, suivant la direction de l'axe, un mouvement de va-et-vient sur la surface rabotée de l'arbre moteur. Des évidements correspondants à ces clavettes-guides sont pratiqués dans l'excentrique, qui repose ainsi sur les faces de ces clavettes, mais ne peut participer à leur mouvement longitudinal. Au moyen des faces parallèles de ces clavettes, le centre de l'excentrique peut s'approcher ou s'éloigner de l'axe de l'arbre, et on peut ainsi faire varier à la fois l'angle d'avance et l'excentricité.

5. — G. Kalka, à Nicolaï.

Le système de distribution de **G. Kalka**, breveté dans l'empire d'Allemagne, a uniquement pour but de communiquer un mouvement de rotation à l'excentrique, ce qui ne fait varier que l'ange d'avance. La distribution représentée fig. 93 et 94 du texte repose sur la combinaison suivante :

Sur l'arbre moteur sont clavetés deux bras *B* entre lesquels est rapportée une roue dentée folle *A* (fig. 96). Entre ces deux bras, est placé un segment denté *C* fixé sur un axe de transmission, de façon que les dents du segment engrènent avec celles de la roue. Dans cette disposition, le segment agit sur la roue folle comme organe de commande. Or, en se représentant l'arbre de transmission mis en mouvement par une force extérieure, alors même que l'arbre moteur serait en mouvement, on pourra communiquer à volonté à la roue folle un mouvement accéléré ou retardé et même un mouvement rétrograde, en donnant aux diamètres du segment et de la roue un rapport convenable. Ce mouvement varié est transmis à l'excentrique d'un tiroir à coquille de la façon suivante (fig. 93-95 du texte) : le manchon mobile S peut être déplacé sur l'arbre principal, pendant la marche, soit par le régulateur, soit à la main ; le mécanisme *U* transmet, au moyen d'un segment et d'un pignon, ce mouvement rectiligne à une vis sans fin *K*; ce mouvement est ainsi transformé en mouvement de rotation. — Cette vis engrène avec une partie dentée correspondante venue de fonte avec le moyeu *N* de l'excentrique fou sur l'arbre moteur; et, suivant qu'elle communique à l'excentrique un mouvement de rotation vers la droite ou vers la gauche elle occasionne l'avance le retard de celui-ci.

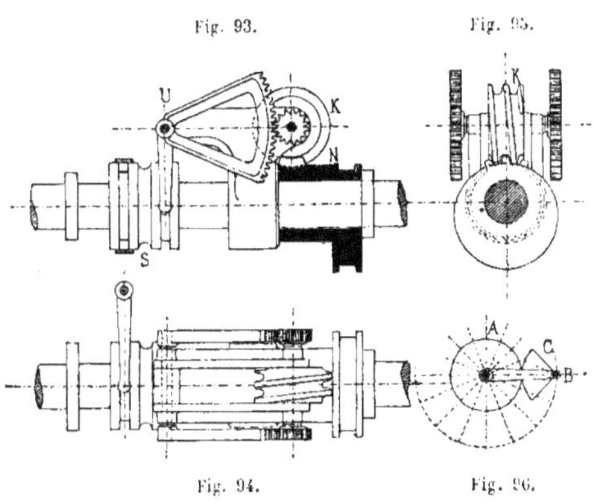

Fig. 93. Fig. 95. Fig. 94. Fig. 96.

6. — A. Siepermann, à Lubeck.

(Feuille 10 des esquisses, fig. 1-3.)

Les figures 1-3 de la feuille 10 des esquisses représentent une machine à laquelle est adapté un régulateur dynamométrique breveté, au moyen duquel on peut faire varier la course du tiroir. Sur l'arbre moteur sont calés deux disques recevant dans leur intervalle une poulie à courroie *b* mobile sur leur moyeu : elle sert à transmettre le travail de la machine. En outre, les deux disques sont solidement reliés ensemble par des blocs *cc* qui servent en même temps de points d'attache aux ressorts *d*, fixés par leur autre extrémité aux points *ee* de la poulie à courroie.

Lorsque la machine se met en mouvement, les disques tournent dans le même sens que l'arbre moteur, tandis qu'au contraire la poulie folle, entraînée par les ressorts à boudin *d*, tend à rester en arrière, et cela d'autant plus que la résistance à vaincre est plus grande. Chaque résistance correspond à une position déterminée des disques par rapport à la poulie, et cette résistance est transmise, au moyen d'une paire d'engrenages *f*, à un manchon *g* mobile sur l'arbre moteur. Ce manchon est pris sur les côtés comme d'ordinaire par un levier à fourche dont l'oscillation met en mouvement une paire d'engrenages coniques *h*; ce mouvement est transmis à un levier équilibré horizontal relié à la tige d'excentrique par une bielle intermédiaire. — La tige d'excentrique, sous l'action du régulateur, est déplacée dans une coulisse Finck et fait ainsi varier la course du tiroir.

7. — Ateliers de construction « Cyclop », à Berlin.

L'ingénieur **A. Ruthel**, à Berlin, a construit un mécanisme au moyen duquel, sous l'action du régulateur, on obtient une variation de course entre l'excentrique et le tiroir de distribution. La maison de construction *Cyclop* a pris un brevet pour une forme perfectionnée de ce mécanisme (fig. 97-100 du texte).

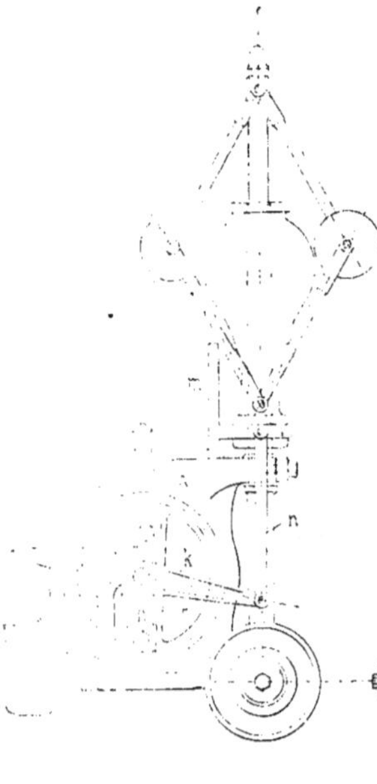

Fig. 97. 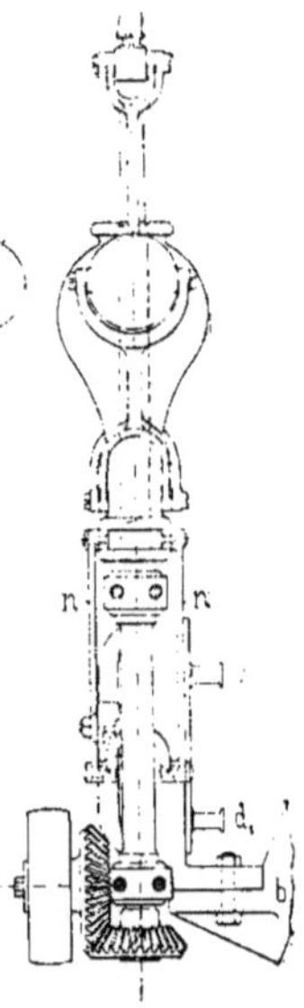 Fig. 98.

Ce mécanisme est représenté par une vue d'avant, une vue d'arrière, un profil et une coupe transversale. Le cadre *a* est fixé par une bride *b* sur le côté du bâti de la machine, comme le montre la vue d'arrière (fig. 99) où la tige *c* représente la tige d'excentrique et *d* la bielle de commande de la tige du tiroir. Dans le cadre *a* est ajusté un disque circulaire mobile *e*, maintenu par un cercle *f* fixé lui-même par des vis noyées. Dans une rainure pratiquée dans ce disque peut se mouvoir un coulisseau *g* qui porte à ses deux extrémités les deux tourillons c_1 et d_1 des bielles ci-dessus mentionnées, et qui, du côté opposé, est assemblé avec un double levier *k* par l'intermédiaire d'une petite manivelle *h*. Ce double levier a son centre d'articulation dans un étrier *i* venu de fonte avec le cadre, et est relié d'autre part avec les tiges *m* qui montent jusqu'à la douille du régulateur, et d'autre part avec la tige de piston d'un frein à huile. Lorsque le coulisseau occupe la position moyenne, l'amplitude des deux tourillons c_1 et d_1 est la même ; mais si le régulateur déplace le coulisseau *g*, à l'aide du double levier, les deux tourillons c_1 et d_1 se déplacent en même temps que lui ; de sorte que leurs distances par rapport au centre de rotation du disque devenant inégales, la course du tiroir se trouve allongée ou raccourcie. Une pièce en saillie glissant sur la tige *m* empêche les tiges *n* de participer au mouvement de rotation du manchon. — La figure représente le mécanisme pour la position la plus basse du régulateur.

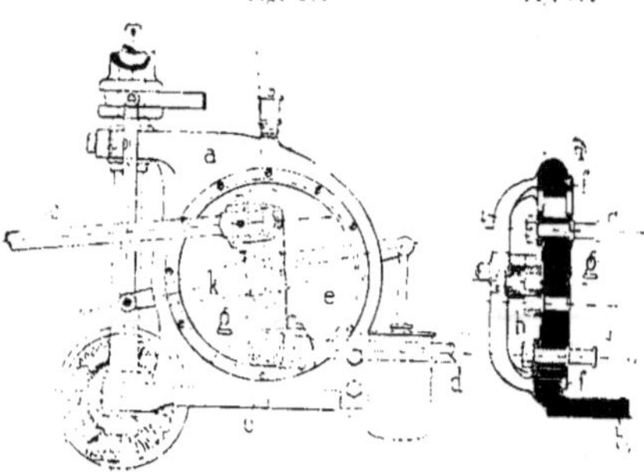

Fig. 99. Fig. 100.

8. — Druitt-Halpin, à Londres.

(Feuille 3 des esquisses.)

M. Druitt-Halpin, Charleton S.-E., a obtenu une détente variable par l'emploi d'un tiroir avec excentrique dont le mécanisme est représenté feuille 3. Quoique d'une conception bien raisonnée, cette construction est compliquée et d'une certaine difficulté dans son application à la machine.

Le tiroir représenté (fig. 6), à côté de sa glace correspondante (fig. 5), reçoit un mouvement rectiligne alternatif; et, pour produire une détente variable, il reçoit encore un mouvement de rotation sous l'action du régulateur. Ces deux espèces de mouvements sont produits par l'excentrique *a*. Au moyen du tourillon *c*, le tiroir est maintenu fixe dans le cadre *d* relié avec la tige d'excentrique. Le cadre *d* à mouvement alternatif n'a d'autre fonction que de maintenir exactement le tiroir dans sa position et de le guider. Le mouvement de rotation du tiroir est produit par la tige *gh*, le levier coudé *hik* et la bielle de suspension *l*. Cette dernière est reliée à l'un des bras du levier coudé *mn*, lequel transmet le mouvement au tourillon excentré *f* du tiroir par l'intermédiaire de la tige *o*. Le tiroir reçoit ainsi un mouvement de rotation, outre son mouvement rectiligne. Plus est grand l'écartement vers le dehors de la bielle *l* de l'axe de la coulisse du levier coudé *ik*, plus augmente son amplitude et par conséquent la rotation du tiroir. Dans ce dernier cas, la détente de la vapeur a lieu plus tot. La bielle *l* est reliée au mécanisme du régulateur par l'intermédiaire de la bielle *p*.

La glace du tiroir n'a qu'un seul orifice d'échappement, et chaque orifice d'admission est formé par deux ouvertures *ss* correspondant aux deux ouvertures s_1s_1 de la glace. Les arêtes du tiroir *kk* et k_1k_1, en forme de doigts, sont celles de manœuvre ; elles sont courbées d'après le même rayon que les ouvertures correspondantes des orifices.

9. — Edward Earnshaw et Cie, à Nuremberg.

(Fig. 4-10, feuille 10 des esquisses.)

Depuis plusieurs années, le directeur de cette maison de construction, L. Haas, emploie une distribution avec détente variable inventée par William Earnshaw.

La distribution de la vapeur se fait au moyen d'un tiroir placé au-dessus du cylindre et actionné dans une direction perpendiculaire à l'axe de la machine. Ce mouvement s'effectue au moyen de deux cames à courbures inégales *a* et *b* représentées fig. 5; la première est fixée au moyen d'une clavette sur un arbre vertical, tandis que la seconde peut tourner librement sur ce même arbre.

La came fixe effectue la distribution de la vapeur, laquelle devrait rester constante, c'est-à-dire qu'on aurait une détente invariable ; mais la came mobile, au contraire, transmet au tiroir le mouvement commandé par le régulateur, nécessaire pour la détente variable. Ce résultat s'obtient au moyen d'un seul tiroir à mouvement intermittent, de sorte qu'au commencement de la course du piston le tiroir découvre le plus promptement possible les orifices d'admission et d'échappement de vapeur. Au commencement de la détente, le tiroir ne rétrograde que de la quantité absolument nécessaire pour la fermeture étanche de l'orifice d'admission ; l'orifice d'échappement, il est vrai, se rétrécit alors un peu, mais la section qui reste est assez grande pour ne pas donner lieu à une compression anticipée, ainsi que le montre la figure 101 du texte. Le piston étant arrivé à la fin de sa course, le tiroir reçoit de nouveau un mouvement de recul qui produit la fermeture totale de l'orifice d'échappement, et en même temps change la distribution de la vapeur, qui, pour le retour du piston, se répète d'une manière analogue à celle déjà décrite.

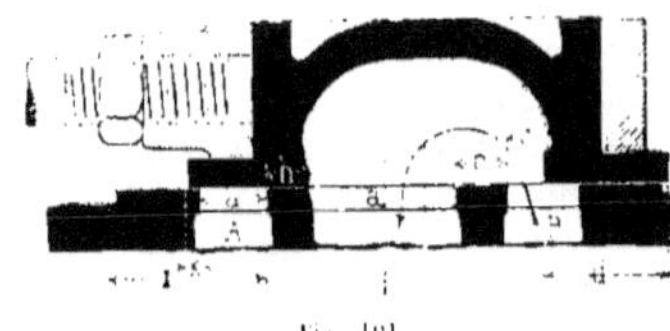

Fig. 101.

Afin de s'assurer, lorsque le tiroir occupe la position correspondant à la période de détente (fig. 101 du texte), qu'il ne puisse s'introduire ni s'échapper de la vapeur, l'arête extérieure du tiroir devra recouvrir l'orifice A de la quantité k et l'arête intérieure de la quantité h.

Les cames à courbure inégale ainsi que le cadre qui les entoure sont représentés fig. 5, feuille 10.

Le croquis fig. 10 sert à faire comprendre le tracé des courbes. Au commencement de la course du piston, le tiroir devra parcourir un chemin de la grandeur x de gauche à droite, ainsi que le montre la figure 101. D'où il résulte que, si un point du tiroir se trouve en n immédiatement avant le commencement de la course, il devra se trouver immédiatement après en m, de façon qu'on ait la relation $nm = x$. A partir de cet instant, la vapeur afflue par la section complète de l'orifice et le tiroir reste en repos.

La détente doit commencer lorsque la manivelle a parcouru un angle δ à partir du point mort. Le profil de la came devra donc décrire un arc de cercle d'un rayon om pendant cette rotation partielle. Puis, lorsque la détente commence, le tiroir devra être déplacé de la droite vers la gauche de la quantité $a + h$; et comme dans cette nouvelle position il reste également en repos jusqu'à la fin de la course, le profil de la came en 1 — 2 est un arc de cercle qui a son centre en o et dont le rayon est moindre de om de la quantité $a + k$.

La distance de deux points des arêtes opposées de la came étant constante, la forme de la seconde moitié de la came se conçoit immédiatement; c'est pourquoi l'échappement se rétrécit dans le parcours 1 — 3.

Pour obtenir la détente variable, il suffit de changer l'angle δ, les autres quantités n'étant point modifiées pour cela. — Pratiquement, ce résultat est obtenu au moyen de deux cames, l'une fixe a, l'autre mobile b; elles sont représentées superposées en plan (fig. 8).

La came mobile b de détente indiquée par des hachures verticales a, d'après cela, la forme élémentaire suivante : l'angle α est formé en traçant un arc de cercle de rayon om, l'angle de 180° par un arc de cercle de rayon r et l'arc restant a pour rayon $r + a + K$. La surface hachée horizontale (fig. 9) indique la forme de la came fixe. On reconnaît ici que le minimum d'introduction dépend du choix de la grandeur de l'angle α. La came b (fig. 9) est tournée de la grandeur de l'angle β; comme l'angle β est plus grand que α, le contour circulaire est en partie interrompu, ce qui toutefois n'a aucune influence, puisque le tiroir est placé horizontalement. Le tiroir ne commence à se mouvoir qu'à la position 1 de la manivelle (fig. 5), lorsque les deux cames se correspondent par leurs contours. En pratique, les arcs des cames sont raccordés par des courbes comme l'indique la figure 5.

Les surfaces hachées indiquent ici les ouvertures des orifices à l'admission et à l'échappement de vapeur, pour le maximum d'introduction; celle-ci peut varier de $0^{m},1$ à $0^{m},9$.

Comme, le plus ordinairement, on se sert du tiroir Trick, représenté fig. 6, les rayons de la surface supérieure doivent comme hauteur d'orifice ouvert être pris doubles, parce que la vapeur s'introduit par les deux côtés du tiroir. — Le tiroir est construit de telle sorte qu'il arrive au repos suivant la position indiquée fig. 7, à partir de laquelle la section libre n'augmente plus. D'après la figure 5, la distribution de la vapeur est opérée de la façon suivante :

Lorsque la manivelle occupe la position 1, commence la détente ; à la position 2, la compression ; à la position 3, l'échappement, et à la position 4, l'admission.

Lorsque la position 1 varie, les positions 2, 3 et 4 restent constantes. Dans la figure 5, les deux disques déterminent les positions 2 et 3 parce qu'ici les parties courbées en question se recouvrent exactement, ce qui n'est effectué que par le disque a.

On peut encore ajouter quelques mots sur les dimensions à donner au tiroir. D'après la figure 101 du texte, la course est déterminée par $x = c + d$. Pour que l'orifice d'échappement a, reste au moins ouvert de la quantité a lorsque le tiroir est au maximum de son déplacement, il faut que l'on ait : $a + d \geqq b + a_0$ et par suite $a_0 \leqq a + d - b$. La longueur du tiroir est $L = k + a + 2\,b + a_0 + c + d$.

10. — Ehrhardt et Sehmer, à Mahlstadt, près Saarbrück.

Le tiroir, pour lequel cette maison a pris un brevet, est construit principalement dans le but d'éviter les inconvénients que présente l'emploi d'un seul tiroir avec une grande détente variable. Nous n'examinerons que le fonctionnement du tiroir, car la commande extérieure n'est pas spécifiée ; il suffit qu'elle soit disposée pour une détente variable.

Le tiroir représenté fig. 102-105 doit être regardé comme un tiroir Trick perfectionné, avec cette différence qu'ici, pour éviter une compression inadmissible, l'échappement a été rendu indépendant du fonctionnement variable de l'admission. D'après cela, on a cherché à réaliser un retard automatique de l'échappement vis-à-vis de l'admission ; on obtient ainsi, même pour de grandes détentes (faibles introductions), une certaine avance convenable de l'échappement avec une compression convenable également.

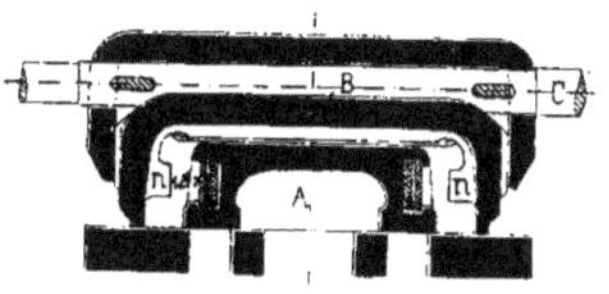

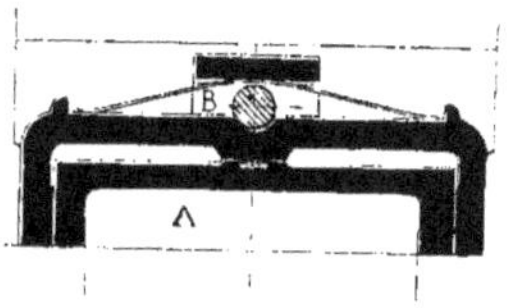

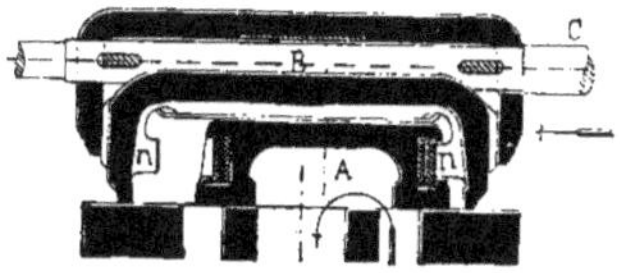

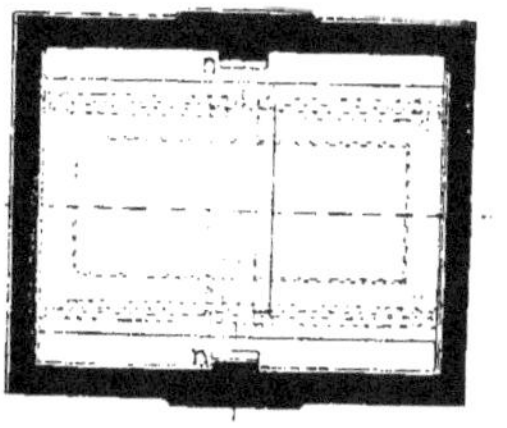

Fig. 102. Fig. 104.

Fig. 103. Fig. 105.

Pour atteindre ce but, le tiroir se compose de deux pièces formant chacune un tiroir à coquille complet. Le tiroir intérieur A recouvre l'orifice d'échappement et n'effectue que l'échappement de la vapeur ; le tiroir extérieur B entoure complètement le tiroir intérieur ; il effectue la distribution de la vapeur et est relié au mécanisme extérieur de distribution à l'aide de la tige C. Le tiroir extérieur d'admission de vapeur est donc commandé directement tandis que le tiroir intérieur d'échappement est entraîné par le tiroir extérieur ; il existe toutefois un espace entre les deux, ce qui fait que la double admission a lieu exactement de la même manière qu'avec le tiroir Trick.

Le tiroir intérieur guidé entre des glissières est entraîné par les bossages n venus de fonte avec le tiroir extérieur; ils sont d'une hauteur telle qu'entre les deux tiroirs il y ait toujours la largeur nécessaire pour l'orifice de passage.

Pour éviter le bruit provenant du choc causé par l'entraînement, on se sert d'une pièce intermédiaire élastique qui a la forme d'une double lame de ressort en acier. Le principe du tiroir d'entraînement peut également être appliqué aux tiroirs rotatifs et cylindriques.

Dans la position figurée fig. 102 du texte, les deux tiroirs se trouvent dans la position moyenne et un contact entre eux n'a pas lieu, mais cette position ne se représentera jamais pendant la marche. La figure 103 du texte montre comment le tiroir A est entraîné dans la direction de la flèche: de telle sorte que l'orifice d'admission est déjà fermé depuis longtemps, tandis que se continue encore l'échappement.

Le diagramme circulaire de ce tiroir est représenté (fig. 106 du texte), pour la demi-introduction. Pour l'admission, on le trace comme celui du tiroir ordinaire; l'excentricité se désigne par r et l'angle d'avance par δ. Le recouvrement intérieur i n'est pas porté directement à partir du point o, mais est ajouté au rayon os du cercle à la fois dans le sens positif et dans le sens négatif; le rayon os de ce cercle est lui-même égal à la course d'entraînement S. On observe, d'après la figure 102 du texte, que le tiroir extérieur doit se déplacer de la quantité $s+i$ pour que l'échappement commence; l'orifice d'échappement, au contraire est fermé lorsque le tiroir extérieur s'est déplacé de la quantité $s-i$. On obtient un cercle de rayon $s+i$ dont l'intersection avec le cercle du tiroir marque le commencement de l'échappement de vapeur, et un cercle d'un rayon $s-i$ qui indique la fin de l'échappement. La durée de l'échappement est représentée par la partie hachée inférieure entre les positions 3 et 2 de la manivelle.

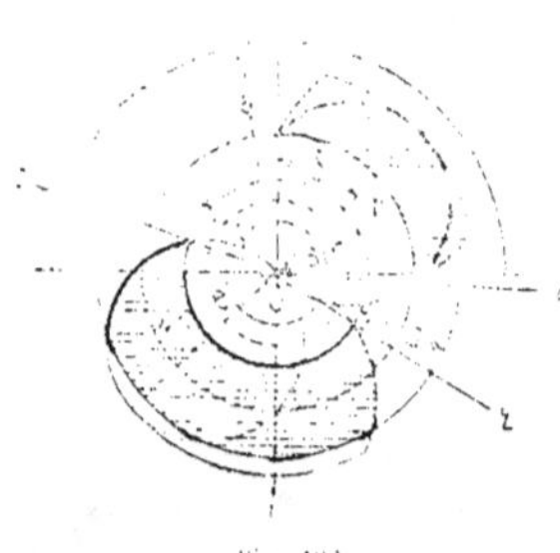

Fig. 106.

Ce système donne une bonne distribution de la vapeur. Avec une introduction de 1/2, on obtient une détente de $\frac{[illegible]}{100}$ tandis que l'échappement anticipé de la vapeur n'est que les $\frac{4}{100}$ et la compression les $\frac{75}{1000}$ de la course du piston. D'après cela, la durée de l'échappement de la vapeur est de 92 1/2 pour 100 de la course du piston. L'effet de l'entraînement du tiroir intérieur devient encore plus visible par l'ellipse du tiroir représentée fig. 107 du texte que par le diagramme circulaire de Zeuner. La partie supérieure montre comment est effectuée l'admission de la vapeur au moyen d'un tiroir Trick; la course du tiroir doit être prise double afin d'obtenir la véritable section libre de passage, laquelle est plus petite que celle de l'orifice a. On reconnaît d'après la figure que cette section est obtenue très rapidement, qu'elle reste constante pour ensuite diminuer de nouveau très rapidement. La partie inférieure se rapporte à l'échappement. Lorsque le tiroir B a avancé vers la droite de la quantité $s+i$, à partir de sa position moyenne MS, l'échappement commence à augmenter successivement jusqu'à ce que le canal a soit complètement découvert, ce qui a lieu déjà avant l'écartement maximum $= r$. Le tiroir intérieur A reste dans cette position jusqu'à ce que le tiroir B ait parcouru le chemin $= 2s$; ce qui devra s'effectuer pendant la période comprise entre les positions correspondantes aux 0,15 et aux 0,73 de la course du piston. A partir de ce point, le mouvement du tiroir intérieur est représenté par une nouvelle courbe, tandis que celui du tiroir extérieur se continue sans interruption suivant la courbe pointillée. Après un chemin parcouru $= s-i$, au delà de la partie moyenne MS, l'orifice se ferme. Si l'on répète le procédé précédent pour la course du piston suivante, où les deux tiroirs se meuvent vers la gauche, il convient également d'étudier le mouvement du tiroir d'après l'ellipse.

Cette interruption de la courbe en z n'a pas lieu en réalité ; pour l'éviter dans le diagramme, on peut supposer la glace du tiroir en mouvement pendant le moment du repos, et la surface hachée de l'orifice *a* prend alors la courbure de l'ellipse.

Le tiroir d'Ehrhardt réalise, par conséquent, une distribution de vapeur à peu près parfaite pour les machines dont la vitesse normale du piston = 2 mètres. Par suite de sa simplicité, il peut être adapté aussi bien aux machines fixes qu'aux machines locomotives, aux machines d'épuisement, etc. ; il possède en outre l'avantage d'être très étanche. Si le tiroir d'admission n'est pas parfaitement étanche, il ne peut jamais s'établir un courant régulier de vapeur, s'échappant juste du côté du piston où c'est nécessaire. c'est-à-dire du côté du piston sur lequel la pression de la vapeur agit utilement.

L'orifice d'échappement est continuellement ouvert par le tiroir intérieur. — Ce dernier, par suite de sa forme et de ses dimensions, est rendu étanche par la différence des pressions de la vapeur à l'orifice et au tuyau d'échappement ; comme sa course est de plus inférieure à celle du tiroir extérieur, il réalise ces conditions avec toute sécurité.

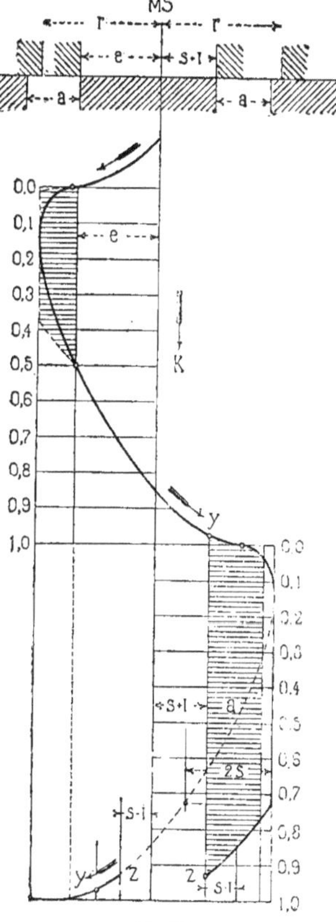

Fig. 107.

Machines à plusieurs cylindres et à un seul tiroir.

Pour terminer le chapitre des distributions avec un seul tiroir, citons encore quelques machines à plusieurs cylindres construites avec des distributions de ce genre.

La machine de M. Dubuc, constructeur à Paris, représentée planche 27, figure 1-4, est établie d'après le système Compound. La distribution de vapeur dans chaque cylindre est effectuée par un tiroir, la détente est par conséquent fixe. Le régulateur agit sur une valve modératrice qui règle l'arrivée de la vapeur, laquelle passe ensuite par la soupape obturatrice d'admission et afflue dans la boîte à tiroir du petit cylindre ou cylindre à haute pression. Après avoir exercé son action dans ce dernier, la vapeur passe dans le réservoir intermédiaire, formé par l'espace situé au-dessous des deux cylindres, et arrive dans la boîte du tiroir du grand cylindre ; aussitôt qu'elle s'est détendue dans ce dernier jusqu'à la pression atmosphérique environ, elle s'échappe à l'air libre. Ainsi agit la vapeur, lorsque les deux robinets-soupapes représentés figure 3 sont ouverts ; en outre, on a adopté une disposition pour faire marcher, dans certains cas particuliers, chaque cylindre séparément. Par exemple, lorsque le petit cylindre doit marcher seul, on ferme la soupape conduisant la vapeur au grand cylindre et l'on ouvre le robinet indiqué en coupe du fond du réservoir, lequel laisse alors échapper la vapeur. Si, au contraire, le grand cylindre doit fonctionner seul, on ouvre le robinet indiqué fig. 1, par lequel la vapeur afflue directement dans la boîte à tiroir de ce cylindre, et toutes les autres soupapes (fig. 3) sont fermées. Dans tous les cas, l'entrée de vapeur est réglée par la valve modératrice.

La machine jumelle, système Woolf, à simple effet, de **MM. Macabies, Thiollier et Guéraud**, à Saint-Chamond, est, comme l'indiquent les figures 1 à 3, feuille 4 des esquisses, une machine dite à fourreau qui n'a ni tige ni tête de piston. Le piston du cylindre à haute pression et celui du cylindre à basse pression sont d'une seule pièce. Les bielles sont en fonte puisqu'elles ne sont soumises qu'à des efforts de compression. La distribution de la vapeur s'effectue au moyen de deux tiroirs à coquille actionnés par des excentriques. La vapeur fraîche arrive par l'orifice 1 ; ensuite elle est conduite par l'orifice 2 du cylindre à haute pression à l'orifice 3 du cylindre à basse pression de l'autre machine, car les pistons des deux machines marchent dans un sens opposé. L'échappement a lieu par les canaux 4 (1).

La machine Woolf, à simple effet, construite par la maison **Valck-Virey**, de Saint-Dié, porte le nom de machine à capsule ; elle est construite d'après le système Vallet. Cette machine représentée fig. 4 et 5, pl. 4 des esquisses, n'a qu'un seul cylindre ; la vapeur fraîche provenant du générateur agit d'abord pendant une première course, en passant par l'orifice 1, sur la surface annulaire du piston, et ensuite pendant l'autre course, en passant par le canal 2, sur la surface d'arrière du piston, beaucoup plus grande, et finalement s'échappe à l'air libre par le canal 3. La bielle est en forme de boucle, et l'excentrique est actionné par le tourillon d'une contre-manivelle.

Sous une pression de 6 atmosphères, avec une course de 250 millimètres et 150 tours par minute, la machine développe 12,5 chevaux-vapeur sur son arbre (2).

4. — Machines à vapeur à deux ou plusieurs tiroirs.

1. — TIROIR DE DÉTENTE SUR GLISSIÈRE FINE (SYSTÈME A DEUX CHAMBRES)

L'existence des distributions au moyen de deux tiroirs est motivée par ce fait que la compression de la vapeur en avant du piston est nuisible aux grandes détentes, ainsi qu'on le voit généralement dans les distributions par un seul tiroir. Avec les distributeurs de ce genre, la distribution de la vapeur a lieu de telle sorte que le tiroir de détente ne fait qu'intercepter la vapeur, tandis que le tiroir de distribution règle le commencement de l'admission, le commencement et la fin de l'échappement. Les distributions, dont il s'agit ici, se divisent en deux groupes principaux. Dans le premier, deux chambres de vapeur sont superposées : le tiroir de distribution ordinaire se meut dans la première chambre et le tiroir de détente dans la chambre supérieure, sur la cloison grillée de séparation. Dans le second groupe, il n'existe qu'une seule chambre de vapeur et le tiroir de détente glisse directement sur le dos du tiroir de distribution où se trouvent des orifices de passage pour la vapeur. Actuellement, on ne construit que très rarement des machines munies de distributions du premier système, c'est-à-dire avec deux chambres de vapeur superposées. La figure 108 montre un dispositif de deux tiroirs séparés de construction simple. Le tiroir de distribution A est actionné

(1) Cette machine est munie du régulateur Buss ou régulateur cosinus qui agit sur un papillon ou valve modératrice. — Ce régulateur est très employé par les constructeurs du bassin de la Loire.

(2) L'inventeur recommande l'emploi de l'eau de savon, placée dans la boîte formant le bâti, pour assurer le graissage de la machine.

de la manière ordinaire par un excentrique dont l'excentricité est r et l'angle d'avance δ. Le tiroir B est actionné par un second excentrique dont l'excentricité est r_0 et l'angle d'avance δ_0. Pour reconnaître le fonctionnement du tiroir de détente, nous appliquons encore ici la méthode graphique de Zeuner au moyen des cercles des tiroirs (fig. 109). On emploie les mêmes lettres pour désigner les différents éléments du tiroir de détente correspondants à ceux du tiroir ordinaire; néanmoins, pour les distinguer, elles portent l'indice $_0$. Ainsi δ_0 et r_0 désignent l'angle d'avance et l'excentricité du tiroir tracés directement sur le diagramme (fig. 109). Lorsque le tiroir de détente occupe la position moyenne, s désigne l'écartement des arêtes travaillantes 1 et 2 (fig. 108); en décrivant du centre o un cercle avec cette longueur pour rayon (fig. 109), en portant la distance a_0 de l'orifice, c'est-à-dire en décrivant un autre cercle avec $s - a_0$, pour rayon, les points d'intersection de ces dernières circonférences avec celle du tiroir donnent toutes les positions importantes du tiroir. Lorsque la manivelle se trouve dans la position n° 6, commence l'admission, laquelle doit toujours se trouver en deçà du point mort. Le canal a est complètement découvert dans la position n° 8; à partir de celle n° 7, il commence à se rétrécir jusqu'au n° 5, où la détente commence.

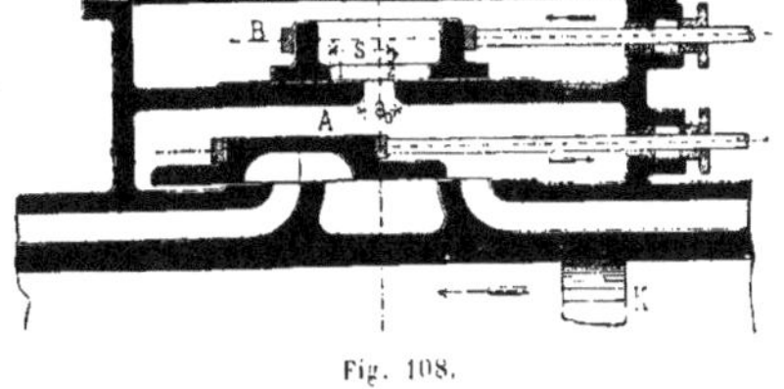

Fig. 108.

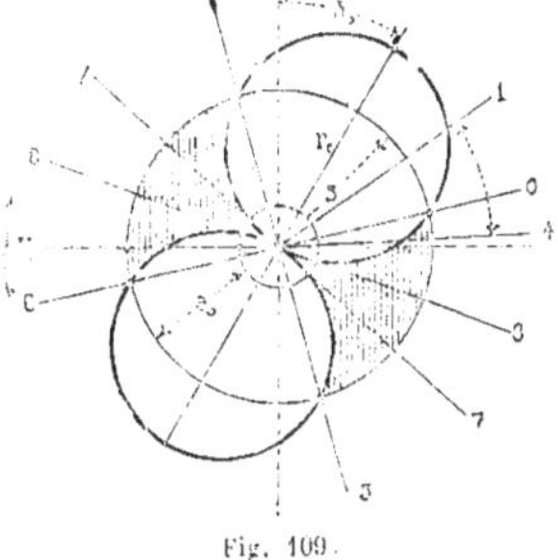
Fig. 109.

Si dans le diagramme le n° 1 représente la position de la manivelle à laquelle le tiroir de distribution ferme l'orifice d'admission; il est évident que la position n° 6 ne doit pas se trouver avant la position n° 1, car autrement il y aurait deux fois admission de la vapeur. De même aussi, cette position ne doit pas se trouver au delà de la position n° 4 où le tiroir de distribution commence à ouvrir. Aussi, par ce motif, la détente variable que l'on peut produire avec ce système est-elle très limitée.

On se sert souvent aussi comme tiroir de distribution d'une plaque qui, dans sa position moyenne, recouvre l'orifice. Pour réduire la course du tiroir, on dispose avec avantage plusieurs orifices les uns à côté des autres, recouverts par des plaques assujetties ensemble; on obtient ainsi le tiroir grillé ou treillagé indiqué fig. 110 du texte. Dans ce cas, s désigne simplement le recouvrement extérieur pris pour rayon du cercle dans le tracé du diagramme, comme dans la figure 109; les rayons du cercle du tiroir de détente qui dépassent ce cercle donnent les différentes périodes d'admission, et l'ouverture de l'orifice est alors égale à la demi-course du tiroir moins s. Le principal reproche que l'on fait, avec raison, au système à deux chambres est que la vapeur participe à la détente dans la chambre du tiroir de distribution, c'est-à-dire que l'espace nuisible est notablement augmenté.

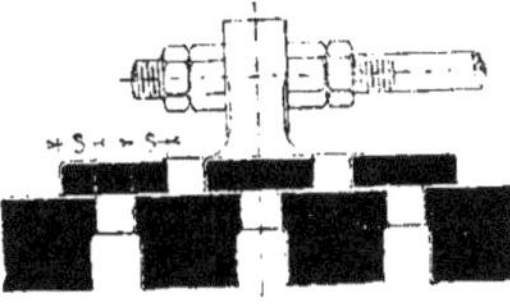
Fig. 110.

La variation de la détente s'obtient simplement en faisant tourner l'excentrique de détente, c'est-à-dire en changeant l'angle d'avance δ_0. Toutefois il est bon, autant que possible, pour pousser plus loin les limites de détente, de modifier l'excentricité r_0, en même temps que l'angle d'avance δ_0, et dans ce cas le centre du cercle du tiroir se meut dans une courbe ; ou bien l'on conserve à δ_0 et r_0 leur valeur constante et l'on modifie la distance s des arêtes travaillantes du tiroir. — Tous les systèmes de détente se ramènent à l'un de ces trois cas, ainsi qu'on le verra dans les exemples suivants.

Société de construction de machines (par actions) de Prague (Primit[t] Danek et Cie).

(Pl. IV, fig. 1-6.)

Cette machine actionne des laminoirs ; elle ne comporte qu'un changement de calage de l'excentrique de détente. Cet excentrique est rapporté contre un disque à coulisse calé sur un petit arbre, pour permettre, pendant le repos de la machine, de faire varier l'introduction de 10 à 50 pour 100.

La distribution de la vapeur est effectuée au moyen d'un tiroir à grille. Ainsi que le montre la figure 4, la vapeur du générateur afflue de deux manières au tiroir de distribution, suivant la position du tiroir circulaire (il n'est pas représenté sur la figure). Elle arrive soit directement, et alors le tiroir de détente est mis hors d'action, soit en passant par ce dernier, ce qui a lieu pendant la marche à vide des laminoirs. La glace du tiroir de détente, munie de trois fentes, est disposée obliquement ; au-dessus glisse un tiroir grillagé. La diminution du frottement par l'emploi d'une faible excentricité, ainsi que la disposition, ont motivé l'adoption de ce système.

Cette machine est solidement construite. Le diamètre du piston est de 790 millimètres, sa course, 1^{m},290 ; avec 80 tours par minute, la vitesse du piston est de 3^{m},36 par seconde. Pour rapprocher le plus possible du cylindre, les tiges des tiroirs, une roue d'engrenage avec dents en bois de 1^{m},100 de diamètre actionne un autre engrenage en fonte de même diamètre fixé sur l'arbre de l'excentrique ; cet arbre est maintenu par deux petits supports venus de fonte avec le bâti. Il faut encore remarquer les glissières dont la face supérieure est plane et la face inférieure munie de rebords pour empêcher l'huile de couler de la surface de contact des glissières. Les règles-guides sont boulonnées à la fois sur deux traverses venues de fonte avec le bâti.

2. — Davey, Paxman et Cie, à Colchester.

(Fig. 1-5, feuille 11 des esquisses.)

Le mécanisme de détente dont il s'agit est appliqué aux machines locomobiles ; nous l'empruntons au *Traité de la distribution de la vapeur* de Muller-Melchiors ; il consiste dans le manchon de détente connu, actionné par le régulateur.

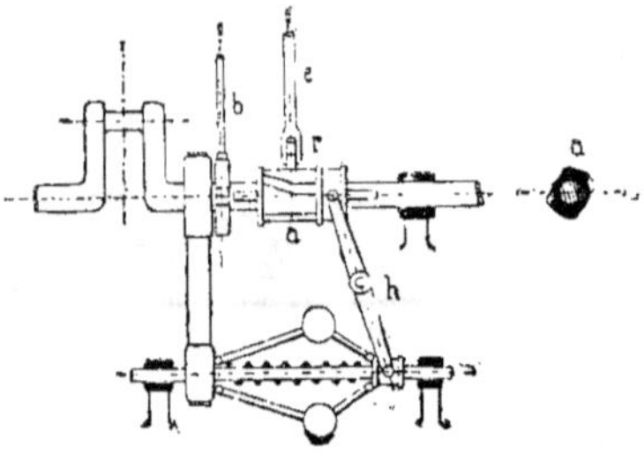

Fig. 111.

Ce dernier, muni d'un ressort à boudin, est fixé sur un arbre horizontal de renvoi ; il déplace, au moyen d'un levier à double bras h, le manchon a mobile sur l'arbre moteur, lequel est muni de rainure et de languette. Contre ce manchon s'appuie le galet r de la tige d'excentrique de détente e. En obéissant aux contours alternatifs du manchon a, contre lequel est pressé le galet r, la tige reçoit un mouvement de va-et-vient. La durée de l'introduction dépend de la longueur de la bosse du manchon qui se trouve en contact avec le galet. On peut donc la faire varier très simplement par le régulateur, d'après la construction représentée fig. 111. La pièce *b* désigne la tige d'excentrique du tiroir de distribution.

Tout récemment, la même maison a construit une machine à vapeur de 12 chevaux avec un autre mécanisme de détente représenté feuille 11 des esquisses, fig. 1-6. Sur un tourillon fixé latéralement au bâti, se meuvent deux petits excentriques et un engrenage, lequel transmet le mouvement de rotation qu'il reçoit d'un autre engrenage placé sur l'arbre moteur; les tiges des deux excentriques sont reliées à une coulisse dans laquelle passe l'extrémité de la tige d'excentrique de détente.

Les deux excentriques, qui, d'après le rapport des deux roues, font deux tours pendant que le piston ne fait qu'une double course, sont disposés relativement l'un à l'autre de telle sorte que lorsque l'un tend à retenir ouvert le tiroir de détente au moment où l'orifice d'admission du cylindre est ouvert, l'autre tend à opérer la fermeture de l'orifice. — Cette variation par la coulisse est effectuée au moyen d'un régulateur Porter à grande vitesse, combiné avec elle.

Le tiroir de distribution n'a qu'un faible recouvrement; l'espace de la boîte à tiroir, inutile pour le mouvement du tiroir, est revêtu de bois pour diminuer l'espace nuisible. Cette machine est exécutée avec soin; le piston a 380 millimètres de diamètre et 600 millimètres de course; le nombre de tours du volant est de 100 et la pression dans la chaudière de 4 atmosphères.

3. — Ch. Beer, à Jemeppe, près Liège.

(Feuille 11, fig. 7-10 des esquisses.)

La machine à vapeur à 3 cylindres, construite par cette maison, développe, pour 187 tours par minute, une force de 25 à 68 chevaux-vapeur, suivant le degré de détente que l'on peut faire varier de $\frac{1}{7}$ aux $\frac{4}{5}$. Cette détente variable est obtenue au moyen de robinets à rotation disposés au-dessus des boîtes de distribution, dans lesquelles se meuvent des tiroirs à la manière ordinaire. En dehors du bâti de la machine, et parallèlement à l'arbre moteur, existe un second arbre ayant la même vitesse de rotation, sur lequel sont calés les trois excentriques qui actionnent les trois tiroirs. De plus, l'arbre moteur communique son mouvement au régulateur au moyen de deux roues d'angle d'égal diamètre. L'arbre du régulateur porte, par le haut, une roue conique engrenant avec une autre roue d'un diamètre double, et qui, par conséquent, fait exécuter la moitié du nombre de tours de l'arbre moteur aux cylindres creux formant les robinets de détente. D'après cela, et pour équilibrer les robinets, deux orifices de passage symétriques sont pratiqués dans ces derniers qui accomplissent, l'un après l'autre, la même fonction.

Pour rendre la détente variable, les ouvertures du robinet et de sa glace sont taillées en biais; car s'il se produit une avance ou un retard dans le fonctionnement du robinet, et, par conséquent, une avance ou un retard du recouvrement des orifices, le régulateur transmet directement à la roue conique ce mouvement variable.

4. — A. Salaba, à Prague.

(Pl. 4, fig. 7-15.)

On a déjà vu qu'avec les mécanismes dont le mouvement est intermittent, on peut satisfaire à toutes les conditions d'une distribution rationnelle de la vapeur. On peut également classer dans cette catégorie la distribution d'une machine de 40 chevaux que nous empruntons au *Journal de l'Association des Ingénieurs et Architectes de Bohême.*

Les deux parties séparées du tiroir de distribution CC sont disposées le plus près possible des extrémités du cylindre dans la boîte à tiroir, laquelle est divisée en deux chambres. Les deux parties du tiroir sont fixées ensemble sur la tige commune A du tiroir; cette tige passe par une ouverture pratiquée dans la cloison de séparation B, où elle est guidée par une longue douille en bronze. Le passage de la vapeur d'une boîte de tiroir dans l'autre est évité par quelques rainures pratiquées dans la tige du tiroir.

La vapeur arrive par le tuyau F dans la seconde chambre de vapeur D, où se trouvent les deux tiroirs de détente EE rapportés sur une même tige qui reçoit son mouvement de la tige d'excentrique G par l'intermédiaire d'un mécanisme spécial placé devant la chambre de vapeur. Cette tige communique un mouvement horizontal de va-et-vient au coulisseau H dont la section est un carré creux; ce coulisseau est guidé sur la console K, il porte deux butées en forme de coins JJ dont les surfaces viennent alternativement en contact avec les faces obliques d'un double coin en acier L. Le coulisseau est en connexion avec le prolongement M de la tige du tiroir, de telle façon que les deux puissent prendre un mouvement horizontal commun et que le coin puisse se déplacer verticalement. Ce dernier mouvement a lieu au moyen d'une tige N reliée avec le régulateur. Il en résulte que les tiroirs de détente EE n'ont pas un mouvement continu, mais au contraire, que leur mouvement est interrompu pendant chaque course; et ce mouvement dure aussi longtemps que l'une des faces inclinées J est en contact avec le double coin.

La longueur de la course du tiroir ou la durée de la période pendant laquelle les orifices d'admission sont ouverts, ainsi que le degré d'introduction, dépendent de la grandeur du jeu S entre ces deux pièces. Par suite de l'augmentation du jeu sous l'action du régulateur qui soulève le double coin, le mouvement du tiroir est retardé et l'introduction dans le cylindre augmente et inversement.

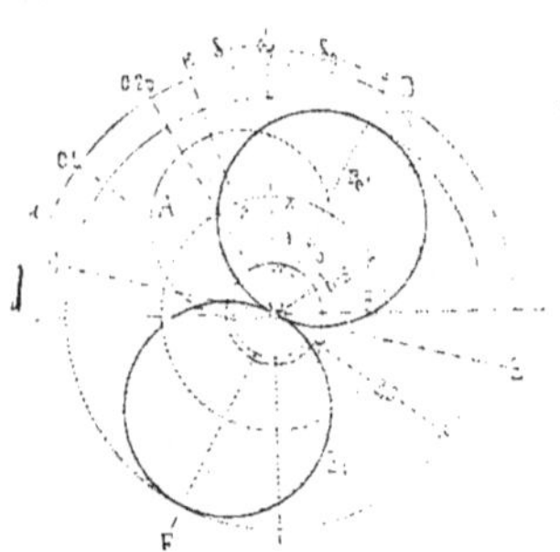

Fig. 112.

La figure 112 du texte représente le diagramme du tiroir tracé pour une introduction de 0,25. A est le cercle du tiroir de distribution, B et B_1 ceux de l'excentrique de détente. En observant que le tiroir de détente a une course $= 2r_0 - 2s$ ($2r_0$ étant la course de l'excentrique, c'est-à-dire le double de l'excentricité), il en résulte que le tiroir de détente, arrivé dans la position extrême, ne rétrograde pas avant que l'excentrique n'ait parcouru le chemin $2s$.

Si, donc, l'on décrit du centre un cercle de rayon égal à $r_0 - 2s$, on trouve, aux deux points d'intersection avec les cercles B et B_1, les deux positions C et E de la manivelle, auxquelles commence le mouvement du tiroir de détente; l'état de repos commence aux positions D et F de la manivelle. Par conséquent, le mouvement du tiroir de détente a lieu de l'arc C en D, puis de E en F; tandis qu'entre ceux-ci il reste en repos.

En ajoutant à la quantité s la quantité h (pl. 4, fig. 12) qui représente l'écartement des arêtes travaillantes dans la position moyenne, et en décrivant du centre un cercle de rayon $s+h$, ce cercle limite une surface (avec hachures horizontales) dont les longueurs des rayons donnent la largeur de passage dans les canaux O; d'un autre côté, la surface à hachures verticales indique la quantité dont ces canaux sont déjà recouverts par le tiroir. On voit que, dans cette position extrême des tiroirs, l'un a fermé complètement, et l'autre, ouvert totalement. Avec les dimensions qui ont été prises pour base, on peut arriver à une introduction minimum de $\frac{1}{10}$ si $s = o$) et à une introduction maximum de $\frac{72}{100}$ (lorsque $b + s = r_0$), que le diagramme montre directement. Cette machine de la force de 40 chevaux, a un cylindre de 400 millimètres de diamètre et une course de piston de 700 millimètres ; elle fait 70 tours par minute.

5. — Machine à vapeur d'Allen.

(Pl. 5.)

La machine à vapeur d'Allen, dont les principes de construction ont été imaginés par Charles T. Porter, de Boston, attira, aux expositions de Paris et de Londres, l'attention de tous les mécaniciens. Elle possède une vitesse que la pratique n'avait encore pu atteindre. Ce qui caractérise cette machine, c'est sa construction particulière, sa marche rapide et douce tout à la fois, et son mécanisme de détente actionné par un régulateur Porter.

Ce système, par son tiroir de détente, qui sert également pour l'admission de la vapeur appartient au groupe que nous décrivons. Ce tiroir glisse sur une surface fixe. Pour obtenir des orifices courts, chaque demi-partie de ce tiroir d'admission est placée à chacune des extrémités du cylindre.

Chaque partie du tiroir consiste en un cadre rectangulaire équilibré, glissant avec une étanchéité parfaite entre sa glace et une paroi ; de cette façon, il ouvre simultanément quatre orifices pour le passage de la vapeur.

Nous reproduisons deux machines d'Allen ; l'une (fig. 1 à 4), la plus ancienne, construite par Whitworth et Cie, à Manchester, l'autre (fig. 5 à 8), notablement perfectionnée, construite par Ch. Porter.

On voit facilement que les deux machines diffèrent dans la distribution. Dans la plus ancienne, elle est disposée de la façon suivante : l'excentrique est calé sur l'arbre moteur avec une avance de 90°, c'est-à-dire qu'il est diamétralement opposé à la manivelle. A son collier est rapporté une coulisse Fmck a ; le coulisseau de cette dernière est relié avec la douille du régulateur au moyen de la tige b et du levier à deux bras c. Avec le coulisseau sont reliés ensuite les deux bielles dd_1 qui actionnent les tiroirs d'admission kk_1 au moyen d'un mécanisme à manivelle et à l'aide des tiges e et e_1 ; ainsi, chaque tiroir reçoit son mouvement particulier qui, modifié sous l'influence du régulateur, permet aux tiroirs d'ouvrir plus ou moins les orifices. L'introduction maximum de 0,50 de la course correspond à la position extrême du coulisseau. Avec l'extrémité supérieure de la coulisse est reliée la bielle f qui, au moyen de la manivelle f_1, actionne les tiges g et g_1 des tiroirs d'échappement. Les tiroirs d'échappement séparés hh_1 sont placés entre le cylindre et les tiroirs d'admission, et sont construits de telle manière, qu'au moment de l'ouverture deux fentes laissent échapper la vapeur.

Le diamètre du piston est de 0[m],300 et sa course de 0[m],580. Cette machine peut faire jusqu'à 150 et 200 tours par minute, ce qui correspond à la vitesse considérable de 2[m],90 à 3[m],80 par seconde.

Dans la nouvelle machine d'Allen, le mécanisme de distribution est modifié à l'intérieur comme à l'extérieur. Les deux tiroirs d'admission, qui se meuvent entre la paroi du cylindre et celle d'arrière de la boîte du tiroir, sont reliés ensemble et rapportés très près du cylindre. Les tiroirs d'échappement sont disposés de l'autre côté du cylindre et guidés de la même manière que ceux d'admission, et, par conséquent, sont aussi équilibrés. Les orifices d'échappement sont plus larges que ceux d'admission et sont disposés tellement bas que l'eau de condensation peut s'écouler librement (fig. 7).

Les deux systèmes de tiroirs sont, ici comme dans la construction plus ancienne, actionnés par une coulisse Finck. Les tiroirs d'échappement reçoivent leur mouvement invariable de l'extrémité de la coulisse *a*. Les figures 5 et 6 montrent comment cette extrémité est reliée avec les tiroirs placés sur l'autre côté du cylindre au moyen de la bielle *b*, du levier *c*, et transversalement par l'arbre *d* traversant le bâti. Une seule tige de tiroir *e* est articulée avec le coulisseau de la coulisse, à cause du mouvement commun des tiroirs d'admission ; cette tige, qu'on peut déclancher à l'autre extrémité, est disposée pour la distribution de la machine à la main.

Le piston représenté pl. 5, fig. 5 et 8, a 0,m406 de diamètre et 0m,762 de course. Le nombre de tours est de 125 par minute, ce qui correspond à une vitesse du piston de 3m,14 par seconde.

II. — TIROIR DE DÉTENTE DISPOSÉ SUR LE DOS DU TIROIR DE DISTRIBUTION OU TIROIR DOUBLE.

Ce groupe comprend les distributions dites à double tiroir, dans lesquelles le tiroir de détente *B* se meut sur le tiroir de distribution *A* (fig. 113 du texte). Ce dernier est muni de deux orifices de passage a_0; il est actionné ordinairement par un excentrique et peut opérer la distribution comme un simple tiroir à coquille. En supposant le tiroir inférieur fixe et le tiroir supérieur seul mobile, l'admission et l'échappement de vapeur se feraient très exactement comme nous l'avons vu dans les distributions du groupe précédent. Or, le tiroir inférieur étant également mobile, il importe ici d'étudier l'écartement momentané d'un tiroir par rapport à l'autre ; c'est-à-dire le mouvement relatif du tiroir supérieur par rapport au tiroir inférieur. La figure 113 montre facilement la disposition des tiroirs, mais il faut remarquer toutefois que ces derniers sont détachés de leurs excentriques, puisque les deux ne peuvent jamais occuper à la fois la position moyenne pendant la marche. Le tiroir de distribution est commandé par un excentrique d'excentricité *r* et d'angle d'avance δ et le tiroir de détente par un second excentrique d'excentricité r_0 et d'angle d'avance δ_0 dont les cercles d'épures sont reproduits par la figure 114. Le tracé de Zeuner permet de nouveau de reconnaître le mouvement des tiroirs (fig. 114). Le premier des cercles de diamètre $OD = r$ est le cercle du tiroir de distribution, le cercle de diamètre $OD_0 = r_0$ est le cercle du tiroir de détente ; les cordes de ces cercles indiquent par conséquent les longueurs particulières parcourues par chaque tiroir. L'écartement relatif, c'est-à-dire la distance du milieu du tiroir inférieur à celui du tiroir supérieur, est obtenu comme différence ou comme somme des écartements des deux.

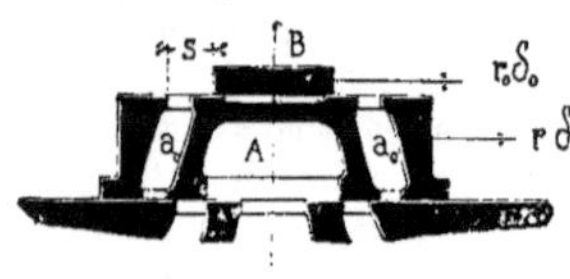

Fig. 113.

La différence est comptée jusqu'à ce que l'un des tiroirs, se mouvant dans le sens de la flèche, soit revenu dans sa position moyenne, ce qui a lieu au moyen du tiroir de détente lorsque la manivelle occupe la position *OT* tangente au cercle du tiroir de détente. A partir de cette position, la somme des écartements particuliers des deux tiroirs représentera le déplacement relatif, et cela jusqu'à ce que le tiroir de distribution passe par sa position moyenne, ce qui a lieu pour la position OT_1 de la manivelle tangente au cercle du tiroir de distribution. Par conséquent, le déplacement relatif des tiroirs, entre les positions $T_3 - T$ et $T_2 - $ de la manivelle, est égal à la différence des mouvements particuliers tandis que pour les positions de T à T_1 et de T_2 à T_3 de la manivelle ce déplacement est égal à leur somme.

D'après ce qui précède, si l'on porte les écartements relatifs comme rayons vecteurs, ceux-ci sont limités par un cercle R (une demi-rotation seulement étant prise en considération) appelé cercle du tiroir relatif. La position et le diamètre de ce cercle se trouvent facilement de la manière suivante, sans avoir recours au procédé ci-dessus. On relie les points extrêmes D et D_0 des diamètres des cercles des tiroirs et l'on mène par le centre O une parallèle à DD_0, cette direction se confond avec avec le diamètre du cercle relatif dont la longueur OD_x est égale à DD_0. Donc, en construisant le parallélogramme OD_0DD_x sur les excentricités, on obtient la position et la dimension du cercle relatif du tiroir. En reproduisant également ce dernier dans la partie inférieure du diagramme, le cercle représenté fig. 114 du texte, indique les écartements du tiroir supérieur relativement au tiroir inférieur vers la droite et le cercle inférieur des écartements vers la gauche. Ordinairement on n'a besoin que de tracer un seul cercle OD_x.

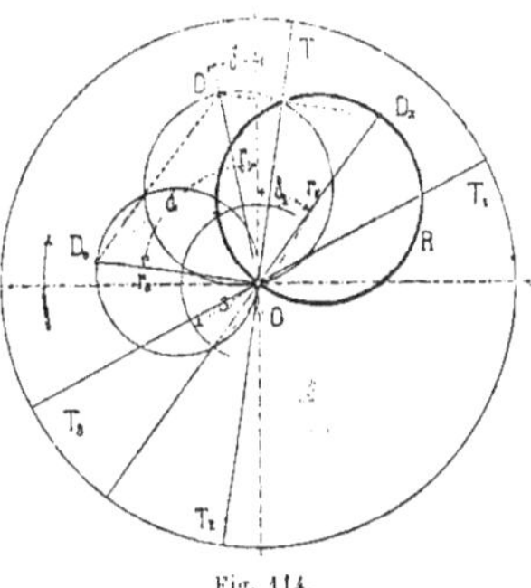

Fig. 114.

En comparant les diagrammes représentés fig. 109 et 114 du texte, on arrive aux mêmes résultats dans les deux cas ; la différence consiste seulement en ce que l'excentricité r_0 doit être calée avec retard lorsque le tiroir de détente se meut sur une surface fixe; qu'au contraire l'excentricité relative $OD_x = r_x$ doit remplacer $OD_0 = r_0$ lorsque le tiroir supérieur se meut sur le tiroir inférieur.

En décrivant, de nouveau, un cercle du centre O du diagramme avec la distance s des arêtes travaillantes comme rayon, les points d'intersection de ce cercle avec le cercle relatif donneront les positions de la manivelle auxquelles correspondent l'ouverture ou la fermeture des orifices de passage du tiroir de distribution effectuées par le tiroir de détente.

La détente se modifie également ici par les variations suivantes :

1) La distance s des arêtes travaillant ensemble ;

2) L'angle d'avance δ_x de l'excentrique relatif (idéal).

3) L'excentricité r_x de ce dernier.

Généralement on fait varier simultanément les quantités r_0 et δ_0 ; en sorte que l'on obtient ainsi deux classes de distributions à détente variable.

a) Détente variable produite par la variation de la course et l'avance de l'excentrique de détente ; dans ce cas, le tiroir de détente consiste généralement en une plaque.

b) Détente variable produite par la variation des arêtes travaillantes du tiroir ; dans ce cas, le tiroir de détente est composé de deux plaques mobiles l'une par rapport à l'autre. Examinons tout d'abord la construction des tiroirs de la première classe. Il convient de placer dans cette classe, les mécanismes employés dans le cas d'un seul tiroir pour déplacer l'exentrique, c'est-à-dire pour changer le calage ; mais il est préférable d'employer la coulisse actionnée par un ou deux excentriques. L'emploi de la coulisse est dû à l'influence qu'elle exerce dans ses différentes positions sur la marche du tiroir, lequel se meut comme s'il était actionné par un seul excentrique ayant une avance variable et une course variable. Si en même temps, le tiroir de détente est équilibré, il est facile de faire régler directement la détente par le régulateur.

Les dispositions des tiroirs pour les distributions de cette classe sont extrêmement variables ; toutefois, l'on peut, comme dans les systèmes de construction page 67, faire également ici une distinction entre les tiroirs de détente qui, dans leur position moyenne, conservent ouvert de la quantité s l'orifice des passage du tiroir de distribution ainsi que le montre la figure 115 du texte,

Fig. 115. Fig. 116.

et dont l'angle d'avance δ_0 est, en général, plus grand que δ ; et les tiroirs qui recouvrent l'orifice de passage de la quantité s (fig. 116), et dont l'excentrique de détente est calé sous un angle avec retard.

En traçant le diagramme, on ne sait d'abord quelle direction donner au parallélogramme pour obtenir le cercle du tiroir relatif correspondant aux cercles des tiroirs en question. Mais on procède d'après la règle suivante : le diamètre du cercle relatif du tiroir s'obtient, en traçant un parallélogramme dont la diagonale est l'excentricité r de distribution et l'un des côtés l'excentricité r_0 de détente ; en faisant varier δ_0 et r_0, le cercle relatif varie chaque fois également, le centre de ce dernier se mouvant sur une ligne courbe ou une droite. Cette courbe, par exemple, est un arc de cercle décrit du centre de diagramme pour le cas spécial où l'excentrique de détente peut tourner sur l'arbre. (Ces différents cas seront relevés en décrivant chaque distribution en particulier.)

A. — PLAQUE DE DÉTENTE, AVEC COURSE ET AVANCE VARIABLES

1. — G.-A. Biffar, à Fratte (Italie).

(Feuille 12 des esquisses).

Cette machine à deux cylindres est de la force de 16 chevaux. Le régulateur fait varier directement le calage de l'excentrique de détente. L'arbre moteur fait 115 tours par minute, il porte les excentriques des tiroirs de distribution qui fonctionnent à la manière connue. Une roue héliçoïdale est placé sur le milieu de l'arbre, elle engrène avec une autre roue héliçoïdale de diamètre moitié moindre, et au moyen de deux roues d'engrenage coniques, met en mouvement l'arbre vertical du régulateur qui fait ainsi 230 tours par minute.

Le contrepoids du régulateur Porter possède à son extrémité une vis héliçoïdale de 160 millimètres de longueur, de telle sorte que, dans la montée ou la descente du régulateur, elle soit toujours en prise avec une roue héliçoïdale placée sur un arbre actionnant les excentriques de détente. Le rapport des diamètres de la vis et de la roue héliçoïdale est inversement proportionnel à celui des deux premières roues héliçoïdales, de telle sorte que l'arbre de détente fait comme l'arbre moteur 115 tour par minute.

Dès que le régulateur monte, il accélère le mouvement de rotation de l'arbre de détente et par suite l'angle de retard de l'excentrique de détente par rapport à la manivelle augmente, et alors il y a une détente anticipée de la vapeur. Lorsque le régulateur descend, c'est exactement le contraire qui se produit. En déplaçant le contrepoids sur le levier du régulateur, on peut modifier la vitesse de la machine sans que ce dernier change de position.

Le système de construction indiqué ici donne une détente variable de $\frac{1}{13}$ à $\frac{1}{3}$ de la course du piston.

2. — Friedrich et Cie, à Vienne.

Les figures 117 et 118 du texte représentent un régulateur de détente assez simple. L'excentrique de détente *g* est ici de nouveau relié avec un disque excentré *f*, ou excentrique variable qui, actionné directement par le régulateur, peut, par un mouvement de rotation, changer l'excentricité et l'avance de l'excentrique de détente. Au disque annulaire *a*, venu de fonte avec la poulie d'excentrique de distribution *a*, sont rapportés deux bras *bb* aux tourillons desquels sont articulés en *cc* les contrepoids *dd* en forme de lentilles. D'autre part, le disque mobile *f* est relié au moyen de biellettes (petites bielles) *ee* à ces contre-poids, et leur mouvement fait tourner ce disque *f* et l'excentrique de détente *g*. Cette rotation s'établit aussitôt que, par une accélération de la machine, les contrepoids retenus par la tension des ressorts *h* s'éloignent de l'arbre sous l'action de la force centrifuge. L'excentrique de détente, permettant dans la position représentée sur la figure l'admission maximum, déplace par cette rotation son centre de *O* en *X*; il donne par suite de l'accroissement de sa course et de son angle d'avance, des degrés de détente de plus en plus petits A cet effet, il faut que le tiroir de détente, dans sa position moyenne, tienne fermé avec un certain recouvrement les canaux du tiroir de distribution.

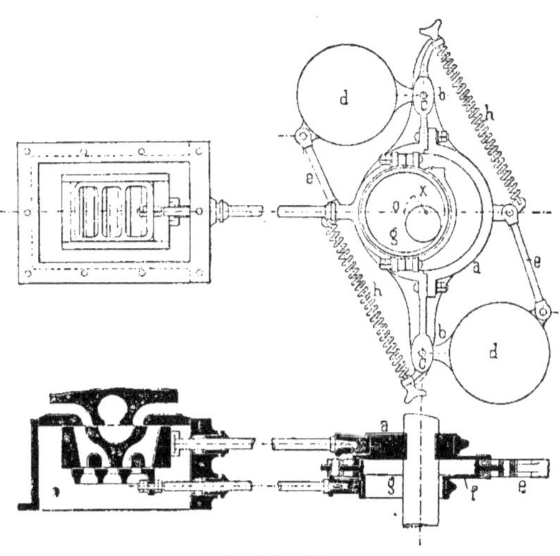

Fig. 117 et 118.

3. — A. Ransome et Cie, à Londres.

(Pl. 6, figures 6-5).

Le régulateur Hartwell est appliqué par les maisons Allen Ransome et Cie, Standey Works, Chelsea, à Londres, pour régler les tiroirs ou plaques de détente placés sur des tiroirs de distribution séparés.

La machine à vapeur sans condensation, représentée pl. 6, fig. 1-5, a un piston de 304 millimètres de diamètre et de 609 millimètres de course; sa force est de 15 chevaux-vapeur. Le cylindre est muni d'une enveloppe de vapeur; les orifices du cylindre sont très courts; c'est pourquoi la boîte du tiroir est un peu en porte-à-faux sur les deux extrémités du cylindre. Les plaques de détente solidement reliées ensemble sont actionnées par un excentrique, sous le contrôle d'un régulateur Hartvell. Ce dernier n'est pas représenté sur la figure, mais est placé sur l'arbre moteur entre l'excentrique de détente et celui de la pompe alimentaire.

Allen Ransome et Cie ont appliqué tout récemment soit au tiroir de détente, soit à celui de distribution, le système d'attache du tiroir représenté fig. 53 et 54 du texte.

L'écartement constant des deux tiroirs est assuré par un tuyau, tandis que la tige avec écrous et le tuyau en bronze qui les enveloppe sortent à l'arrière.

Les principales dimensions de ces machines indiquées en millimètres sont les suivantes :

Force normale en chevaux	6	8	10	12	15	20	25	30	40	50
Diamètre du cylindre	177	203	228	254	304	342	380	419	457	533
Course du piston	355	406	457	507	609	685	762	838	914	1066
Nombre de tours par minute	170	145	120	110	90	80	70	65	58	50
Diamètre du volant	1219	1371	1524	1828	2133	2438	2743	3200	3657	4267
Largeur.	177	190	203	228	279	279	304	330	380	445

4. — Buckeye Engine Company in Salem, Ohio U. St. A.

(Pl. 6, figures 6-16.)

La distribution à détente de cette maison est une construction nouvelle bien étudiée ; il en est de même du régulateur dont la disposition particulière doit être prise en considération. Ainsi que le montre la figure 9, pl. 6, les tiges d'excentrique agissent d'abord sur un système de leviers qui entraîne les tiges de tiroirs de telle façon que le mouvement relatif des plaques de détente par rapport aux orifices de passage du tiroir de distribution, a lieu exactement de la même manière que si ces tiroirs de détente glissaient sur une surface fixe. La tige d'excentrique du tiroir de distribution est reliée à celle du levier (fig. 7) ; lequel divisé en deux parties *b*, *c* d'égale longueur, oscille autour d'un axe *a* placé sur un support venu de fonte avec le bâti à bayonnette. Avec le levier *b* d'avant dirigé vers le bas, est articulée la tige de l'excentrique de détente (on peut la déclancher à la main); de l'autre côté, le levier *c* dirigé vers le haut actionne la seconde tige du tiroir, voisine de la première. Le levier d'oscillation extérieur *b* est prolongé au-delà de son axe et transformé en poignée à main. Dans, ce prolongement est pratiquée une rainure qui reçoit une vis de pression (fig. 9) à laquelle on peut suspendre la tige de l'excentrique de détente déclanchée, pour faciliter la mise en train de la machine par la distribution à la main, puisque la première tige d'excentrique est aussi déclanchable.

Les figures 9, 10 et 11 montrent la disposition intérieure de la distribution. L'entrée de la vapeur se fait par deux orifices pratiqués sur le dos du tiroir qui ont sur le fond des canaux de conduite un joint étanche de forme circulaire. L'originalité dans cette distribution, est que le tiroir de distribution lui-même représente en quelque sorte une boîte de tiroir mobile dans l'espace intérieur de laquelle afflue la vapeur et où se meut également le tiroir de détente. La sortie de la vapeur n'a pas lieu par un espace creux pratiqué dans le tiroir, elle s'effectue de son contour, dans la boîte à tiroir proprement dite à laquelle s'adapte le tuyau d'échappement de vapeur.

L'étanchéité du tiroir de distribution est assurée par des bagues élastiques ajustées dans les orifices circulaires d'admission et serrées par des ressorts. En choisissant convenablement les dimensions de ces ouvertures, on peut parfaitement déterminer la pression de la vapeur agissant de haut en bas sur le tiroir et se servir ainsi de la construction pour équilibrer le tiroir. Il convient également de remarquer la construction singulière des tiges de tiroir qui s'emboîtent l'une dans l'autre (fig. 9 et 11). La tige du tiroir de distribution est un tuyau muni d'un presse-étoupe, dans lequel passe la tige du tiroir de détente.

L'excentrique du tiroir de distribution est fixe, celui du tiroir de détente est mobile et la position de ce dernier sur l'arbre moteur est déterminée par le régulateur. Celui-ci, construit pour la première fois en Amérique, par Thomson, est représenté fig. 119 du texte. Sur l'arbre moteur est fixé un disque qui porte en *b* deux leviers munis de contrepoids *A*; ces leviers sont reliés à ces contrepoids au moyen de bielles suspendues, par leurs extrémités à l'excentrique *C*. Lorsque les leviers se mettent en mouvement vers l'extérieur de la circonférence du disque, ce qui a lieu quand la vitesse augmente, la position de l'excentrique sur l'arbre change. La position indiquée sur la figure correspond à l'état de repos des contrepoids, c'est le cas où la détente de la vapeur commence aux $\frac{5}{8}$ de la course. Les deux forts ressorts *D* et *E* ont pour but de replacer les leviers dans leur position primitive lorsque la vitesse a diminué.

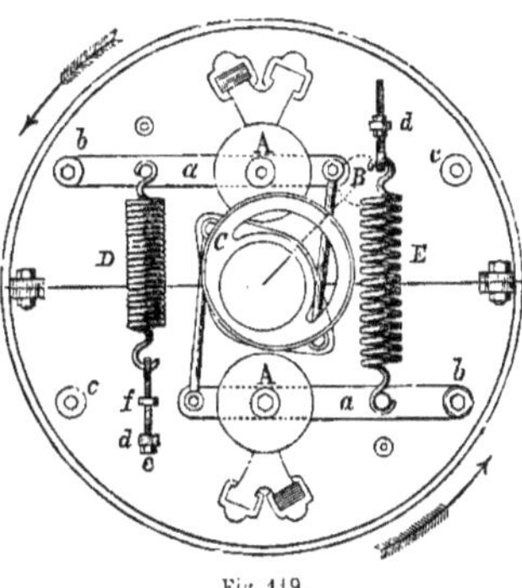

Fig. 119.

L'un des ressorts *E*, dont la tension est rendue variable par des vis de pression, est représenté à l'état de forte tension. La disposition du régulateur indiquée sur le dessin ne comporte que le sens de rotation indiqué par la flèche. Si la machine devait marcher dans le sens opposé, il faudrait renverser les leviers *a* et déplacer leurs points d'articulation de *b* en *c*.

La machine représentée pl. 6, (fig. 8 et 16) a un piston de 406 millimètres de diamètre et de 812 millimètres de course. D'après les essais à l'indicateur, cette machine développe une force de 73 chevaux-vapeur, pour laquelle il faut tenir compte des valeurs suivantes : pression effective dans la chaudière 4,15 atmosphères et 1,02 atmosphères de contre-pression absolue, introduction $\frac{1}{5}$, nombre de tours par minute 95. La tête du piston, en acier fondu (fig. 12 et 14), est divisée verticalement dans le plan moyen de la tige du piston pour avoir d'une seule pièce le tourillon avec l'une des moitiés; comme ce dernier est encore fixé dans l'autre moitié, aucun battement du tourillon n'est à craindre dans son assise. Les coussinets de la crosse sont réglés par des vis et des clavettes longitudinales.

Dans les premières machines, le coussinet du palier de l'arbre moteur (fig. 15) était en trois parties et les deux coquilles latérales s'appuyaient sur celle du fond au moyen d'un boulon faisant office de tourillon. Ces coussinets étaient en fonte avec garnitures intérieures en bronze retenues par des chapeaux spéciaux. Ainsi qu'on le voit le réglage de chacune des parties latérales se faisait séparément par une vis de pression. Mais de cette façon les extrémités supérieures des parties latérales subissaient une pression plus forte que celles du bas et c'est pour éviter cette anomalie que l'on a adopté dans la suite la construction représentée fig. 16 où deux coquilles seulement, en bronze, taillées en biais, permettent un réglage parallèle. Quant à la forme du palier, rien n'a été changé.

D'autres machines à détente, de cette catégorie, ont les dimensions suivantes :

Diamètre du cylindre	152	178	203	228	254	304	355	457		507		558	609
Course du piston	355				457	507	609	660	914	660	1016	1117	1219
Nombre de tours par minute	215				167	150	125	115	85	115	70	70	65
Force en chevaux indiquée pour compression de 4-5 atmosphères	10	14	18	23	28	41	56	92	92	114	114	138	215

5. — Ch. Beer, Jemeppes, Belgique.

(Pl. 10.)

Le système de distribution représenté fig. 7-22, pl. 10, est appliqué à deux grandes machines jumelles. Il permet de faire varier l'introduction en modifiant l'angle d'avance de l'excentrique de détente.

Dans cette machine la distribution s'effectue dans chaque cylindre au moyen de six tiroirs reliés deux à deux par des tiges communes. Deux de ces tiroirs servent pour l'admission, deux pour la détente et deux pour l'échappement. Par cette disposition, les espaces nuisibles sont réduits au minimum. Les tiroirs d'admission sont munis de deux tiges afin de laisser la place libre dans l'axe de la boîte, pour le passage de la tige du tiroir de détente ; c'est pour cette raison qu'il y a ici trois presse-étoupes placés les uns à côté des autres.

On voit, par les figures 13-15, qu'il y a, pour la commande du tiroir d'admission et du tiroir d'échappement, un excentrique calé sur l'arbre de la manivelle. La tige d'excentrique (indiquée en pointillé), est reliée avec le levier *a* calé sur un petit arbre oscillant *A* (fig. 21). Ce dernier se meut dans une longue douille ou coussinet rapporté sur le bâti de la machine et porte à l'autre extrémité une manivelle qui est reliée avec les deux tiges de tiroirs d'admission à l'aide de deux bielles. D'autre part, les tiroirs d'échappement sont commandés par un arbre *B* (supporté par une douille placée dans dans la partie inférieure du bâti) à l'aide d'une manivelle et d'une tige ; cet arbre est relié de la même manière avec la tige d'excentrique par une manivelle. Dans les glaces des tiroirs sont pratiquées deux orifices, de façon à obtenir une section suffisamment grande pour une petite course du tiroir ; il est cependant vrai que l'une de ces ouvertures, celle qui est située le plus près du milieu du cylindre, est fermée à la fin de la course du piston ; d'ailleurs celà n'a pas un grand inconvénient, vu la petite vitesse du piston. Les tiroirs d'échappement, placés à la partie inférieure, glissent sur des plaques formant glaces. Ces plaques, vissées sur le cylindre en dessous des tiroirs, sont munies d'une entaille longitudinale pour guider le mouvement d'un manchon reliant le tiroir avec la tige.

Un troisième arbre oscillant *C*, placé à côté du premier *A*, commande le tiroir de détente ; un excentrique, placé sur un arbre transversal *K*, donne le mouvement à cet arbre *C*, par l'intermédiaire d'une tige et d'un levier *c*. L'arbre *K* est actionné par l'arbre moteur au moyen d'un arbre longitudinal *n* et d'engrenages coniques. En outre, sur l'arbre *n* est calé un disque de friction *D* (fig. 9), en contact avec le disque *E* fixé sur l'extrémité de l'arbre du régulateur. Ce disque *E*, pressé par le poids du régulateur, reçoit le mouvement du disque *D*.

Pour changer l'angle de calage de l'excentrique, on faitusage de la disposition suivante :

La roue conique F, qui actionne l'arbre K, n'est point fixée directement sur cet arbre, mais est rapportée sur une douille en bronze K (fig. 11), munie d'un écrou à filet carré s'adaptant à la vis à filet carré correspondante de l'arbre K. Cette douille H est placée dans le support du régulateur. De même, l'excentrique de détente n'est pas fixé sur l'arbre K, il prend seulement part à la rotation de cet arbre, au moyen d'une clavette mobile, comme on le reconnaît fig. 16 et un déplacement dans le sens de l'axe est empêché par un collier fixe. Tout déplacement du levier L (fig. 7), par le régulateur, occasionne évidemment un déplacement longitudinal de la même grandeur de l'arbre K, suivant son axe. Mais ce déplacement de l'arbre produit dans la roue F, par suite de la forte inclinaison des filets, une rotation partielle de cet arbre, et par ce moyen il augmente ou diminue l'angle d'avance des excentriques de détente des deux machines. On peut modifier les régulateurs pour des vitesses différentes en déplaçant sur l'arbre n la roue de friction D au moyen d'un levier et d'une roue à main. Ce déplacement change le rapport des rayons des roues de friction D et E et permet de régler la détente à la main.

6. — Arthur Rigg, à Londres.

(Figure 1-10, feuille 13 des esquisses.)

Dans la machine de 10 chevaux construite par M. Arthur Rigg, la détente est rendue variable par le régulateur. Celui-ci est relié directement à l'excentrique de détente, de telle sorte que tout changement de vitesse de la machine modifie convenablement la course du tiroir de détente. Les figures 1 et 2 représentent la disposition complète de la machine ; les figures 3 et 4 représentent les détails du cylindre, la figure 10 ceux du tiroir, et les figures 5 et 6 le régulateur. Ce régulateur est formé d'un étrier A glissant sur une pièce carrée B rapportée sur l'arbre moteur et portant d'un côté un poids-volant C, et de l'autre, un ressort à boudin D qui s'oppose en partie à l'action de la force centrifuge créée par le poids-volant. A côté du guide de l'étrier et parallèlement à lui, se trouve l'excentrique de détente E qui est relié au poids-volant au moyen d'un œil en fer forgé et d'une vis d'encastrement. La figure 5 montre le poids-volant dans sa position la plus basse. Lorsque le poids s'écarte de l'arbre, il entraîne l'excentrique dont la course augmente, tandis que l'introduction diminue. Dans la construction du diagramme, dont les meilleurs résultats sont donnés lorsque l'angle de la manivelle et de l'excentrique est de 90° ; il ne faut pas perdre de vue que l'on fait usage ici d'une plaque de détente divisée en deux parties (plaque séparée), laquelle recouvre les orifices du tiroir de distribution dans leur position moyenne, quoique, dans cette position, ceux-ci restent le plus ordinairement découverts ainsi que nous l'avons mentionné antérieurement. La vapeur fraîche pénètre d'abord par le bas dans la chemise de vapeur du cylindre, pour empêcher l'eau qui a pu se former dans le tuyau d'arrivée, d'être entraînée dans la boîte à tiroir. Un canal placé à la partie supérieure de l'enveloppe établit la communication entre cette dernière et la boîte du tiroir.

Pour que la vapeur d'échappement ne refroidisse pas les parois du cylindre, on a muni le tuyau d'échappement d'une enveloppe spéciale. Le diamètre du cylindre est de 254 millimètres et la course du piston de 457 millimètres.

7. — Charles Heinrich, Ingénieur, à Prague.

La distribution représentée (fig. 120 et 124 du texte) d'après le *Journal polytechnique* de Dingler, est spécialement construite pour les machines à vapeur à grande vitesse de piston.

Le tiroir de distribution b est actionné à la façon ordinaire par un excentrique a fixé sur l'arbre moteur, tandis que le tiroir de détente d est actionné par l'excentrique à coulisse c qu'on peut déplacer sur l'arbre. Cet excentrique est commandé par la poulie-volant qui l'entraîne au moyen d'une clavette k engagée dans le moyeu et peut glisser sur une tige i fixée dans la couronne du volant et solidaire avec la poulie d'excentrique ; cette tige porte le poids g du régulateur, dont la force centrifuge fait mouvoir l'excentrique dans la mortaise de calage. De cette façon, l'excentricité et l'angle d'avance sont modifiés simultanément ; c'est ce que montre la figure 120.

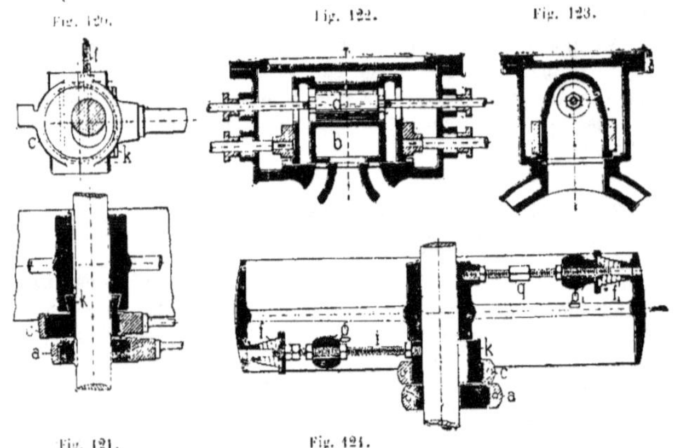

Fig. 120. Fig. 122. Fig. 123.

Fig. 121. Fig. 124.

Le ressort à boudin f qu'on règle à l'aide de doubles écrous sert à ramener le poids g dans sa position primitive pour le minimum du nombre de tours admis. L'équilibre du volant exigeant un contrepoids g_1 disposé symétriquement du côté opposé au régulateur g, on a de même appliqué un ressort f_1 pour tenir compte des variations de la force centrifuge.

Le contrepoids q en forme d'écrou allongé sert au réglage parfait du contrepoids de toutes les autres masses en mouvement. Pour équilibrer autant que possible le régulateur, le tiroir de détente a la forme d'un petit piston qui se meut dans une partie cylindrique du tiroir de distribution. Comme il est de longueur suffisante, il suffit de le roder pour assurer son étanchéité.

8. — W. Forster et Cie, à Lincoln.

A une exposition annuelle de la Société royale d'agriculture, à Carlisle, a figuré la remarquable distribution (fig. 125-127 du texte) étudiée par S. Starkey, nous empruntons sa description au journal l'*Engineering*.

Sur l'arbre moteur est calée une roue dentée a qui actionne une roue c par l'intermédiaire d'une roue b. La roue c est d'une largeur telle qu'elle engrène en outre avec une roue d située dans un plan différent de la roue b. Enfin la roue d en actionne une cinquième e qui est folle sur l'arbre moteur. Toutes ces roues ayant le même diamètre, il est évident que la roue e tourne avec la même vitesse que la roue a

Les axes des roues b et c sont fixés sur une tige g, laquelle, reliée par une extrémité au régulateur, peut se déplacer dans le sens longitudinal puisque l'autre extrémité est suspendue par une bielle dont le point d'oscillation est l'axe de la roue d.

On reconnaît facilement que par un déplacement de la tige g, on communique à la roue b, une une rotation partielle, en outre de la rotation que celle-ci reçoit de la roue a. La rotation totale, somme de ces deux rotations, est transmise par l'intermédiaire des roues c et d à la roue e, de sorte que cette dernière est d'un certain angle en avance ou en retard sur la roue *a*. D'où il résulte que si la roue *e* est fixée à l'excentrique de détente, il se produit un changement dans l'angle d'avance. Mais pour obtenir en même temps une variation de la course, on a fait venir de fonte avec la roue *e*, un petit excentrique sur lequel s'emboîte l'excentrique de détente proprement dit ; ce dernier est guidé par un boulon fixé sur la poulie d'excentrique de distribution.

9. — A. Duvergier à Lyon.

(Planche 7, figures 1-9.)

M. A. Duvergier a exposé à Paris une machine à vapeur dont le type a déjà servi à construire 150 machines avec un diamètre maximum de 600 millimètres. Ces machines se distinguent moins par la nouveauté des principes de construction que par une disposition habile et bien raisonnée des pièces de détail. Relativement à la distribution, c'est une coulisse qui produit le mouvement variable du tiroir. Un excentrique *a* (fig. 3-4) commande le tiroir de distribution (fig. 5-7) fabriqué d'une seule pièce et qui s'étend sur toute la longueur du cylindre ; avec cette disposition, la longueur des orifices est très petite et les espaces nuisibles insignifiants. Les cavités ménagées des deux côtés du tiroir sont continuellement en communication avec deux tubulures reliées aux tuyaux conduisant au condenseur. Sur le dos du tiroir de distribution glisse le tiroir de détente fondu également en une seule pièce, et dont la course varie avec l'effort à vaincre par la machine. Cette variation de la course du tiroir s'obtient par un mécanisme (fig. 3-4), dont le mouvement est emprunté à l'excentrique de distribution *a*. A cet effet, ce dernier porte à son collier un tourillon *b*, et est relié par une petite bielle à un levier coudé *h* fixé sur son axe ; les oscillations du bras supérieur sont communiquées par une bielle *h* à la coulisse *c*, oscillant autour d'un point fixe situé environ au milieu de sa longueur. Au dessous de ce point fixe, se meut dans la coulisse, le coulisseau *d* de la bielle *e*, reliée à la tige du tiroir de détente. Il est évident que le coulisseau communique au tiroir une course d'autant plus petite qu'il est placé plus près du point d'oscillation de la coulisse, et qu'inversement la course sera d'autant plus grande que le coulisseau est plus éloigné du point d'oscillation. Le déplacement du coulisseau s'effectue automatiquement par le régulateur au moyen d'un levier et d'une tige *g* ; la fourche prolongée de la bielle *e* est assemblée en *f* à la tige *g*.

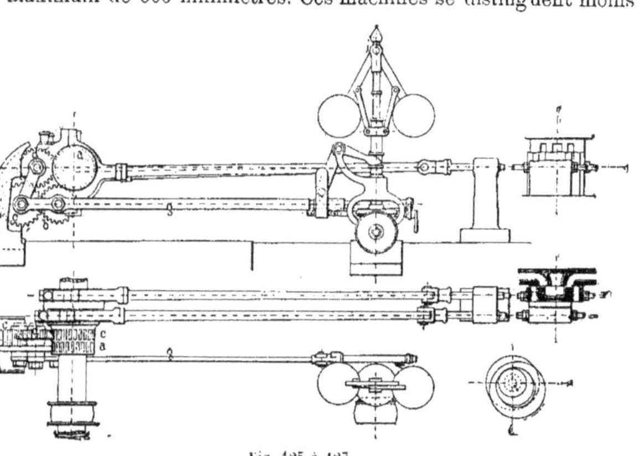

Fig. 125 à 127.

Pour régler l'introduction de la vapeur à la main pour la mise en train ou de l'arrêt de la machine, la tige *g* porte en haut un volant à main et en bas une vis filetée dont l'écrou correspondant forme une douille *f* articulée avec l'extrémité de la bielle *c*. On peut donc par une rotation de volant faire monter ou descendre le coulisseau.

La figure 128 du texte montre clairement le mode de fonctionnement de la distribution; dans cette figure les axes du mécanisme sont désignés de la même façon que précédemment.

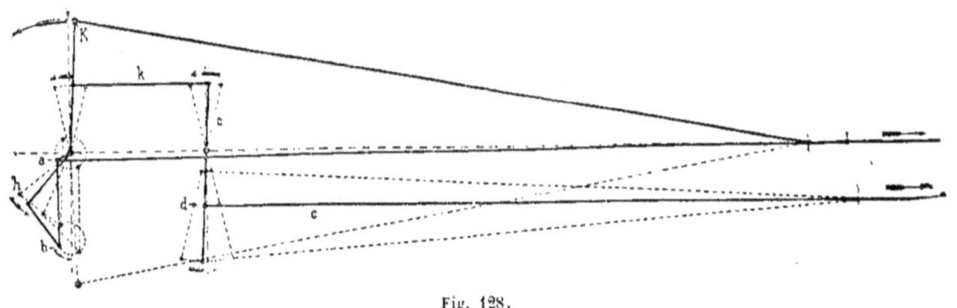

Fig. 128.

Les lignes en traits pleins correspondent à la position moyenne du piston, pour laquelle la manivelle occupe la position *k*, tandis que les lignes pointillées indiquent les positions extrêmes. Les limites de la détente sont données par le diagramme (fig. 129 du texte).

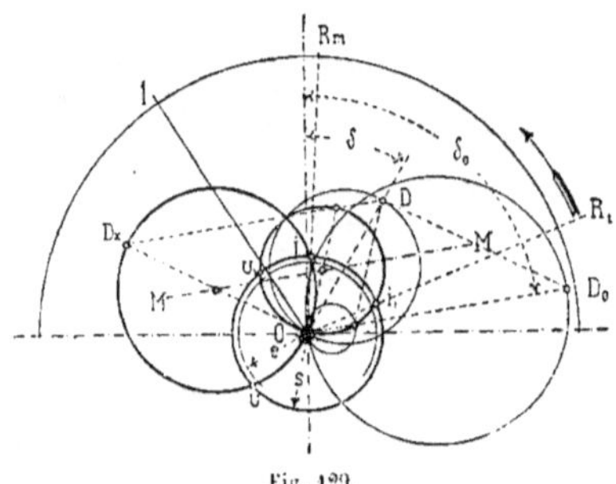

Fig. 129.

OD est le cercle du tiroir de distribution et *e* celui du recouvrement extérieur; l'angle d'avance δ_0 détermine la direction de la course du tiroir de détente, δ_0 reste invariable, mais la course du tiroir varie. OD_0 représente le cercle du tiroir correspondant au maximum de la course du tiroir de détente. En traçant le parallélogramme OD_0 DD_x on trouve en OD_x le cercle des positions relatives des tiroirs dont le point d'intersection *i* avec le cercle décrit avec un rayon égal à la distance *s* des arêtes travaillantes indique la position R_m de la manivelle à laquelle commence la détente : c'est la plus grande introduction admissible. Si l'on se figure la course du tiroir de détente diminuée, un autre cercle d'un diamètre inférieur à OD_0 indiquera la course correspondante du tiroir. Ce cercle est tracé pour le minimum d'introduction et le cercle relatif correspondant indique au point d'intersection i_1 avec le cercle *S* la position de la manivelle R_1 correspondant à la plus grande détente. La réouverture commence au point u_1 situé au delà de la position 1.

On voit que les centres des cercles relatifs des tiroirs sont situés sur une droite *MM* dite ligne directrice. D'après le diagramme on reconnaît quelques inconvénients à cette distribution : pour de petites introductions le point i_1 recule vers la droite et le point u_1 se rapproche du milieu de la course du piston, parce que la course du tiroir de détente devient petite. Or comme ce point doit se trouver au delà de la position 1 de la manivelle, il en résulte une grandeur considérable des recouvrements du tiroir de distribution qui entraîne les inconvénients d'une forte compression.

Sur la tête du piston guidée du côté inférieur par une glissière, se trouve boulonnée inférieurement la plaque de glissement proprement dite qu'on peut par conséquent facilement changer en cas d'usure (fig. 8). La disposition spéciale d'assujétir le tourillon au moyen de deux boulons horizontaux a évidemment pour but de s'approcher autant que possible d'un organe fabriqué d'une seule pièce avec la tête du piston. De même, le dispositif de compensation de la tête de bielle ouverte (fig. 9) est très remarquable. Par le serrage d'un boulon fileté, on rapproche la chape sur le tourillon à l'aide de deux clavettes et d'une pièce rectangulaire munie d'un rebord.

10. — L. Bréval, à Paris.

(Pl. 7, fig. 10-13).

Il existe des machines d'une construction plus simple, où la coulisse, actionnée par un excentrique spécial, est employée à modifier la course du tiroir de détente.

La machine de M. Bréval (fig. 10-13, pl. 7), empruntée au portefeuille économique des machines, nous fournit un bon exemple d'une telle construction simplifiée. Un premier excentrique commande le tiroir de distribution K au moyen d'une tige L, tandis qu'un deuxième excentrique fait osciller la coulisse O à l'aide de la tige N. Une saillie du coulisseau f forme l'écrou de la tige filetée e située le long de la coulisse. Cette tige est guidée dans un œil g, de sorte que par une rotation de cette tige, à l'aide du volant à main h, le coulisseau se déplace et non la tige, d'où il résulte une modification dans la grandeur des oscillations de la coulisse. Cette coulisse est reliée au tiroir de détente au moyen de la tige p.

On reconnaît immédiatement que la course du tiroir de détente est rendue variable, mais seulement à la main, tandis que l'angle d'avance reste constant.

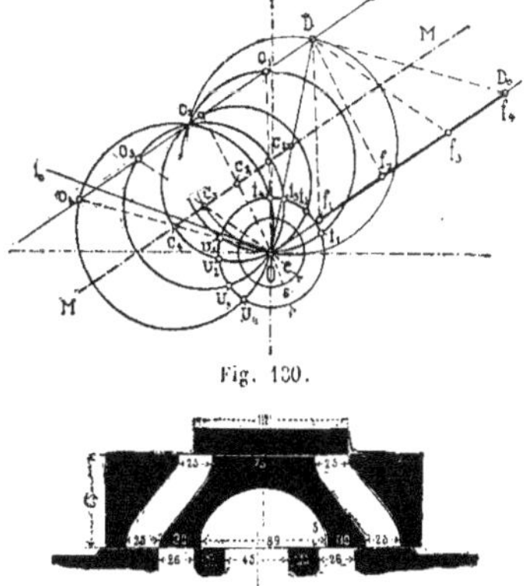

Fig. 130.

Fig. 131.

Le diagramme (fig. 130) est construit d'après les données suivantes de la distribution, servant de base à la machine. L'angle d'avance $\delta = 11°, 15'$ et $\delta_0 = 56°, 15'$; l'excentricité des deux excentriques est de 52 millimètres. Les tiroirs ont les dimensions indiquées fig. 131 du texte; leur avance intérieure est de 5 millimètres et l'avance extérieure de 1 millimètre; la distance s est égale à 6 millimètres 1/2.

Le minimum d'introduction est donné par l'excentricité idéale of_1, puisque le cercle relatif correspondant ayant pour centre le point c_1 ne doit pas rouvrir l'orifice d'admission avant que la manivelle n'atteigne la position 1_0.

MM est la ligne directrice des centres des cercles relatifs sur laquelle sont décrits encore trois autres cercles des points c_2, c_3 et c_4, et auxquels correspondent les différentes amplitudes croissantes de la coulisse, pour le point d'attache P de la tige du tiroir de détente, suivant les distances of_2, of_3, of_4. Dans toutes les distributions de ce genre, la ligne directrice MM passe par le centre du cercle du tiroir OD et tous les points extrêmes des diamètres des cercles relatifs o_1, o_2, o_3, o_4 se trouvent sur une même droite qui passe par le point extrême D de l'excentricité de dis-

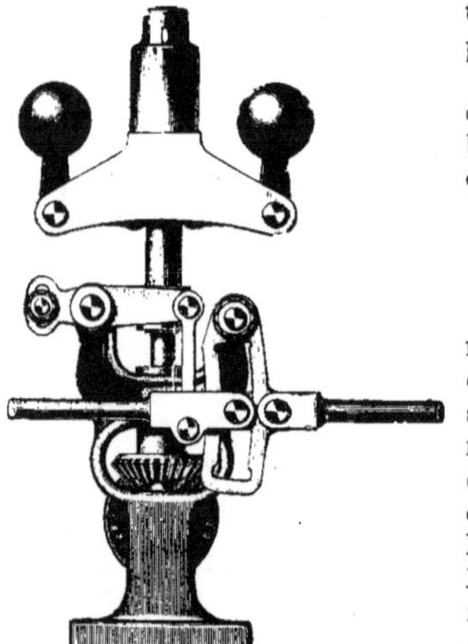

Fig. 132.

tribution. La fermeture des orifices d'admission est indiquée par i, i_1... et leur réouverture par u, u_1...

La construction de cette machine montre une fois de plus, l'emploi très usité en France du cadre plat comme bâti. Le piston a un diamètre de 350 millimètres et une course de 660 millimètres.

M. Marsal fils et Cie, à Gainsborough.

A la machine de cette maison représentée page 45, nous ajoutons les suivantes pourvues d'un appareil de détente variable automatiquement. Cet appareil est représenté fig. 132 du texte. La coulisse articulée à l'extrémité supérieure, est placée entre la tige de l'excentrique de détente et celle du tiroir. Dans la coulisse, la tige en connexion avec celle du tiroir est déplacée directement par le régulateur très solide et très sensible de Wilson-Hartwell. Pour tenir compte des efforts différents à vaincre par la machine, il y a (comme on le voit dans la figure), un écrou de réglage au levier du régulateur.

Les deux machines suivantes dont l'une est à haute pression (fig. 133) et l'autre à condensation (fig. 134) sont munies de semblables coulisses de détente.

Fig. 133.

Le tableau ci-après donne les dimensions principales de ces machines.

Force nominale en chevaux	10	12	14	16	20	25	30	35
Diamètre du cylindre en millimètres	254	279	305	330	368	406	444	482
Course du piston en millimètres	508	558	609	686	762	838	914	914
Nombre de tours par minute	105	96	88	78	75	65	60	60
Diamètre du volant en millimètres	2200	2430	2630	2970	3340	3650	3960	3960

12. — Lucien Guinotte, à Mariemont (Belgique).

(Planches 11-12).

Le système de distribution de M. Guinotte est très ingénieux. A part quelque complication apparente, il présente des avantages si importants, entre autres, dans sa combinaison avec les mécanismes de changement de marche dont il sera question ultérieurement, qu'il doit être classé en première ligne parmi les systèmes modernes de distribution avec détente. Les organes de la distribution (fig. 135 et 138 du texte) sont empruntés à deux machines-pilons accouplées. Nous allons expliquer leur fonctionnement.

Le tiroir de distribution A est exécuté à la manière ordinaire et le tiroir de détente B est formé par une simple plaque. Le premier est commandé par l'excentrique c au moyen de sa tige a et de la bielle b. L'excentrique de détente g, calé avec un angle d'avance de 90° commande, par l'intermédiaire de la tige g_1, la coulisse f oscillant autour du point k_1, qui est également le point d'application de la tige g_1, de l'excentrique et d'une extrémité du levier à deux bras, oscillant autour du point fixe k. Un autre levier à deux bras n a son point d'oscillation sur un tourillon a_1 fixé à la tige a du tiroir de distribution. Le mouvement du premier levier k est transmis au deuxième levier n à l'aide des bielles m et o. Ce levier n, dont le centre d'oscillation a_1 a le même mouvement que le tiroir de distribution, communique le mouvement résultant au point o_1 de la coulisse f, qui, actionnée aux deux points k et o prend un mouvement progressif et oscillatoire caractéristique. L'une des extrémités de la bielle c se déplace dans la coulisse f tandis que l'autre, attachée au tourillon e_1 de la tige du tiroir de détente, communique le mouvement de la coulisse au tiroir de détente.

Le déplacement du coulisseau x de la bielle e dans la coulisse s'effectue au moyen du volant à main H et de la tige filetée s, à l'aide de la barre h, suspendue au levier i.

Le meilleur moyen de se rendre compte du fonctionnement de cette distribution est d'avoir recours au procédé graphique employé par M. Guinotte. Dans ce procédé, on sup-

Fig. 134.

pose la coulisse actionnée par deux excentriques sans toutefois s'occuper du mouvement du tiroir de distribution.

On trace (fig. 139) le cercle du tiroir de distribution et celui du recouvrement extérieur, et l'on détermine ainsi la position N_1 de la manivelle pour laquelle le tiroir de distribution ferme l'orifice d'admission. On décrit du point o comme centre un cercle avec un rayon égal à la grandeur constante s représentant la distance des arêtes travaillantes du tiroir dans sa position moyenne. Comme précédemment le commencement de la détente est donné par la position de la manivelle déterminée par l'intersection du cercle s avec le cercle relatif des tiroirs. Il faut donc déterminer la position et la grandeur de ce cercle relatif; car on en déduit la grandeur de l'excentricité et de l'angle d'avance.

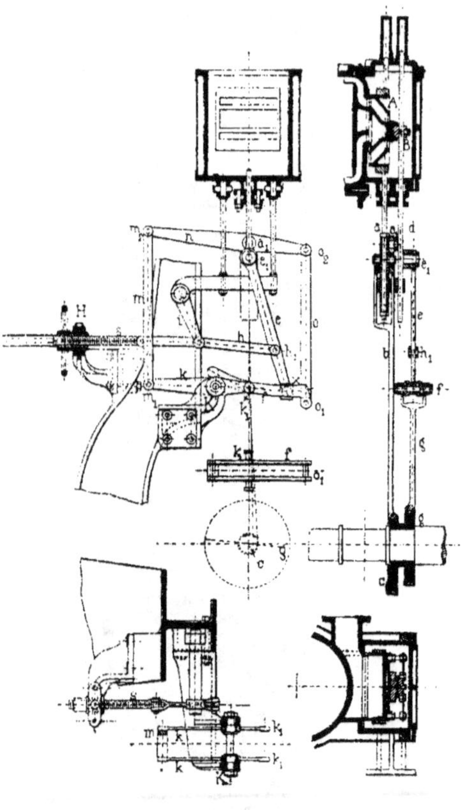

Les centres de ces cercles relatifs sont tous situés sur la droite MM. Pour une introduction égale à zéro, le cercle s est coupé au point i, par le cercle relatif dont le centre se trouve alors en c_1. De même pour une détente, commençant à la position R_2 de la manivelle, le centre du cercle relatif sera en c_2, etc., etc. L'admission maximum est marquée par la position de la manivelle R_1. On trouve que tous les cercles relatifs, outre le centre o, se coupent encore au point Q situé sur le cercle s. Il en résulte que pour tous les degrés de détente, le tiroir de détente effectue la réouverture du canal de passage dans le tiroir de distribution, à la même position du piston, c'est-à-dire à la même position de la manivelle. Comme on l'a vu, cette position de la manivelle doit se trouver au-delà de la position 1, de sorte que le recouvrement du tiroir de distribution est déjà effectué de quelques millimètres (3 à 4 millimètres), comme le montre le diagramme.

Fig. 135 et fig. 138.

La position OQ de la manivelle étant déterminée, on obtient la position de la ligne MM, en prenant la moitié de la distance CQ et en élevant une perpendiculaire MM à OQ. En élevant au point Q une autre perpendiculaire à la ligne CQ, on obtient la ligne sur laquelle se trouvent les points extrêmes OO_1 des parallélogrammes. En traçant ces derniers, on détermine la longueur de la course et la position du tiroir de détente correspondant à chaque degré de détente considéré. On obtient ainsi une nouvelle ligne FF, parallèle à MM. Cette ligne directrice FF détermine par les rayons menés de o jusqu'à sa rencontre la grandeur des excentricités; of_1 est la grandeur de l'excentricité pour le minimum d'admission, et of_2 pour le maximum.

En portant ces excentricités dans leurs vraies positions par rapport à la manivelle M, on obtient (fig. 140 du texte) la ligne directrice FF, sur laquelle on peut supposer que le centre de l'excentrique de détente glisse; mais, en réalité, ce mouvement variable du tiroir de détente est produit par le déplacement du coulisseau de la bielle du tiroir dans la coulisse. Supposons que la coulisse soit actionnée par les excentriques OT et OL, de sorte que la ligne FF_1 représente l'axe de la coulisse. On peut alors considérer approximativement tout rayon mené du centre o à un point quelconque situé entre T et L ou en dehors comme une excentricité du tiroir de détente. Ainsi par exemple, si la tige du tiroir se trouve au point X de la coulisse, le tiroir de détente fait une course, comme s'il était mû par un excentrique dont l'excentricité serait égale à OX. Cette disposition, qui nécessite deux excentriques pour le tiroir de détente, n'est pas exécutée en pratique; elle est bien plutôt remplacée par le mécanisme déjà expliqué (fig. 135-138 du texte).

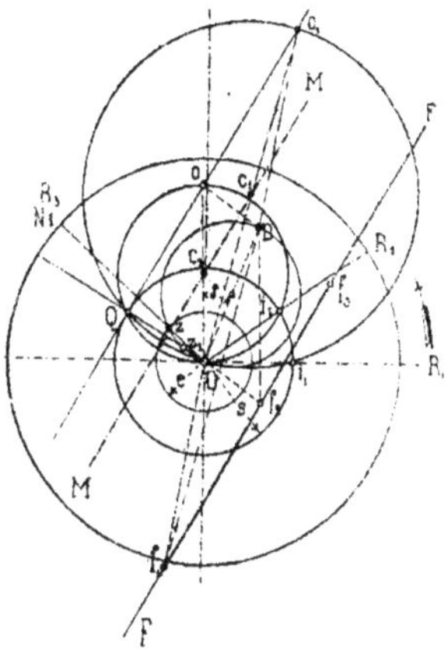

Fig. 139

Le diagramme polaire s'applique aussi à cette dernière disposition que nous allons encore étudier davantage dans ce qui suit: La position de la ligne directrice FF_1 (fig. 141) se détermine de la manière suivante: cette ligne coupe l'axe horizontal au point X et d'après cela l'excentrique de détente g (fig. 136 du texte) est calé avec une excentricité OX et est diamétralement opposé à la manivelle. Cet excentrique commande donc le point k_1 du levier k dont l'autre extrémité se déplace comme si elle était mue par un excentrique OT car $\frac{OT}{OX} = \frac{Kk_1}{Km_1}$. A cause de la bielle de suspension m, il en est de même avec l'extrémité m_2 du levier n. Mais comme le point d'oscillation a_1 de ce levier n est également actionné par l'excentrique de distribution $= OD$, il en résulte que le troisième point O_2 du levier n se meut comme s'il était actionné par un excentrique OL lorsqu'on fait $\frac{a_1O_2}{a_1m_2} = \frac{LD}{DT}$. Le mouvement du point O_2 est alors transmis au point O_1 de la coulisse.

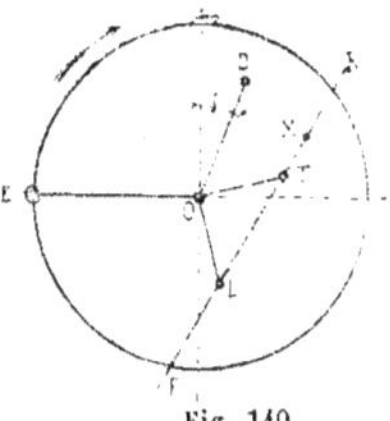

Fig. 140

On reconnaît donc que le mouvement de la coulisse peut être considéré comme provenant de deux excentriques OX et OL. La coulisse tracée avec un rayon égal à la longueur de la bielle e est choisie d'une longueur arbitraire suivant des raisons pratiques.

La distribution des machines à vapeur accouplées représentées pl. 11 est disposée de la même façon et l'épure est également la même.

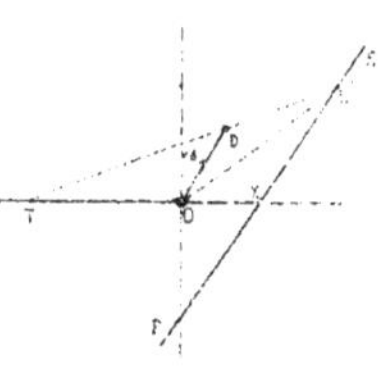

Fig. 141

Pour ces machines, les courses du tiroir (fig. 8, pl. 12) ont été tracées par rapport au piston: la courbe en traits pleins indique les courses du tiroir de distribution. AB est l'axe de la position moyenne ; des deux côtés de cet axe sont indiqués les recouvrements extérieurs et intérieurs, dont les derniers sont de grandeurs différentes pour obtenir des compressions égales. — Les lignes pointillées donnent, pour différents degrés de détente, les grandeurs des orifices de passage par le tiroir de détente pour les deux côtés du cylindre. L'excentricité du tiroir de distribution est de 66 millimètres et son angle d'avance = 33° ; celle du tiroir de détente est de 63m,5. Les deux excentriques sont reçues d'une seule pièce. La distance *S* est égale à 40 millimètres, et les canaux de passage ont 46 millimètres de largeur.

Les cylindres de ces machines accouplées d'une construction très soignée ont 650 millimètres de diamètre intérieur et la course du piston est de 650 millimètres. Un engrenage de 1m,132 de diamètre primitif est fixé sur l'arbre moteur entre les deux volants ; il commande un engrenage de transmission de grand diamètre (4m,264), dont l'arbre repose sur la plaque de fondation de la machine.

13. — E.-A. Wertmann, à Ruhrort.

(Figures 1-5, planche 13.)

M. Wortmann a appliqué sa distribution brevetée à une machine exposée à Dusseldorf, en 1880, dont le cylindre avait 260 millimètres de diamètre. A l'aide de cette distribution, on obtient les degrés d'introduction les plus variés ; la détente variable est obtenue par la variation de la course du tiroir.

Le mouvement du tiroir s'effectue comme d'habitude par un excentrique calé sur l'arbre moteur.

Le tiroir de détente à grille se meut sur le tiroir de distribution à grille également.

Toutefois le mouvement du tiroir de détente a lieu au moyen d'un excentrique, par l'intermédiaire d'une double coulisse *c* oscillant autour d'un point fixe *b*.

Cette coulisse porte, à son extrémité supérieure, en forme de fourche, un balancier *g* fixé au moyen d'une clavette sur un arbre court ; lequel porte, en outre, le levier *i*.

Lorsque le levier *i* est tourné dans le sens de la flèche, le balancier se meut dans le même sens et déplace, au moyen des barres plates *k*, *k*, les coulisseaux articulés aux extrémités de celles-ci par suite, le coulisseau se trouvant du côté de l'arbre moteur monte, tandis que l'autre descend. La tige de l'excentrique de détente *a* et celle de connexion *d* ont leurs extrémités à fourche où s'engagent les coulisseaux.

Si l'on suppose que le balancier tourne pendant la marche, l'écartement de la coulisse augmente ou diminue suivant le déplacement de l'un des coulisseaux dans la coulisse ; de plus, par le déplacement simultané de l'autre coulisseau, cette course augmente ou diminue une fois de plus avant d'être transmise au tiroir de détente. D'où il résulte que le tiroir de détente parcourt un chemin de longueur variable. En doublant ainsi le déplacement du balancier *g* par les deux coulisseaux, il est évident que la variation de l'admission s'effectue rapidement. Le mouvement du balancier *g* est obtenu automatiquement par le régulateur au moyen d'une combinaison de leviers.

On construit les courbes de la rainure de la coulisse de telle sorte que l'admission soit d'égale durée de chaque côté du piston. La courbe du côté de la tige de liaison ou bielle *d* est un arc de cercle décrit du centre du tourillon de *d*, avec la longueur de *d* comme rayon ; la seconde courbe est décrite avec un rayon égal à environ la longueur de la bielle d'excentrique *a*.

En examinant le mouvement de cette distribution, on remarque que pour la position moyenne des coulisseaux, le centre du tourillon à l'extrémité du levier *i* se confond avec le centre d'oscillation de la coulisse. Par conséquent, le centre du tourillon de *i* doit rester au repos pendant le mouvement de la coulisse, mais il n'en est pas de même aussitôt que l'on déplace les coulisseaux ;

ce centre i est déplacé et il prend évidemment part au mouvement de la coulisse, quoique dans une proportion très faible.

La liaison articulée q placée entre p et i ne supprime pas ce mouvement transmis plus ou moins au régulateur, lequel céde d'autant plus facilement à ces secousses, qu'il est plus sujet aux trépidations, c'est-à-dire qu'il est construit plus légèrement.

14. — Ransomes, Sims et Head, Ipwich

Le mécanisme de détente employé par cette maison consiste dans un excentrique de détente mobile, ainsi que le montrent les figures 142 et 143 du texte. Le tiroir de distribution est commandé par l'excentrique A, fixé sur un disque calé sur l'arbre moteur. Le tiroir de détente, au contraire, est relié au second excentrique B mobile sur l'arbre, mais maintenu dans une direction déterminée par un boulon fixé dans le disque de A et glissant dans une rainure concentrique pratiquée dans le disque B.

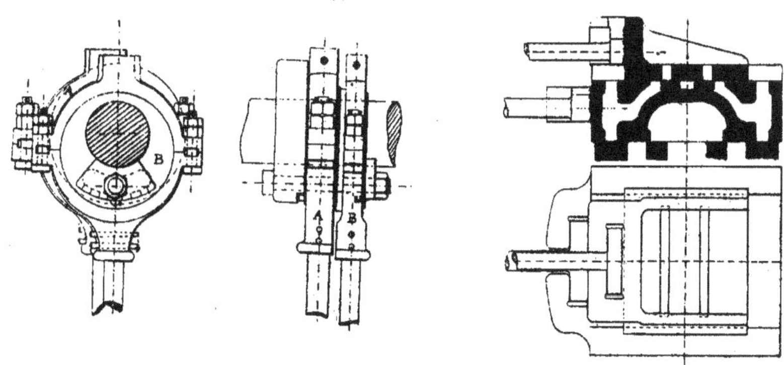

Fig. 142, 143, 144 et 145.

Si l'on veut faire varier la détente, il suffit simplement de desserrer l'écrou et de tourner l'excentrique B, jusqu'à ce que l'aiguille indique sur le cadran le degré de détente désiré. Pour trouver la position convenable de l'excentrique correspondant à un bon rapport entre la force motrice exigée de la machine et le volume de vapeur dépensé par celle-ci, on essaie la machine à un certain travail, et l'on intercepte la vapeur dans certaines positions, c'est-à-dire qu'on produit différentes détentes.

On trouve la position la plus économique des tiroirs l'un par rapport à l'autre, lorsque la machine, avec une tension de vapeur donnée, peut conserver sans oscillation sa vitesse normale d'une façon permanente. Le tiroir de distribution a, de chaque côté des canaux de passage subdivisés en deux, sur lesquels glisse le tiroir de détente à grille. Le premier tiroir a ordinairement une avance linéaire de 5 millimètres et un recouvrement extérieur de 12 millimètres.

Les machines horizontales de cette maison se distinguent par leur construction éprouvée en pratique. Ces machines sont exécutées avec les dimensions suivantes où les longueurs sont exprimées en millimètres.

Force nominale en chevaux	4	6	8	10	12	14	16	20	25	30	40	50
										à 2 cylindres		
Diamètre du cylindre	152	177	203	254	279	304	355	368	417	330	368	417
Course du piston	254	406				508		610		508	610	
Nombre de tours par minute	140	110	110	110	105	100	100	80	80	100	80	80
Diamètre du volant	1828	1828	1828	1828	2500	2500	2500	3048	3048	2500	3048	3048
Poids approximatif en kilogrammes	1750	2150	2250	2500	3000	3500	3900	6500	7500	8250	15000	16500

15. — F.-W. Crohn, Greenwich.

Nous empruntons au journal *Engineer* un système de distribution disposé d'une façon très ingénieuse et appelé par l'inventeur *Union expension gear* c'est-à-dire distribution à marche uniforme. Elle est appliquée à des machines à changement de marche ; mais comme son mécanisme peut être considéré indépendamment de ce mécanisme de réversion nous l'avons représenté exclusivement dans les figures 146 et 148 du texte.

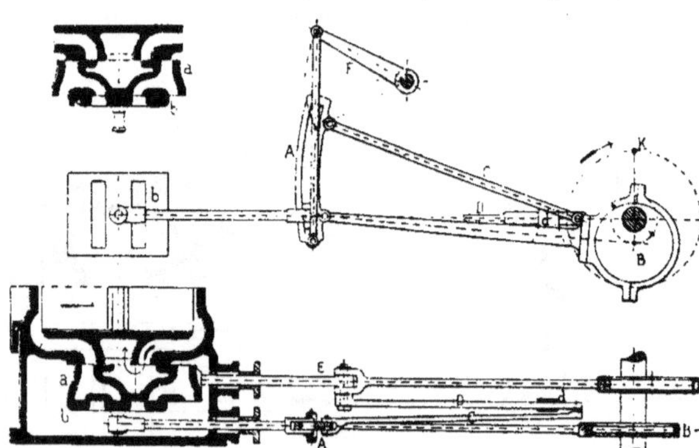

Fig. 146 et 148.

Sur le tiroir de distribution glisse le tiroir de détente qui reçoit un mouvement variable au moyen d'une coulisse de Stephenson *A*. L'une des extrémités de la coulisse est attachée à l'excentrique *B* par une tige, l'autre est reliée à la tige *E* du tiroir de distribution par l'intermédiaire de la bielle *C* (*unison rod*) et de la tige de liaison *D* qui glisse dans le guide *d*. Suivant qu'on abaisse ou qu'on remonte la coulisse *A* au moyen du levier *F*, le tiroir de détente est actionné plus ou moins par son propre excentrique *B* ou participe au mouvement du tiroir de distribution ; dans ce dernier cas, les deux tiroirs ont le même sens de mouvement (*unison*). L'excentrique de détente *B* est calé dans une direction diamètralement opposée à la manivelle.

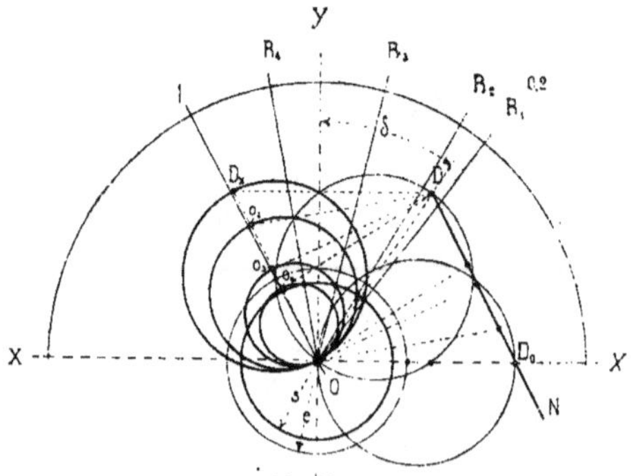

Fig. 149.

Dans le diagramme ci-contre (fig. 149), *OD* représente le rayon du cercle du tiroir de distribution et OD_o celui du tiroir de détente. En traçant le parallélogramme $OD_o\ OD_1$, on trouve OD_1 le cercle relatif du tiroir pour le minimum d'admission, puisque pour celui-ci le tiroir de détente ne se meut que suivant le cercle oD_1 On peut admettre approximativement que pendant un déplacement de la coulisse, le point extrême *Do* glisse sur une droite D_oD et que par suite, les points extrêmes des cercles relatifs de tiroir O_2, O_3, O_4, sont situés pareillement sur une droite. La recherche de ces points s'effectue au moyen des parallélogrammes inscrits.

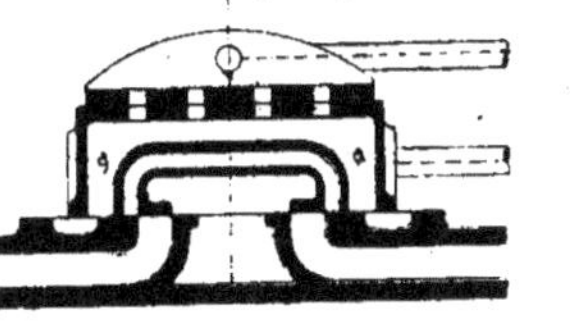

Fig. 150.

Pour obtenir une distribution très exacte de la vapeur, M. F.-W. Crohn emploie le tiroir de Trick (fig. 150) venu d'une seule pièce avec la coquille qui l'entoure et sur le dos duquel glisse alors le tiroir de détente à grille. Le tiroir de distribution est en partie équilibré par ce fait que dans l'espace à intérieur peut entrer la vapeur fraîche lorsque l'orifice a été fermé par le tiroir Trick.

16. — H. Bilgram à Philadelphie.

Nous avons déjà vu par la distribution Duvergier (page 81) qu'un excentrique spécial n'est pas toujours nécessaire pour mettre en mouvement le tiroir de détente, mais qu'on peut emprunter le mouvement au tiroir de distribution en utilisant le mouvement perpendiculaire au sens du mouvement du tiroir de distribution. On peut alors considérer le mouvement obtenu comme produit par un excentrique calé avec un angle de 90° par rapport à l'excentrique de distribution.

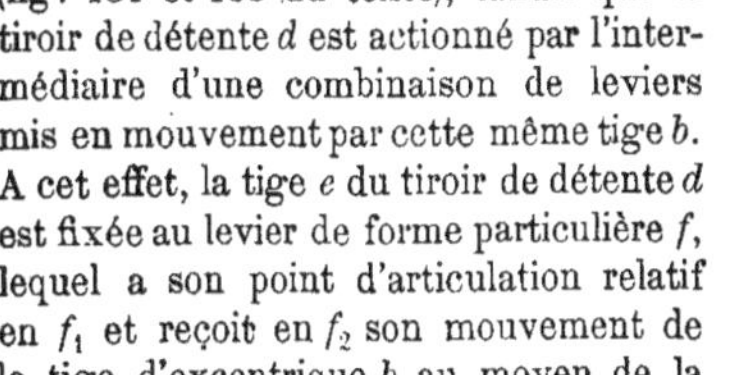

Dans la distribution Bilgram, le tiroir de distribution *a* est mû directement par l'excentrique *c* au moyen de la tige *b* (fig. 151 et 153 du texte), tandis que le tiroir de détente *d* est actionné par l'intermédiaire d'une combinaison de leviers mis en mouvement par cette même tige *b*. A cet effet, la tige *e* du tiroir de détente *d* est fixée au levier de forme particulière *f*, lequel a son point d'articulation relatif en f_1 et reçoit en f_2 son mouvement de la tige d'excentrique *b* au moyen de la petite bielle *g*. Le point d'oscillation f_1 du levier *f* est supporté par l'œil du levier coudé hh_1, lequel est déplacé suivant le besoin par le régulateur.

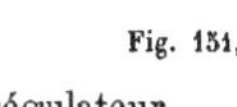

Fig. 151, 152 et 153.

De cette façon, le mouvement de la tige d'excentrique est transmis par la petite bielle *g* au levier *f* qui, suivant la position variable de son point d'oscillation, communique à la tige du tiroir de détente un mouvement variable et permet ainsi de faire varier l'admission de 0 jusqu'à 0,9 de la course.

b. TIROIRS DE DÉTENTE AVEC ARÊTES A ÉCARTEMENT VARIABLE

1 — Construction originale de la distribution Meyer

Ce système de distribution (représenté fig. 155 du texte), pour lequel M. J.-J. Meyer, de Mulhouse, a pris un brevet en 1842, est le plus connu, le plus répandu et un des plus simples parmi les systèmes de détente.

Nous le décrivons en détail à propos de la machine de 12 chevaux construite par l'ingénieur G. Muller représentée planche VIII.

Sur le tiroir de distribution (fig. 154), muni à chaque extrémité d'un orifice de passage, se meut le tiroir de détente formé de deux plaques. On écarte ou l'on rapproche ces plaques suivant le degré de détente désiré, en tournant la tige du tiroir filetée avec un pas à droite et un pas à gauche, lesquels s'engagent dans les écrous des plaques placées dans l'intérieur de la boîte. Le tiroir de détente forme donc, pour ainsi dire, une plaque qui peut s'allonger et se raccourcir à volonté et dès lors la distance des arêtes travaillantes est variable.

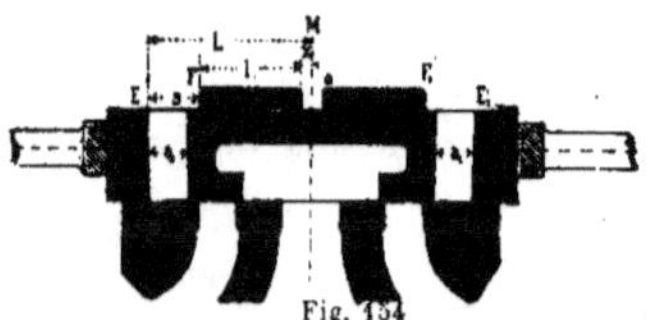
Fig. 154

En tournant la tige du tiroir on modifie la détente ; cette modification s'effectue pendant la marche de la machine de la façon suivante :

A l'arrière de la boîte à tiroir (fig. 6 et 7, pl. VIII) est boulonné un support muni d'une douille avec volant à main ; la tige du tiroir traverse cette douille ; elle porte une clavette s'engageant dans une rainure pratiquée dans la douille, de sorte qu'en tournant la tige du tiroir au moyen du volant ce dernier ne participe pas au mouvement alternatif. Pour reconnaître extérieurement le degré de détente, la douille filetée s'engage dans un écrou qui, guidé dans un cadre, se déplace pendant la rotation ; une aiguille fixée sur l'écrou glisse alors sur une échelle graduée sur le cadre fixe en indiquant l'écartement momentané des plaques dans l'intérieur de la boîte du tiroir, c'est-à-dire le degré de détente à l'instant considéré.

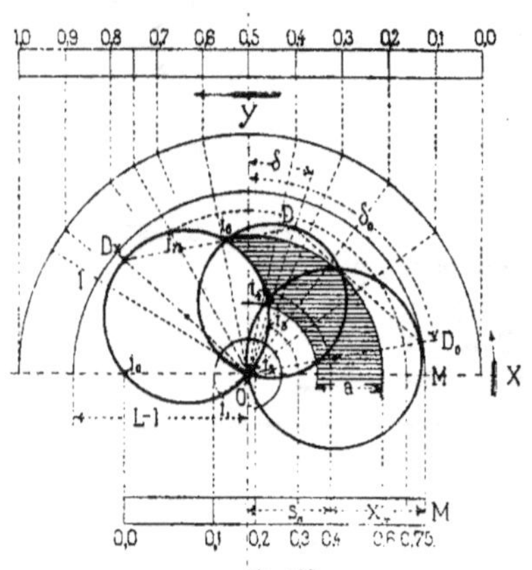

Fig. 155.

On reconnaît facilement le fonctionnement de cette distribution au moyen du diagramme polaire construit (fig. 155 du texte) d'après les dimensions suivantes : la largeur des orifices d'admission est de 23 millimètres et la longueur est de 8 fois la largeur $23 \times 8 = 184$ millimètres. Quoique la distribution de la vapeur soit d'autant plus exacte qu'on choisit les excentricités plus grandes, néanmoins, en pratique, on cherche à les réduire autant que possible, sans trop nuire toutefois à leur effet.

Dans le cas actuel, pour une admission variant de 0 à 1/2, on doit prendre comme minimum de la valeur de l'excentricité $r = \frac{4}{3} a$ ou, en chiffres ronds, $= 30$ millimètres. Le recouvrement extérieur sera de 7 millimètres et le recouvrement intérieur de 2,5 millimètres. On voit, d'après le diagramme, que si la distribution s'effectue par le tiroir de distribution seul, la machine travaille avec une introduction de $0^m,928$.

L'excentricité r_o du deuxième tiroir est de 35 millimètres et son angle d'avance $\delta_o = 80^o$. On trace avec ces valeurs le diagramme, c'est-à-dire on fait avec la verticale OY un angle DOY égal à δ_o, on décrit sur la ligne OD une circonférence d'un rayon égal à la demi excentricité $\frac{r_o}{2} = \frac{35}{2} = 17,5$ millimètres, de sorte qu'il passe par le centre O, et ce cercle représente le cercle de l'excentrique de détente. Le diamètre r_x du cercle relatif du tiroir s'obtient au moyen de r et de r_o en construisant le parallélogramme mentionné page 67. Les cordes de ces cercles représentent les grandeurs d'écartement des milieux des deux tiroirs; ces valeurs ont principalement de l'intérêt.

En décrivant un cercle du point O comme centre avec la distance s des arêtes de manœuvre comme rayon, les points d'intersection de ce dernier avec le cercle relatif indiquent alors les positions de la manivelle pour lesquelles le canal de passage est ouvert ou fermé.

Au moyen du diagramme, on reconnaît facilement l'influence de la variation de la valeur de s dans cette distribution; cette valeur est d'autant plus petite que ces plaques sont plus écartées c'est-à-dire que la position de la manivelle recule vers la droite et que par conséquent l'admission devient plus petite.

La course du piston est indiquée dans la partie supérieure du diagramme (fig, 155); on peut donc facilement trouver la position des plaques correspondant à chaque degré de détente donnée. Avec les positions 0,1, 0,2, 0,3 du piston, on détermine les positions correspondantes de la manivelle dont on cherche le point d'intersection i avec le cercle relatif du tiroir; les longueurs Oi_1, Oi_2, Oi_3, etc. donnent alors immédiatement les valeurs cherchées de s pour chaque degré particulier de détente. Ainsi par exemple, pour la détente 0,6 la valeur correspondante de s est $s = Oi_6$; pour la détente 0,1 la distance Oi_1 est négative (égale à la longueur dans le cercle négatif du tiroir), c'est-à-dire que les plaques sont tellement à écarter que celles-ci découvrent, avec cette grandeur, le canal de passage pendant la position moyenne des deux tiroirs. Dans la partie inférieure du diagramme toutes ces valeurs de s sont portées dans une direction rectiligne, les valeurs positives sont portées vers la droite et les valeurs négatives vers la gauche. Pour le maximum d'admission lorsque les deux plaques se touchent, $s = L - l$. Cette grandeur est indiquée dans le diagramme par OM. Par suite, on trouve directement la grandeur X représentant l'écartement des plaques de leur position moyenne M, dans la partie inférieure de la figure. Ainsi pour le degré de détente 0,4 par exemple, l'éloignement des plaques de M est indiqué par X_4 et la partie restante de OM représente l'écartement S_4 des arêtes de manœuvre.

Pour avoir la grandeur de l'ouverture du canal de passage pour chaque position de la manivelle, il n'y a qu'à retrancher la hauteur de l'orifice de la valeur trouvée s; ce qui est fait pour le degré de détente 0,6 et indiqué par des hachures horizontales. Pour la limite extrême de détente, il faut s'assurer que la vapeur n'afflue pas deux fois; pour l'éviter on confond la direction OD_x avec la position 1 de la manivelle, à laquelle intercepte aussi le tiroir de distribution; dans ce cas, on fait $L - l = r_x$. Dans notre exemple, on a pris toutefois $L - l = r_x + 2,5$, ce qui donne $L - l = 33,5 + 2,5 = 36$ millimètres. De même pour la détente nulle ou le maximum d'écartement des plaques $S_{min} = Oi_x$, il faut s'assurer que l'arête intérieure de la plaque de détente ne dépasse le canal de passage c'est-à-dire ne l'ouvre pas. Il suit de là que la longueur des plaques devra être calculée d'après $l > r_x + a_1 + s_{min}$.

Dans le cas actuel, on a adopté comme minimum d'introduction 0,167, il en résulte comme maximum d'écartement des plaques $X_{max} = L - l$. En supposant que l'arête intérieure de la plaque (dans leur maximum de déplacement relatif) découvre encore l'arête intérieure du canal de passage de 3 1/2 $^{\text{mill.}}$ on en déduit $l = r_x + a_1 + 3{,}5 = 33{,}5 + 23 + 3{,}5 = 60^{\text{mill.}}$ et $L = 96_{\text{mill.}}$. On trouve aussi L directement d'après $L = r_x + x_{\max} + a_1$ donc $L = 33{,}5 + 36 + 23 + 3{,}5 = 96^{\text{mill.}}$

L'arête extérieure sera donc écartée de la position moyenne M d'une quantité $X_{\max} + l + r_x = 36 + 60 + 33\ \frac{1}{2} = 129\ \frac{1}{2}$ millimètres pour leur maximum d'écartement et leur plus grande course. En prenant la longueur totale du tiroir de distribution égale à $2 \times 120 = 240$ millimètres (voir fig. 6 pl. VIII), les plaques de détente dépasseront alors les arêtes extérieures du tiroir de distribution de 9 1/2 millimètres dans le cas ci-dessus mentionné pour l'écartement maximum des plaques (ce qui a lieu pour une introduction de 0,167). C'est admissible, mais pour des raisons pratiques, il serait nuisible de faire cette demi-longueur du tiroir de distribution plus grande que 129 1/2 millimètres.

Il convient encore de remarquer que la détente Mayer permet d'opérer une distribution uniforme de la vapeur, résultat qui le plus souvent est pris trop peu en considération. En effet, pour obtenir une distribution de vapeur parfaitement uniforme des deux côtés du piston, il suffit de faire varier la distance s des arêtes travaillantes du tiroir, ce que l'on obtient assez exactement pour tous les degrés détente en donnant une inclinaison différente aux filets opposés de la vis.

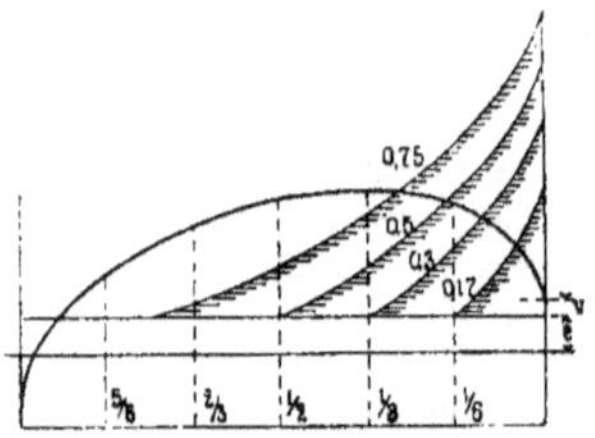

Fig. 156.

La représentation des chemins du tiroir par une ellipse donne un tableau net des vitesses avec lesquelles sont fermés les canaux de passage. Les abscisses des courbes (fig. 156 du texte) c'est-à-dire les distances horizontales sont les chemins parcourus par le piston et les ordonnées, c'est-à-dire les distances de chaque point des courbes à l'axe horizontal donnent les grandeurs d'éloignement du tiroir compté à partir du cercle de recouvrement extérieur.

On reconnaît d'après la grandeur des ordonnées différentes correspondant à chaque degré d'introduction, qu'au point mort, le canal de passage du tiroir de distribution est complètement découvert. L'élévation rapide de l'ellipse donne une mesure de la rapidité d'ouverture ; tandis que la fermeture n'est point donnée par la partie descendante de la courbe de l'ellipse puisque cette fermeture est plutôt effectuée par le tiroir de détente. Au mouvement de ce dernier appartiennent aussi les quatre courbes descendantes, résultant des degrés d'introduction 0,167 ; 0,33 ; 0,5 et 0,75. Les angles sous lesquels l'axe horizontal est coupé par les courbes donnent une mesure

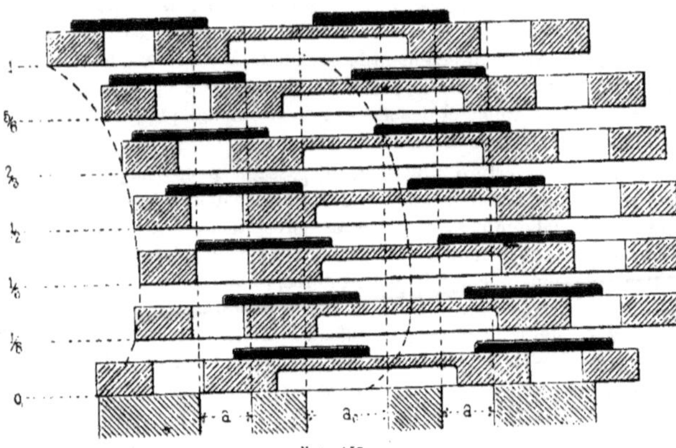
Fig. 157.

de l'interception plus ou moins rapide. Plus ces angles sont grands c'est-à-dire plus ils se rapprochent de l'angle droit et plus le tiroir ferme rapidement; au contraire, plus ces angles sont aigus, plus est inexact le fonctionnement du tiroir c'est-à-dire plus il lamine la vapeur. A ce point de vue, on reconnaît que les grandes détentes se distinguent favorablement des petites.

On trace ces courbes d'après le diagramme polaire en prenant, pour chaque position de la manivelle correspondant à chaque degré d'introduction la grandeur du rayon qui est limité par le cercle relatif et par le cercle décrit avec s comme rayon.

Dans la figure 157 du texte, nous avons représenté encore un peu plus clairement, le mouvement du tiroir.

Les différentes positions du tiroir qui correspondent aux différentes positions inscrites du piston $o \frac{1}{6} \frac{1}{3} \frac{1}{2} \frac{2}{3} \frac{5}{6}$ et 1 sont tracées les unes au-dessous des autres. La détente commence au $\frac{1}{3}$.

Table des dimensions des distributions Meyer

La table suivante donne pour des proportions normales, toutes les dimensions relatives au tiroir de distribution, aux plaques de détente, aux tiges, à l'intérieur de la boîte de tiroir pour des machines de 160 à 1000 millimètres de diamètre du cylindre. L'introduction la plus faible admise est de 0,1 et la plus forte de 0,95.

Dans la figure 158 du texte, la position des plaques est reproduite pour une introduction de $\frac{1}{10}$ Toutes les dimensions sont en millimètres.

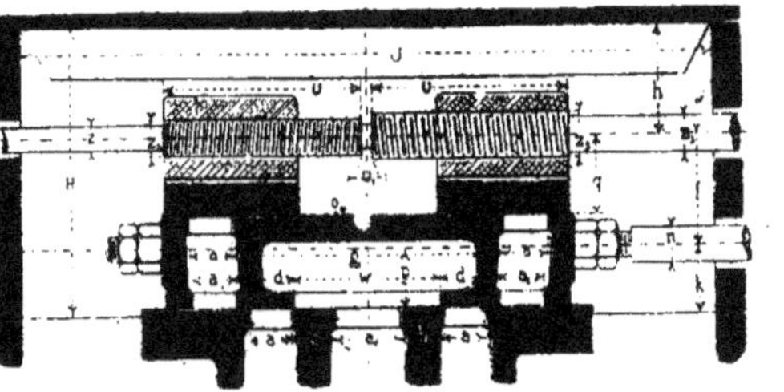

Fig. 158.

Diamètre du cylindre	160	190	220	260	300	410	470	540	620	700	800	900	1000
Recouvrement extérieur e	3	3,5	4	4,5	5	6.5	7	8	10	11	11	13	15
Recouvrement intérieur i	1,5	1,5	1,5	2	2	2.5	2,5	2,5	2,5	3	3	3	3
Angle d'avance δ en degrés	15 1/2	15 1/2	16	16	15	15	14 1/2	14 1/2	15 1/2	15	15	14 1/2	15
— — δ_0 —	68 1/2	68 1/2	68 1/2	68	66	65	64 1/2	64 1/2	64 1/2	64 1/2	63	62	61
Différence $L - l = rx$	18	20,5	21,5	24	26	30	36	40	48	51	54	60	70
Excentricité r	17	19	20	23	26	31	37	41	50	54	57	68	77
Excentricité r_0	22,5	25	26,5	30	33	39	46	52	62	67	70,5	81	93,5
Hauteur a des orifices d'admission	13	15	16	18	20	24	29	32	39	42	44	54	60
Séparation b des orifices	16	20	20	22	23	27	33	36	43	45	47	55	66
Largeur a_0 de l'orifice d'échappement	20	25	28	30	32	38	40	50	52	56	60	80	100
Larg. infér. a_1 des orifices d'admis.	13.5	15,5	17	19	21	25	30	33	40	43	46	55	62
Longeur de la barette d_1	17,5	20	21,5	24,5	27	33	38,5	42,5	51.5	56	58	70	78
Évidemment de la coquille W	49	62	65	70	74	87	101	117	133	140	148	184	226
Écartement g des arêtes intérieures	94	95	103	132	142	172	220	240	258	274	288	342	380
Longueur l de la plaque	42	46	52	60	65	82	95	102	120	128	134	165	180
Épaisseur de la paroi O	27	30	35	35	35	40	40	40	45	50	50	50	70
Écartement p	28	35	35	35	35	40	44	50	50	50	50	70	80
Écartement q	33	40	41	45	50	52	60	65	80	80	80	85	90
Épaisseur de la tige en Z	16	16	20	23	23	23	26	28	28	29	32	33	40
— — en Z_1	21	21	25	30	30	32	38	40	40	40	40	45	52
— — en Z_2	26	26	30	36	37	40	48	50	52	52	52	57	66

Épaisseur de la tige en Z_3	18	20	22	26	26	30	34	36	36	40	42	45	60
Épaisseur n de la tige du tiroir	18	20	22	26	26	30	34	36	36	40	40	45	60
Longueur du filet u	63	71	80	90	96	118	140	153	185	195	205	215	275
Longueur d'intervalle u_1	10	10	10	10	14	14	14	14	14	14	14	14	15
Hauteur du tiroir H	130	157	171	176	180	205	224	260	265	315	318	355	426
Longueur du tiroir J	240	290	300	368	400	415	496	560	655	720	730	860	960
Écartement f	60	70	78	80	80	90	92	100	110	130	130	135	160
Écartement h	37	37	47	50	55	55	65	78	90	105	120	135	160
Écartement k	33	40	43	45	45	50	54	60	60	65	65	85	100

2. — Machines à vapeur avec détente Meyer modifiable à la main

Dans le chapitre précédent nous avons traité de la distribution Meyer en général et donné toutes les formules et dimensions nécessaires pour sa construction. Dans la suite, nous examinons une série de machines, dans lesquelles la distribution Meyer exécutée d'une façon peu différente est toujours variable à la main. A côté de cette série, se rangent naturellement les systèmes modifiés dans lesquels les plaques de détente sont déplacées et réglées automatiquement par l'action directe du régulateur.

La machine à vapeur construite par l'ingénieur **G. Muller**, est suffisamment expliquée par les détails indiqués (pl. 8.). Pour conserver au bâti à baïonnette la plus grande simplicité possible, on a rapporté au-dessous du palier de l'arbre moteur un socle spécial. On peut compenser le jeu des coussinets du palier, en faisant descendre les deux clavettes latérales au moyen de deux vis filetées. Le coussinet inférieur est ajusté, dans le corps du palier et le coussinet supérieur est formé par un chapeau en fonte, c'est une modification employée avec succès.

La figure 7 représente le guidage nécessaire de la tige du tiroir de détente. Il faut principalement remarquer les tiges-guides fixées, dans la nervure de chaque plaque de détente; l'une se trouve dans celle de droite et l'autre dans celle de gauche. Ces guides ont pour but d'empêcher l'usure rapide des filets de vis et des arêtes de manœuvre des plaques en s'opposant à la tendance à basculer sur les arêtes. L'étanchéité entre les deux tiroirs est assurée par deux ressorts fixés sur les écrous qui appuient fortement les plaques. Deux goupilles fixées dans la tige aux extrémités de la partie filetée empêchent un écartement plus grand que celui correspondant à une introduction de 0,167.

Relativement au calage des excentriques, on voit par le dessin que le plan horizontal des tiges d'excentriques est située à 56 millimètres plus bas que l'axe du cylindre ; de telle sorte que la tige d'excentrique et l'axe du cylindre font un angle de 2 $\frac{1}{2}$ degrés. Pour en tenir compte, il faut donc que les excentriques soient déplacés de cet angle, l'angle d'avance de l'excentrique de distribution devient donc égal à 20 1/2 degrés et celui de l'excentrique de détente à 82 1/2 degrés.

Les dimensions principales de cette machine sont : diamètre du cylindre 320 millimètres, course 560 millimètres, nombre de tours par minute 80 d'où vitesse du piston $1^{m},493$ par seconde. La pression de la vapeur est de 5 atmosphères.

Nous représentons (feuille 14 des esquisses, fig. 1 et 2) une machine horizontale exécutée par la **Société par actions de construction de machines de Cologne-sur-Rhin,** disposée d'une manière connue depuis longtemps.

Le bâti d'une section en forme de ∩ et de faible hauteur, n'est pas comme à l'ordinaire symétrique, c'est-à-dire fermé du côté de la manivelle ; mais l'un des longerons du bâti finit immédiatement derrière les glissières. La portion du bâti qui reçoit le palier est fondue séparément et réunie à l'autre partie au moyen de clavettes. Le cylindre à vapeur, les glissières ainsi que le palier sont boulonnés sur le bâti, et pour empêcher un déplacement horizontal, on a fait venir des bossages avec la fonte du bâti qui tiennent ainsi les plaques de fondation au moyen de clavettes. Sans avoir égard à la grandeur de l'espace nuisible, on a placé les tiges des tiroirs dans l'axe des excentriques. Elles sont guidées dans le bâti du régulateur et les bielles d'excentrique sont armées de tiges.

La machine représentée a un cylindre de 470 millimètres de diamètre et 785 millimètres de course du piston.

Ces machines sont construites d'après les dimensions suivantes :

Force en chevaux pour une introduction de 3/8 à 1/2 et 4 atmosphères de pression.	8-10	9-12	12-14	16-20	20-25	25-30	28-33	30-35	35-40	40-45	45-50	55-65
Diamètre du cylindre.	235	260	315	393	470	470	525	525	575	575	575	630
Course du piston.	470	550	628	628	785	940	785	940	785	940	1090	1250
Nombre de tours par minute .	75	70	60	60	50	45	50	45	50	45	40	40

Après cette machine, examinons les machines à vapeur avec distribution Meyer qui ont été très employées avant ces derniers temps. Elles ont été construites par la **Société par actions de construction de machines** « *Humbold* » à Kalk, près Cologne : le type de ces machines est représenté (fig. 3 et 5) de la même planche. Le défaut de la plupart de ces machines, est que les glissières sont trop éloignées de la tête du piston ; quoique rien n'empêche de les placer tout près de celle-ci, comme cela devrait être ; mais alors ces glissières doivent être fixées sur deux supports spéciaux, ce qui entraîne la forme droite du bâti et implique un rétrécissement du cadre sur la longueur des glissières.

Les machines de cette usine ont des proportions bien établies ; nous jugeons convenable de reproduire dans la table suivante leurs dimensions principales.

Force effective en chevaux pour une introduction de 1/2 et une pression de 4 atmosphères.	2	4	8	14	20	25	38	55	85
Diamètre du cylindre	156	210	262	315	355	392	472	550	630
Course du piston	315	420	525	630	630	706	785	945	1090
Diamètre du tuyau d'arrivée	40	53	66	72	72	80	105	120	132
Diamètre du tuyau d'échappement	53	66	80	92	92	105	132	158	184
Longueur B des orifices	85	111	158	184	190	197	270	310	367
Largeur a des orifices	13,5	16	20	21,5	23	26	30	33	53
Largeur a_0 des orifices	26	30	30	33	36	40	43	46	66
Diamètre du couvercle du cylindre	275	354	400	460	504	543	634	746	864
Épaisseur des brides du dit	20	26	26	26	30	33	33	40	40
Nombre des boulons des couvercles	6	6	6	8	6	6	8	10	10
Diamètre des boulons des couvercles	16	20	20	20	23	23	23	26	28
Diamètre des 4 boulons de fondation	20	20	23	26	26	30	33	40	46
Épaisseur de la paroi du cylindre	20	20	23	23	26	26	27	33	40
Hauteur du piston	79	85	105	118	118	118	138	157	177
Bouton de la manivelle — longueur	53	56	66	72	92	102	105	118	131
Bouton de la manivelle — diamètre	40	46	53	59	56	82	78	92	105
Axe de la tête du piston — longueur	69	75	85	88	88	92	105	118	131
Axe de la tête du piston — diamètre	36	40	46	50	69	72	78	92	105
Longueur de la bielle	783	1054	1178	1282	1440	1622	1857	2200	2590
Excentricité du tiroir de distribution	23	24	24	24	25	30	36	40	45
Excentricité du tiroir de détente	25	26	33	33	43	46	46	53	59
Diamètre de l'excentrique	177	195	223	250	265	302	354	405	445
Largeur de l'excentrique	46	53	53	59	59	80	80	80	80
Coussinet de l'arbre moteur — longueur	105	105	131	144	144	154	210	236	268
Coussinet de l'arbre moteur — diamètre	66	80	98	115	115	124	164	190	216
Diamètre de l'arbre moteur	78	85	112	130	130	145	184	210	236
Diamètre de la tige du piston	40	44	50	53	53	66	66	79	92
Diamètre de la tige du tiroir	20	23	26	26	30	30	33	36	36

Nous représentons (pl. 19, fig. 7-11) comme autre exemple de construction normale de belles machines à bâti plat, une machine très répandue en France dont le cylindre a 700 millimètres de diamètre et 1600 millimètres de course. Cette machine commande une pompe ; elle a été construite dans les ateliers de **M. Le Brun, à Creil (Oise)**.

On emploie très souvent dans les fortes machines, le tiroir séparé, ainsi qu'on le voit par la machine de 60 chevaux construite par **Wieldon, Leky et Lucas, à Londres** (feuille 15 des esquisses). La coupe longitudinale du cylindre (fig. 4), montre suffisamment la disposition du tiroir. Le piston a 610 millimètres de diamètre et 1220 millimètres de course. Le régulateur du système Porter qui agit sur une soupape cylindrique servant de valve modératrice, est actionné par l'arbre moteur au moyen d'un arbre de renvoi incliné. Du côté de l'arbre moteur, les deux engrenages de commande ont 57 et 15 dents avec un pas de 25 millimètres ; ceux de transmission ou second couple, également dans un rapport de vitesse accéléré, ont 36 et 18 dents avec un pas de 20 millimètres.

Nous empruntons un autre exemple de tiroir séparé à la *Publication industrielle* d'Armengaud. Il est adapté au cylindre d'une machine horizontale construite par **Neut et Dumont, à Paris** (feuille 17 des esquisses, fig. 1-4). Les écrous du tiroir forment des traverses fixées avec leurs extrémités sur des boulons perpendiculaires aux plaques de détentes. La vapeur arrive, comme le fait voir la figure 2, par le haut dans l'enveloppe, passe dans la coquille de l'obturateur pour se rendre dans la boîte du tiroir de distribution. De petits tuyaux de vapeur communiquent de la coquille aux couvercles du cylindre. Le piston à 700 millimètres de diamètre et une course de 1100 millimètres. En travaillant avec une introduction de $\frac{1}{5}$, avec une pression absolue de 5 atmosphères et à 38 tours par minute, la machine développe 100 chevaux de force.

Nous nous bornons à citer encore quelques constructions d'une exécution caractéristique, parmi celles des nombreuses maisons qui adoptent sans modification la distribution Meyer.

Les figures 1-6, pl. 16 des esquisses, représentent une machine plus grande, construite d'après les projets de **D.-N. Martin**, par la **maison Dick et Stevenson à Airdrie**. Le diamètre du cylindre est de 507 millimètres, et la course du piston de 762 millimètres.

Ici également le régulateur à grande vitesse, commandé par une courroie, agit sur une soupape modératrice équilibrée. La pompe à air verticale, à 304 millimètres de diamètre, avec une course de piston égale. Elle est actionnée par le tourillon de la tête du piston, au moyen d'un système de levier. La pompe alimentaire est actionnée de la même façon.

Une disposition de machine adossée avec distribution Meyer, qui est très souvent employée, est représentée feuille 18 des esquisses. Sa construction est simple et solide, et pour cette raison très souvent appliquée.

Comme exemple de distributions dans lesquelles le régulateur agit sur le mécanisme, citons une machine due à **Ch. Beer, à Jemeppes, près Liège**, représentée Pl. 10, fig. 1-6. Le mécanisme de la distribution Meyer ne change pas, mais la tige porte à son extrémité, une petite roue dentée avec laquelle engrène une crémaillère superposée. Cette dernière reçoit son mouvement au moyen d'un levier coudé (fig. 5) pendant le temps où le tiroir change de marche. Comme la vis n'a qu'un faible jeu dans les écrous du tiroir le régulateur n'a ainsi qu'à vaincre le frottement de cette dernière.

3. — Ateliers de construction de machines de Zorger, système Max Eyth

M. Max Eyth, ingénieur et écrivain, a inventé en 1859 un système de distribution dont le principe est basé sur l'écartement variable des arêtes, comme dans celui de Meyer. Les fig. 159-160 du texte montrent cette distribution. Au lieu des deux glissières AA, l'excentrique de détente actionne le tiroir intermédiaire B dont les sections de passage, quoique obturées par ces glissières, sont néanmoins toujours en communication avec les canaux de passage a_1 a_1 du tiroir de distribution C. Les plaques AA sont réglées par un volant agissant sur une vis à double filet ; il en résulte pour ce système, comparativement à celui de Meyer, une simplification considérable dans le mécanisme destiné à faire varier l'admission. Ce perfectionnement devrait bien compenser l'augmentation de frais dus et entraîne l'emploi d'un triple tiroir.

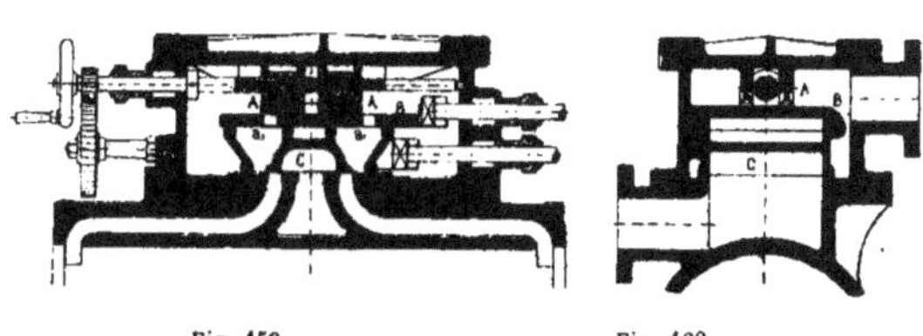

Fig. 159. Fig. 160.

Cette distribution a été décrite dans un article publié par le *Civil Ingénieur*, p. 391. année 1877, dû à M. J. Schmidt, professeur à l'École industrielle de Chemnitz.

4. — Musmann, Berlin

Ce système de distribution, dont nous empruntons les figures au *Journal de l'Association des Ingénieurs allemands* n'a d'autre analogie avec les glissières de détente Meyer que par la disposition des organes.

Sur le dos du tiroir de distribution (fig 161-165) est placé le tiroir de détente muni de deux orifices de vapeur ; il reçoit son mouvement d'un excentrique calé sous un angle d'avance négatif $(-\delta_o)$. Le mouvement relatif de ces deux tiroirs s'effectue d'après les règles mentionnées, toutefois aucun étranglement n'aura lieu entre les deux qui puisse influer sur la distribution de la vapeur, car les ouvertures du tiroir de distribution ont la largeur nécessaire.

Sur le tiroir supérieur se meuvent également deux autres plaques *aa*, qui ne sont pas commandées séparément mais reçoivent leur mouvement de déplacement par le disque *b* et les deux bras du levier *c*, au moyen de la tige *d* qui traverse le couvercle

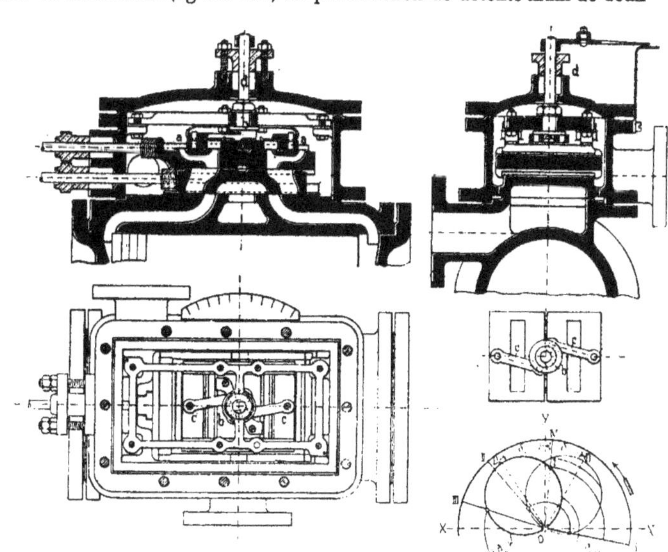

Fig. 161 à 165

Le diagramme circulaire (fig. 165) fait aisément comprendre le fonctionnement de cette distribution. oD_1 désigne le cercle du tiroir de distribution et oD_n celui du tiroir de détente ; Oi désigne l'écartement des arêtes servant à détendre la vapeur entre le tiroir supérieur et les glissières qui se meuvent sur son dos ; la largeur a_1 de l'orifice est portée à la manière ordinaire.

Remarquons ici qu'aucun étranglement de vapeur n'a lieu puisque les deux orifices d'admission sont de largeur a_1. On trace ensuite le parallélogramme des excentricités et l'on fait exactement pour le tiroir de distribution la grandeur des lumières d'admission égale à l'excentricité relative, de façon que ces dernières ne donnent lieu à aucun étranglement ou détente anticipée de la vapeur entre les deux tiroirs.

5. — Ateliers de construction de Graffenstaden

Un grand inconvénient de la distribution Mayer est que le filet de la tige du tiroir de détente est fortement détérioré dans la chambre de vapeur, ce qui rend difficile le mouvement de rotation de la tige. Il est pratiquement impossible de faire effectuer cette rotation directement par le régulateur ; il faut de préférence employer des dispositions spéciales permettant d'arriver à ce résultat. On y arrive en disposant le filet, c'est-à dire le mécanisme de réglage des glissières de détente, à l'extérieur de la boîte du tiroir, comme le montrent les figures 166-168 ; ce filet est relié à la petite tige B placée dans la glissière A mue par l'excentrique de détente.

Fig. 166

Fig. 167

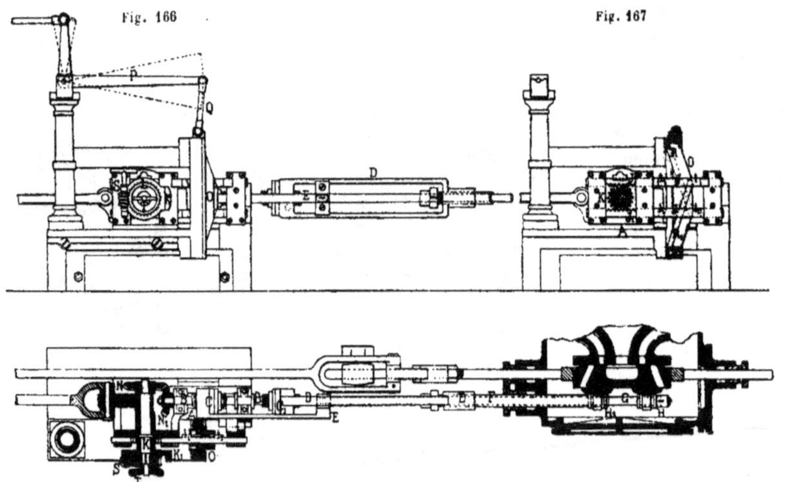

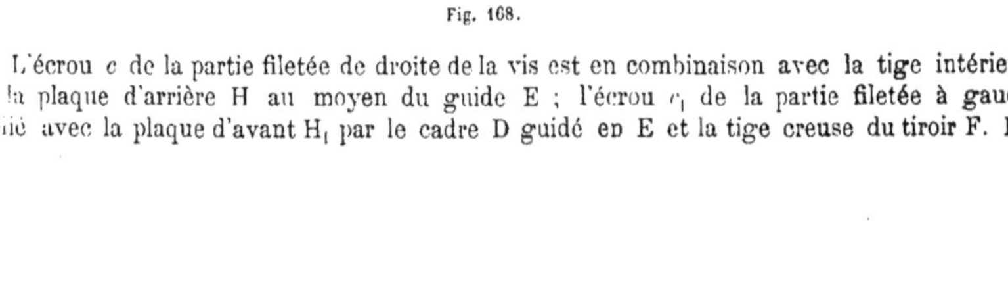

Fig. 168.

L'écrou c de la partie filetée de droite de la vis est en combinaison avec la tige intérieure G de la plaque d'arrière H au moyen du guide E ; l'écrou c_1 de la partie filetée à gauche est relié avec la plaque d'avant H_1 par le cadre D guidé en E et la tige creuse du tiroir F. Remarquons ici que les écrous et les plaques des tiroirs se meuvent en sens inverse les uns des autres; les plaques se rapprochent d'une quantité égale à celle dont les écrous s'éloignent l'un de l'autre, et inversement.

Le support A reçoit un arbre de faible longueur sur lequel on place une roue conique N engrenant avec le pignon N_1 fixé sur la tige B. Sur l'arrière de cet arbre est également placée une roue folle K venue de fonte avec le disque K_1 et sur l'avant la roue hélicoïdale L. Par le serrage de l'écrou à ailettes T, cette dernière entraîne le disque K_1 et la roue K. La vis S engrenant avec la roue L est fixée sur le disque K_1. Avec la roue droite K engrènent les deux crémaillères horizontales J et J_1 (fig. 168) qui portent chacune, sur leur prolongement, deux buttoirs *i i* taillés en biseau dirigés en dehors sur la crémaillère supérieure et en dedans sur la crémaillère inférieure.

Les guides de ces crémaillères sont rapportés sur le support au mouvement duquel ils participent; mais s'ils reçoivent, en outre, un second mouvement inverse du premier, la roue K et par suite les roues N et N_1, ainsi que la tige filetée B, sont entraînées dans ce mouvement et effectuent un changement dans la position des plaques de détente.

Ce mouvement des crémaillères est effectué par le régulateur qui produit le soulèvement ou l'abaissement d'un cadre O relié aux tiges articulées P Q. Sur les deux côtés de l'ouverture rectangulaire sont rapportées des règles R et R_1 qui, par leurs extrémités opposées, font un angle aigu avec la verticale.

Les tiges J et J_1 se meuvent dans l'ouverture de ce cadre où, suivant la position en hauteur de ce dernier, les bossages *i* peuvent venir butter contre la règle R et les bossages i_1 contre la règle R_1. A chacune de ces buttées correspond un mouvement de translation des deux tiges en sens opposé.

Lorsque la machine est à sa vitesse de rotation normale, le cadre occupe en hauteur la position moyenne; dans cette position, les bossages des crémaillères J_1J_1 laissent les règles libres entre elles, tandis que chaque fois que le cadre s'abaisse ou s'élève, les bossages viennent butter contre ces dernières.

Le régulateur ne peut, toutefois, faire varier l'introduction qu'entre certaines limites ; si celles-ci étaient dépassées par suite d'une augmentation ou d'une diminution de charge de la machine, il suffirait de desserrer la vis à ailettes T et de faire tourner l'arbre au moyen de la vis S et de la roue L.

6. — M. H. de Reiche, professeur à Aix-la-Chapelle

Dans cette distribution variable automatiquement, l'inventeur a conservé la partie filetée de la tige du tiroir de détente et l'a disposée en dehors de la boîte de vapeur.

Les figures 169-171 du texte montrent la tige du tiroir de détente divisée en deux parties égales; chacune de ces parties est reliée par une de ses extrémités à une plaque de détente et par l'autre à une traverse T. Les traverses T sont reliées entre elles par deux tiges SS formant ainsi un cadre mobile, actionné à la façon ordinaire par l'excentrique de détente. En outre, chaque moitié de la tige du tiroir de détente est subdivisée en deux autres parties égales dont les extrémités à l'endroit de cette division, portent chacune un filet : les sens de ces filets sont opposés. Ces deux extrémités reçoivent un écrou de même pas qui les réunit en un seul tout. Cet écrou peut se mouvoir dans le sens horizontal, mais ne peut tourner dans le moyeu de l'un ou l'autre des pignons P et Q sur lesquels agit le régulateur au moyen des segments N et O.

Les plaques de détente sont toujours entraînées en sens contraire du cadre qui leur communique le mouvement. Ce déplacement doit s'effectuer avec la moindre force possible ; aussi ne se fait-il que successivement, c'est-à-dire qu'une des plaques reçoit l'impulsion pendant la marche du cadre en avant et l'autre pendant la marche en arrière. C'est pour ce motif que chaque écrou a été rendu mobile et que l'on a disposé un régulateur double agissant sur les arbres H et K des segments N et O au moyen des deux cadres R et J indépendants l'un de l'autre. Par conséquent, si l'un des écrous engagés dans les roues dentées reçoit un mouvement de rotation, la marche simultanée des deux filets donne lieu à un nouveau déplacement de la plaque de détente qui produit la détente variable de la vapeur.

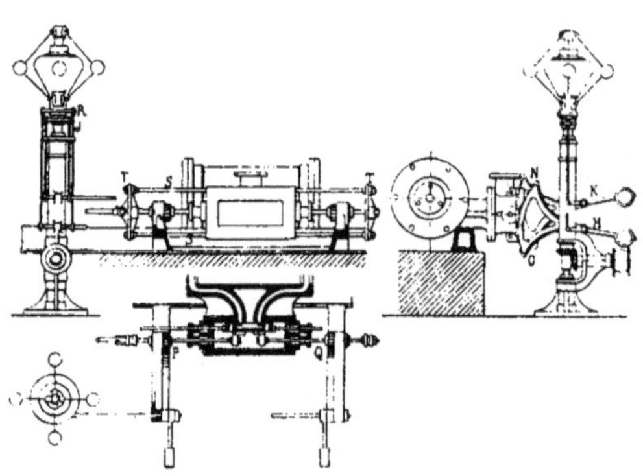

Fig. 169 à 171.

7. — A. Pélissier, Hanau

La partie principale du mécanisme de distribution est logée dans l'intérieur de la boîte à

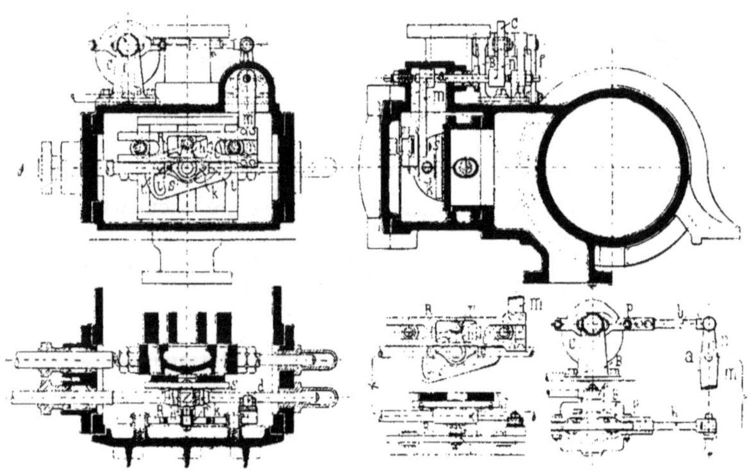

Fig. 172, 173, 174, 175 et 176

vapeur. Les fig. 172-174 représentent l'ensemble de ce mécanisme adapté au cylindre et les fig. 175-177 quelques-uns de ses détails.

La tige du tiroir de détente reçoit dans une tête à douille K, le tourillon d'un disque S dans lequel sont pratiquées deux entailles i en forme de spirale ; dans celles-ci s'engagent à frottement les boutons l fixés aux deux tiroirs de détente, de manière que lorsque le disque S est mis en mouvement, la position mutuelle de ces derniers change. A l'extrémité du tourillon Z est fixé un levier h portant un galet en acier r engagé dans le verrou R guidé horizontalement sur des galets; le galet r reçoit ainsi un mouvement de va-et-vient dans l'étendue de cette ouverture et à la fin de sa course il touche les arêtes intérieures de cette dernière. L'une des extrémités du verrou porte un tourillon d engagé dans l'œil allongé du levier m dont l'axe a sort par une boîte à étoupes, et porte à son extrémité extérieure le levier n ; il est facilement maintenu mobile entre deux pointes.

Pour transmettre le mouvement du régulateur, le support B reçoit un arbre qui porte en son milieu un disque à courbure irrégulière. Aussitôt que celui-ci est actionné par le régulateur au moyen du levier f, il communique un mouvement de va-et-vient au cadre-enveloppe p ainsi qu'au levier n combiné avec ce dernier. Toutes ces parties sont représentées sur le dessin dans leur position moyenne pour laquelle le levier h prend la position verticale, le galet r se mouvant librement dans le verrou. Mais aussitôt que celui-ci est déplacé, le galet vient butter contre l'une des arêtes de l'ouverture du verrou, avant que la tige du tiroir n'ait accompli sa course ; le levier est ainsi obligé de changer de direction. En même temps le disque S reçoit un mouvement de rotation, de telle sorte que les boutons des plaques de détente qui occupaient d'abord le milieu de l'entaille en forme de spirale, se rapprochent davantage de l'une des extrémités ; par suite, les plaques sont ramenées à la distance variable s.

8. — W. N. Dack, Patricoft

Il convient de signaler, comme disposition très simple pour le réglage des glissières de détente, la distribution de M. W. N. Dack, à Patricoft, construite par différentes maisons. Les deux plaques de détente sont reliées à leurs tiges respectives a a_1 qui traversent des boîtes à étoupes séparées (fig. 177-178). Chacune de ces tiges est reliée au moyen d'une tringle b b_1 à un petit levier à deux bras d qui, placé entre deux tiges cc, reçoit un mouvement continu avec celles-ci qui sont actionnées par l'excentrique de détente.

Lorsque les plaques de détente doivent changer de position, l'une par rapport à l'autre, il suffit de faire tourner le levier d ; les tiges b, b_1 se meuvent alors dans des directions opposées. Ce déplacement est rendu dépendant du régulateur au moyen de l'articulation de la tige f du réguteur avec l'œil e du levier d.

Cette distribution donne de bons résultats, par l'emploi de tiroirs parfaitement équilibrés garantissant la facilité d'action du régulateur.

On obtient ce résultat en fixant sur le tiroir de distribution deux couvercles sous lesquels les plaques de détente effectuent leur mouvement de va-et-vient.

Les figures du texte montrent une distribution de ce genre exécutée par la maison William Turner, primitivement Ommanney et Tatham, à Salford (Manchester). Cette distribution a été adoptée pour la machine représentée feuille 16 des esquisses (fig. 4-8) de la maison Bertram, Licth Walk Foundry, à Edimbourg. Les figures de détail montrent clairement cette disposition un peu modifiée. Cette machine a un cylindre de 762 mill. de diamètre et une course de piston de $1^{m},066$, elle fait 52 tours par minute. La pompe à air verticale a 508 mill. de diamètre.

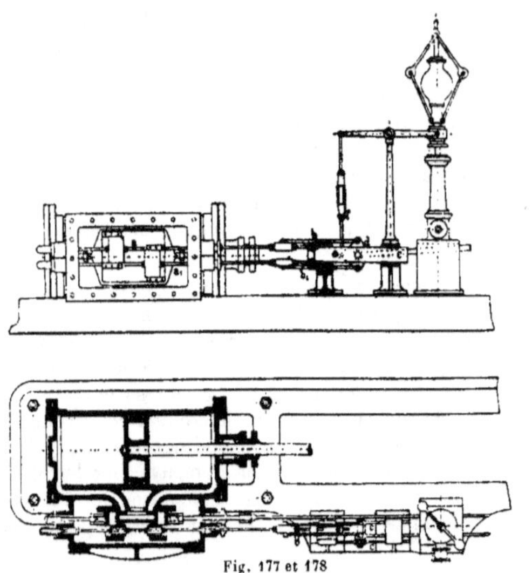
Fig. 177 et 178

9.—Louis Soest, à Dusseldorf,

fig. 5-10, feuille 17 des esquisses.

La distribution construite par Louis Soest à Dusseldorf repose entièrement sur le même principe que la distribution précédente ; la seule différence consiste en ce que les tiges des tiroirs de détente ne traversent pas séparément la boîte à vapeur, mais que l'une traverse l'autre, qui est creuse ; les plaques de détente reçoivent ainsi leur point d'attache au centre et toute la disposition est symétrique. Une seconde boîte à étoupes a été rapportée à l'extrémité de la tige creuse comme garniture de la tige intérieure.

Le cylindre construit par Louis Soest et représenté feuille 17 des esquisses (fig. 5-7) appartient à une machine jumelle dont le régulateur est placé entre les deux machines. Celui-ci est actionné par l'arbre transversal placé sur la boîte à vapeur, il transmet son mouvement à un levier à trois bras au moyen d'un levier équilibré. L'emploi des tiges de tiroirs à fourche n'offre pas un extérieur élégant ; dans ces fourches se meuvent des coulisseaux mobiles guidant les tourillons du levier à trois bras. Le cylindre à vapeur a 460 mill. de diamètre intérieur et 700 mill. de course de piston.

10. — W. Theils, à Palerme

Les fig. 179-181 du texte représentent un mécanisme de détente variable à la main, semblable au précédent. Dans cette disposition, les plaques de détente sont également fixées à des tiges, qui traversent deux presse-étoupes. Deux tiges *a* les relient avec le levier *b* dont l'axe *c* est placé dans la glissière *e* actionnée par la tige d'excentrique *d*.

Cette dernière est guidée dans un support servant également à guider la tige du tiroir de distribution. La manœuvre du levier *b* s'effectue au moyen d'un écrou engagé dans une courte coulisse pratiquée dans son bras horizontal ; cet écrou est traversé par une vis verticale *f*. Il suffit de tourner le volant de cette dernière pour déplacer l'écrou.

Une disposition plus simple consisterait à transformer le bras horizontal de *b* en un segment à denture fine engrenant avec la vis verticale.

Fig. 179 et 180.

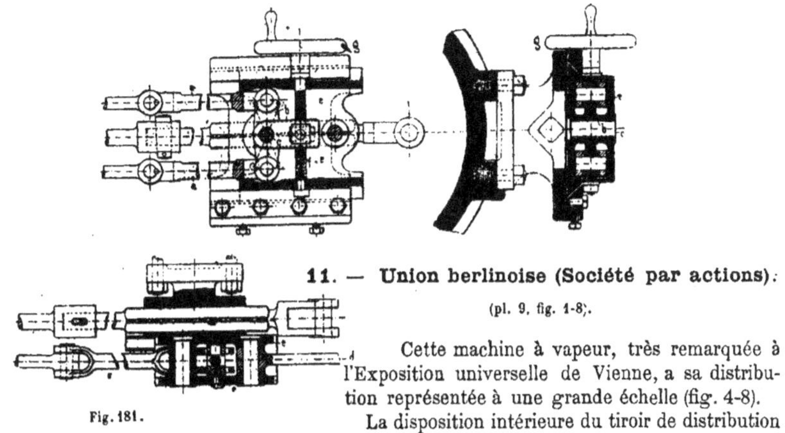

11. — Union berlinoise (Société par actions).

(pl. 9, fig. 1-8).

Cette machine à vapeur, très remarquée à l'Exposition universelle de Vienne, a sa distribution représentée à une grande échelle (fig. 4-8).

Fig. 181.

La disposition intérieure du tiroir de distribution et des deux plaques de détente dont les déplacements ont lieu dans deux directions opposées, est identique à celle de Meyer. Le caractère particulier de cette distribution repose sur le mode de réglage de ces plaques.

Les vis sont supprimées, et chaque plaque est fixée à une tige spéciale *a* qui se meut dans un presse-étoupes.

Ces tiges sont reliées à l'aide de courtes articulations par des tourillons à un disque circulaire *b* auquel l'excentrique de détente communique le mouvement d'oscillation entre deux guides. Pendant tout le temps où le mécanisme de distribution occupe la position moyenne, le disque ne reçoit d'autre mouvement que celui de l'excentrique et la vapeur est toujours interceptée au même endroit; la variation s'effectue de la manière suivante.

Deux leviers *d* dont les extrémités extérieures se meuvent sur des tourillons fixes *e* sont munis à leurs extrémités intérieures d'œils allongés qui entraînent les tourillons des tiges *a*. Chacun d'eux est également muni sur sa demi-longueur d'un tourillon en acier, en saillie sur le côté extérieur qui s'engage dans la coulisse oblique d'un cadre-guide *g*. Celui-ci peut être ramené dans la direction verticale par le régulateur. Lorsqu'il est dans sa position moyenne, les tourillons *f f i* mis en mouvement viennent en contact avec les côtés de la coulisse, ce qui a toujours lieu même pendant que le cadre se soulève ou s'abaisse.

Il en résulte que le levier *d* est obligé d'osciller autour d'une nouvelle ligne d'axe et de communiquer ensuite au disque *b* un mouvement de rotation suivant l'angle respectif. Les plaques de détente s'écartent ou se rapprochent ainsi l'une de l'autre, tandis que leur mouvement commun reste le même.

Le cylindre à vapeur a 370 millimètres de diamètre intérieur et 710 millimètres de course de piston. La machine fait 55 tours par minute, sous une pression de 5 atmosphères. Le cylindre à vapeur disposé en l'air est fixé au bâti de la machine, construit très solidement et avec lequel le palier de l'arbre moteur est venu de fonte. Il convient de signaler la grande surface de refroidissement que présente la boîte du tiroir, ce qui est un inconvénient. La règle-guide est, comme le montre la figure 3, de forme cylindrique et rapportée sur l'un des côtés seulement; en outre, on a adopté un mode d'assemblage nouveau et peu usité de la tête du piston avec son coulisseau, ; il doit être signalé au point de vue de la simplicité et de la légèreté.

12. — Ateliers de construction de Nienbourg-sur-Saale.

(feuille 19 des esquisses)

Les machines des ateliers de Nienbourg sont munies d'une distribution brevetée de M. Cario. Les tiroirs de détente reliés chacun à une tige spéciale obturent 2 1/2 canaux à la fois. Cette disposition est motivée parce que les tiges de tiroir placées sur le côté, passent par le centre de gravité des surfaces des tiroirs. Les canaux de communication extérieurs ont une largeur égale à 2 fois 1/2 celle des canaux intérieurs; car les canaux étroits étant fermés au retour du tiroir de détente, la vapeur doit conserver sa section totale de passage par le large canal ouvert. Or, lorsque ce dernier commence à se fermer, les canaux étroits s'ouvrent d'abord pour maintenir

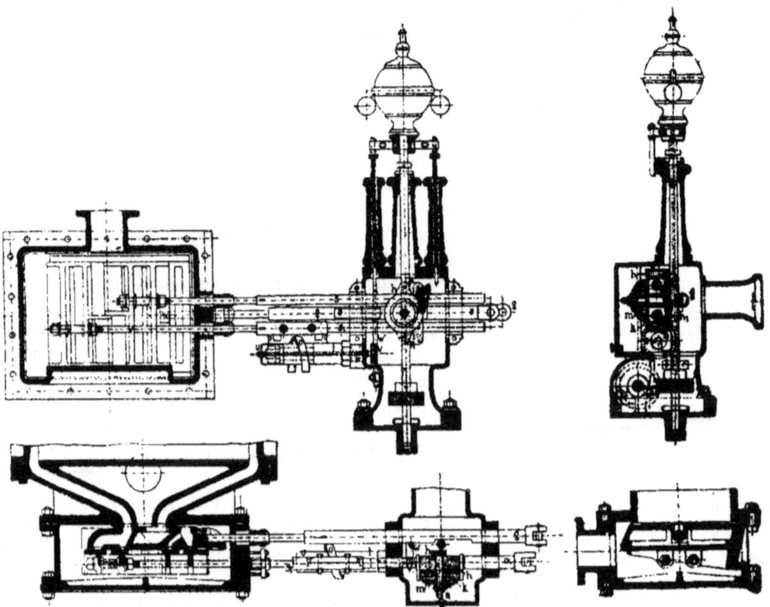

Fig. 182, 183, 184 et 185.

constante la section d'introduction de vapeur; les trois canaux se ferment ensuite tous à la fois.

La tige *e* (fig. 182-185 du texte) mise en mouvement par l'excentrique de détente porte un tourillon *i* avec lequel sont articulés les leviers à joue *h* et h_1 qui forment ensemble un levier à bras inégaux. Les extrémités de ce dernier sont reliées aux tiges s_1 et *s*, de l'excentrique de détente au moyen de deux triangles *r* et r_1. Pour manœuvrer à volonté le levier *h* h_1, on a disposé un mécanisme de frein dans lequel la joue *h* du levier a la forme d'un disque auquel s'adapte un cône en bois *k*.

Pour empêcher que la pièce ne soit entraînée dans le mouvement de rotation, on la maintient au moyen d'une vis de serrage *a* qui appuie sur le cône en bois; de cette façon, le levier *h* h_1 est maintenu dans chacune de ces positions avec une certaine résistance au frottement.

En dessous de la tige s_1 du tiroir de détente se trouve, sur la tige en acier *t* reliée au support du régulateur, une vis sans fin *o* qui, par l'intermédiaire d'un arbre et d'un petit engrenage *v* reçoit son mouvement de rotation de la crémaillère *w* du régulateur. Lorsque les bossages *p* et *q* rapportés sur la tige s_1 du tiroir de détente viennent pendant la rotation butter contre la vis sans fin *o*, un arrêt a lieu, c'est-à-dire un changement de position de la tige s_1 du tiroir de détente qui en même temps change la direction de la tige *e*

Le régulateur ayant intercepté l'introduction de la vapeur, les bossages *p* et *q* cessent d'être en contact avec O. A la douille du régulateur sont rapportés deux ressorts à boudins semblables ; ils sont mobiles, ce qui permet de faire varier la vitesse moyenne de la machine.

Cette machine (fig. 19 des esquisses) est remarquable par son système de bâti non seulement d'un extérieur agréable, mais est tel que la solidité de la glissière conduisant le piston est augmentée.

13. — A. Shanks & fils, Arbroath (Écosse).

La machine de 16 chevaux représentée (figure 186 du texte), est désignée sous le nom de Calédonian. Aux Expositions anglaises, elle a excité une juste admiration par la forme de son bâti et par sa distribution combinée avec le régulateur. Par son principe, elle se classe à côté des deux distributions précédentes, dans lesquelles on a employé pour le mouvement des plaques de détente des surfaces glissantes en forme de cales. Cette distribution est représentée en coupe longitudinale (fig. 187 du texte). Les tiroirs de distribution et de détente sont actionnés chacun par un excentrique. La tige du tiroir de détente a, en dedans de la boîte du tiroir, la forme d'un cadre dont les bords transversaux servent de guides à deux de ces cales. Celles-ci sont en contact avec des joues boulonnées avec les plaques de détente. Il est évident que chaque fois que ces cales sont poussées vers l'extérieur, les plaques de détente sont également entraînées dans le même sens, dans la direction de l'axe du cylindre ; il en résulte un étranglement anticipé de la vapeur.

Ce mouvement est effectué par le régulateur de la façon suivante : à la partie d'arrière du cadre en question sont reliés deux leviers dont les extrémités supérieures se meuvent en des points fixes de la boîte. Ces leviers portent à peu près vers leur milieu un tourillon servant d'axe de rotation à un autre levier (placé obliquement dans la figure) dont le bras inférieur est relié à un axe placé en dedans de la tige du tiroir de détente, et le bras supérieur, au contraire, relié au mécanisme du

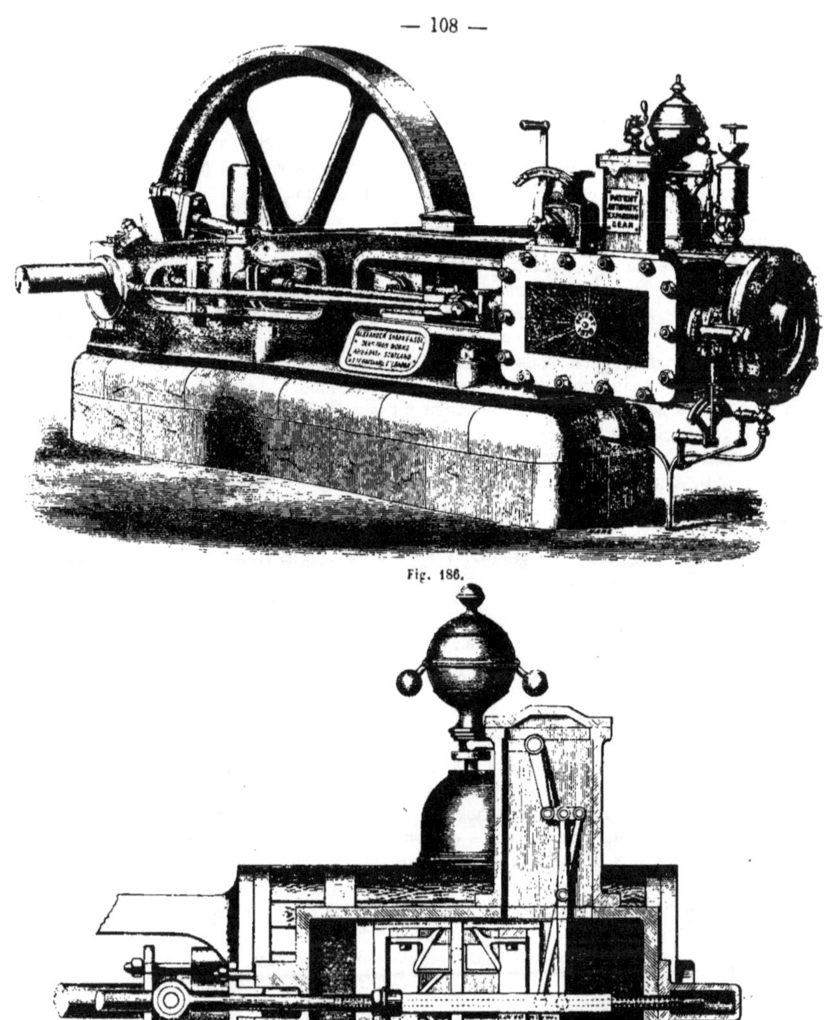

Fig. 186.

Fig. 187.

régulateur. L'axe intérieur qui peut ainsi se mouvoir indépendamment du mécanisme de mouvement du tiroir est relié avec une tige coudée dont les bras supérieurs et inférieurs communiquent aux cales leur mouvement vertical. Dans la figure ci-contre, ceux-ci sont dessinés dans leur position la plus basse, elle correspond à la plus grande introduction possible.

14. — Erie City, Iron-Works, Erie, Penn. 21. S. A.

La disposition des machines à vapeur de cette Maison a été représentée à la page 31.

Les plus fortes d'entre elles reçoivent un mécanisme de détente semblable à celui représenté (fig. 188-190) du texte. Dans ce mécanisme, on remarque, comme nouveauté, que les deux canaux de passage 1 et 2 du tiroir de distribution A ne débouchent plus sur la glace supérieure dans des directions parallèles, mais dans des directions convergentes.

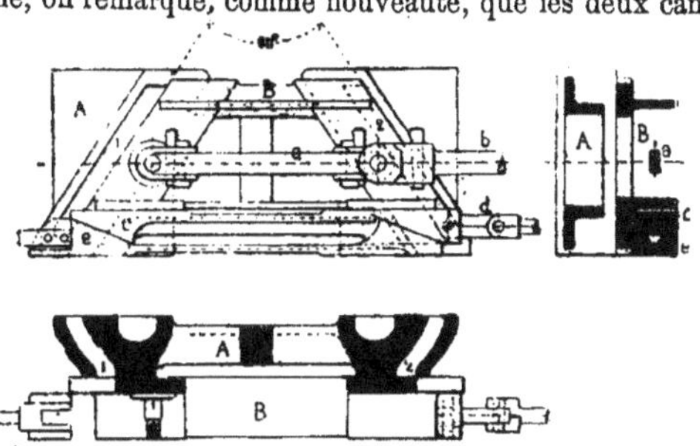

Fig. 188, 189 et 190.

On reconnaît que la cale des distributions précédentes est reportée ici sur les canaux de passage et même sur le tiroir de détente B. Ce dernier ne se compose plus que d'une pièce au lieu de deux; il est désigné sous le nom de tiroir trapézoïdal.

L'écartement des arêtes travaillantes, qui doit toujours être mesuré dans la direction de la course du tiroir, varie avec la course du tiroir trapézoïdal (suivant qu'il est plus élevé ou plus

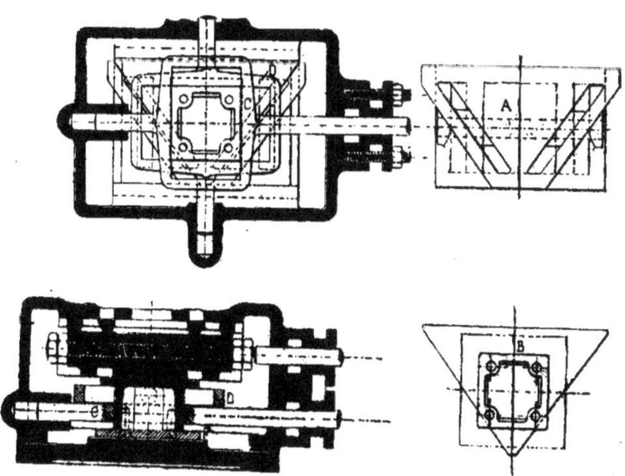

Fig. 191, 192, 193 et 194.

abaissé), c'est-à-dire dans la direction normale à celle de la course. Il doit exécuter ce mouvement indépendamment de son mouvement longitudinal. Les arêtes latérales forment le même angle ici (de 65°) que les arêtes des canaux du tiroir de distribution.

On a employé le tiroir à coquille en deux pièces.

Le tiroir de distribution est relié à sa tige *b* au moyen d'une petite bielle *a* de façon à permettre au tiroir un mouvement vertical. Ce dernier glisse sur la pièce-clavette *c* suspendue à la paroi de la boîte du tiroir au moyen de la tige d'articulation *d*. Sous la pièce *c* se trouve la cale, à laquelle est fixée une tige *f* traversant une boîte à étoupes et qui peut être enfoncée ou retirée à l'aide d'un levier : double mouvement engendrant le mouvement de montée ou de descente du tiroir et décrit précédemment.

Dans ces machines, le régulateur agit sur une soupape modératrice.

15. — J. Ewerhard, à Gevelsberg (Westphalie).

On a également donné la forme trapézoïdale au tiroir de détente.

Les figures 191-194 montrent la disposition intérieure de la boîte ainsi que la glace du tiroir de distribution A et le tiroir trapézoïdal B. Ces deux tiroirs sont disposés comme ceux de la machine d'Erie City Iron Works. Du côté du cylindre, les orifices de passage du tiroir de distribution sont disposés parallèlement, et du côté de la glace du tiroir ils sont inclinés à 75° l'un vers l'autre.

Le tiroir trapézoïdal (breveté en Allemagne) effectue son double mouvement de la façon suivante : Le cadre *c* reçoit un mouvement de va-et-vient de l'excentrique ; il emboîte par deux côtés parallèles la portée carrée du tiroir de détente de manière à pouvoir prendre un mouvement perpendiculaire à l'axe du cylindre. Les deux autres côtés de cette portée sont guidés dans le cadre D, qui reçoit du régulateur ou d'un volant, un mouvement perpendiculaire à celui du tiroir. Les deux tiroirs sont dessinés dans leur position moyenne. Pour équilibrer le tiroir de détente, on a rapporté une plaque de détente F.

16. — Fr. Becker, Mark-Gladbach.

Deux brevets ont été accordés en Allemagne à la distribution représentée (fig. 195-201 du texte), le premier pour le mécanisme de rotation de la tige du tiroir *a* et le second pour le tiroir de détente grillagé, formé également dans ce cas d'une seule pièce.

Sur le dos de ce tiroir existe une crémaillère venue de fonte avec lui ; elle engrène avec un petit segment à contre-poids équilibrant le tiroir.

La tige du tiroir *a* combinée avec le mécanisme extérieur porte un manchon *d* sur lequel est venu de fonte un bossage *h* de forme hélicoïdale. Sur l'avant de ce dernier se trouve un étrier *f* supporté par les deux paliers *g*. La tige du régulateur est articulée en *i* avec cet étrier qui porte les deux saillies KK_1 s'appuyant l'une et l'autre sur le bossage *h*. L'écartement horizontal des deux saillies est réglé de telle façon que le bossage *h* puisse venir participer à la course complète du tiroir sans venir butter contre les saillies KK_1. Les attaches de l'étrier sont percées de trous servant à guider la tige du tiroir *a*.

Il est alors évident qu'en faisant prendre un mouvement de rotation à l'étrier *f*, le bossage

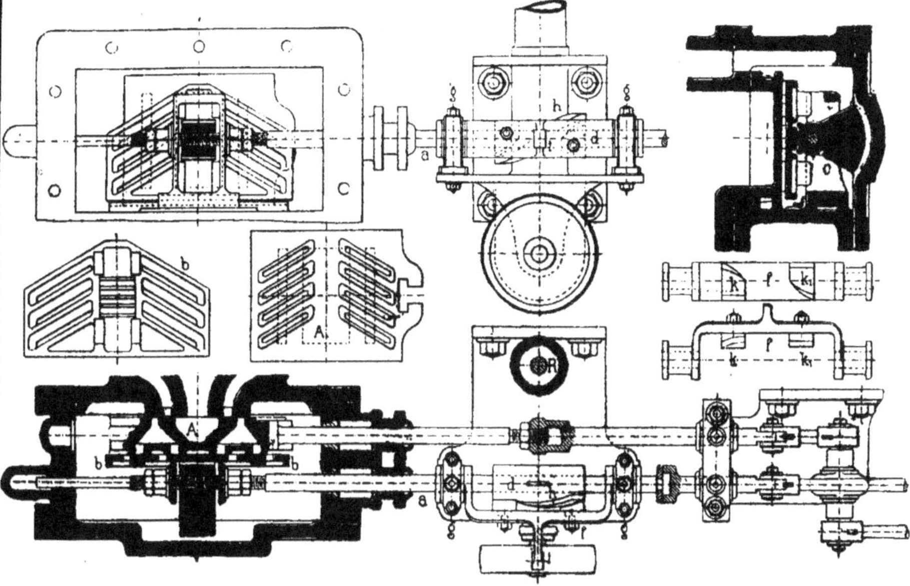

Fig. 195, 196, 197, 198, 199, 200 et 201.

hélicoïdal *h* se met en contact avec des saillies de même inclinaison et en glissant le long de ces dernières, il est en même temps forcé de tourner. Ce mouvement de rotation effectue, comme on l'a déjà vu, un déplacement des plaques de détente lequel est perpendiculaire à leur marche, et la distance des arêtes travaillantes est ainsi modifiée. Comme les saillies reçoivent exactement la forme du bossage hélicoïdal, la buttée ainsi que le mouvement de rotation de la tige du tiroir s'effectuent doucement.

Dans cette distribution, le régulateur n'agit plus d'une manière continue sur le mécanisme de distribution, mais seulement pendant une simple course du tiroir. Pendant tout le temps où il n'y a pas de changement dans les positions des plaques du tiroir, et par conséquent pas de variations dans la vitesse de la machine, il n'existe aucune corrélation entre la tige du tiroir et le régulateur; ce dernier ne sera nullement influencé par la charge du mécanisme de distribution restant. Le même fait a lieu dans la distribution Pélissier (p. 102).

17. — Distribution spéciale de Rider.

Les distributions précédemment décrites forment une sorte de transition avec la distribution très estimée quoique toute récente, appelée distribution Rider du nom de son inventeur, M. A.-K. Rider, de New-York.

La seule différence entre cette distribution et les précédentes consiste en ce que la surface glissante trapézoïdale B de détente du tiroir de détente est une surface cylindrique dont l'axe se confond avec celui de la tige du tiroir de détente; il suffit donc de faire tourner cette dernière pour déplacer le tiroir dans une direction perpendiculaire à sa marche : on aura ainsi changé l'écartement des arêtes *s*.

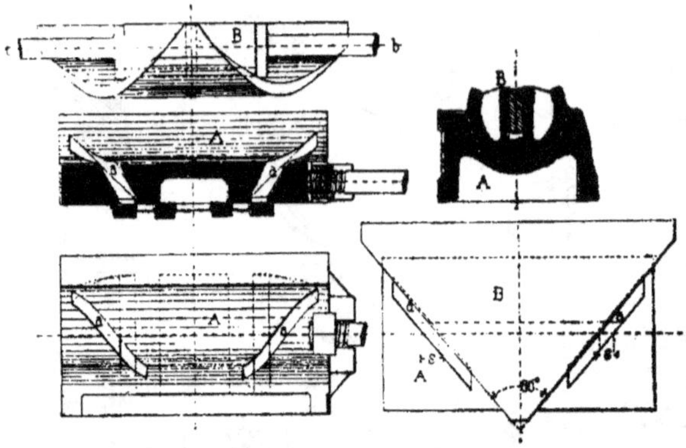

Fig. 202, 203, 204, 205 et 206.

Les fig. 202-206 du texte montrent en coupe longitudinale et en plan la disposition des canaux de passage *aa* venus en forme hélicoïdale dans le tiroir de distribution A. Sur ce dernier est appliqué le tiroir de détente B dont les arêtes latérales font un angle de 80°. On le voit très distinctement dans la fig. 206, où les surfaces glissantes sont développées.

Pour l'entraînement du tiroir, la tige a reçu la forme plate, elle est pourvue de talons et est soigneusement ajustée entre les pattes du tiroir. Le régulateur, dont la tige de suspension est directement articulée avec un levier placé sur la tige du tiroir, peut facilement mettre en mouvement la tige du tiroir de détente dont l'angle de rotation atteint jusqu'à 90° suivant les différents degrés d'introduction. Pour faciliter le mouvement de va-et-vient de la tige, le levier est simplement de section carrée ou calé sur la première et maintenu au moyeu par deux attaches qui l'empêchent d'être entraîné dans la rotation.

La grande simplicité de construction de la distribution Rider lui a donné une vogue considérable, elle est très employée. Dans la suite, nous décrirons quelques types de machines des maisons de construction les plus renommées.

18. — Machines à vapeur avec distribution Rider.

(pl. 14-17).

A l'exposition de Vienne de 1873, on a remarqué les applications les plus variées de la distribution Rider. La maison de construction de G. Sigl, à Vienne, a montré de notables améliorations apportées aux constructions primitives.

La planche 16 représente plusieurs machines construites par cette maison dans lesquelles figurent des dispositions variées de la distribution Rider. Ainsi, dans la machine représentée figure 1-4 dont le diamètre du cylindre est de 315 millimètres et la course du piston de 630 millimètres, on a adopté des canaux de vapeur sur la glace desquels glisse le tiroir de distribution combiné avec le tiroir de détente formé d'une seule pièce et très allongé. Il convient de remarquer la construction de la boîte des tiroirs dont le joint passe par la boîte à étoupe de la tige du tiroir de détente. Dans le support du cylindre se trouve le réchauffeur, composé de deux courts tuyaux en fer forgé fermés par derrière. Ils sont entourés extérieurement par la vapeur d'échappement et sont reliés ensemble par un chapeau boulonné. La circulation dans ces deux tuyaux se fait au moyen de deux autres tuyaux intérieurs, de moindre diamètre, disposés dans le sens de la longueur des premiers qui amènent l'eau par l'extrémité de l'un d'eux et la recueillent de nouveau par l'autre extrémité.

La machine est munie d'un dispositif complet pour relever sur les deux côtés des diagrammes au moyen de l'indicateur.

La machine à vapeur accouplée représentée fig. 5-9 servait de moteur à l'Exposition de Vienne, on vit dans le réglage de ses tiroirs Rider équilibrés une sensibilité qui ne laissait rien à désirer.

Les détails (fig. 8 et 9) nous montrent le tiroir de distribution muni d'un couvercle et que dans sa paroi évidée sont également rapportées en biais des plaques de passage. Le tiroir de détente est parfaitement équilibré au moyen d'oreilles rapportées, et diamétralement opposées. Chaque cylindre a 526 millimètres de diamètre intérieur (20 pouces viennois et de 1^m,054 de course de piston (40 pouces). Les degrés d'introduction établis par un seul régulateur pour les deux machines varient entre 0,08 et 0,6 de la course. Le nombre de tours par minute est de 42. Le cylindre est à simple paroi fondu avec la boîte à vapeur et boulonné avec le palier sur un bâti transversal entièrement fermé par le haut.

Une cavité venue de fonte est ménagée dans le bâti pour le passage de la manivelle; les talons de la glissière unilatérale sont également venus de fonte avec ce dernier. L'excentrique de détente est placé très près sur le palier et sa tige se trouve dans l'axe de la tige du tiroir dans le but de réduire la longueur des canaux de vapeur; l'excentrique extérieur agit sur le tiroir de distribution au moyen d'un arbre transversal.

La figure 10 montre une disposition adoptée pour les tiroirs, dans laquelle il n'est pas nécessaire de tenir compte d'orifices courts. Elle a été appliquée à une machine de 20 chevaux qui figurait à l'Exposition de Vienne et qui avait un diamètre du cylindre de 315 millimètres et une course de piston de 630 millimètres.

La machine à vapeur construite par **les frères Sulzer à Winterthur** et dont le cylindre est représenté planche 15, figures 5 et 6 en coupe longitudinale et en coupe transversale est également construite dans les **ateliers d'Augsbourg**, qui ont acquis le droit d'exploitation, mais en y apportant des modifications.

Ce dernier type de construction est représenté figures 1-4, planche 15. En comparant les deux distributions, on voit que dans cette nouvelle construction le tiroir de détente est entièrement équilibré. Les cylindres sont munis d'enveloppes de vapeur; l'entrée de la vapeur a lieu par dessous, de telle sorte qu'en passant par l'enveloppe du cylindre et traversant une soupape de manœuvre placée à la partie supérieure, elle arrive finalement dans la boîte du tiroir venue de fonte. On rencontre ici une nouvelle disposition du bâti à baïonnette; il est muni de support à l'une des extrémités du cylindre et sous le palier de l'arbre moteur. Le cylindre à vapeur est ainsi placé en l'air, il est fixé au bâti au moyen de boulons par son couvercle d'avant venu de fonte avec le bâti. Les tiges d'excentriques sont guidées dans des supports à plateaux évidés glissant par leurs arêtes inférieures et supérieures dans d'autres supports boulonnés au bâti, ce qui permet de mettre les tiges du tiroir à une distance plus rapprochée du cylindre que celle correspondant à l'épaisseur des excentriques. La machine Sulzer, représentée planche 15, a un diamètre de cylindre de 180 millimètres, une course de piston de 450 millimètres et fait 90 tours par minute. Celle d'Augsbourg a 170 millimètres de diamètre de cylindre, 400 millimètres de course de piston et fait 120 tours par minute. Avec une pression de 5 atmosphères et une introduction de 1/4, cette machine donne un rendement effectif de 10 chevaux-vapeur. Les deux machines sont de construction très élégante.

Dans la machine à vapeur fabriquée dans les ateliers **des frères Sachsenberg**, à Rosslau-sur-Elbe, on a adopté, sans modification, la distribution Rider (fig. 1-7, pl. 14).

Les diagrammes ci-joints montrent que cette machine fonctionne bien.

La figure 207 du texte représente un diagramme de la marche à vide qui a été relevé pour une forte admission de vapeur, 0,40 d'introduction au cylindre et une pression moyenne de 0,34 atmosphères. La machine, fait 58 tours par minute, elle a un diamètre de cylindre de 340 millimètres et une course de piston de $0^m,680$; l'indicateur marquant 5,45 chevaux-vapeur.

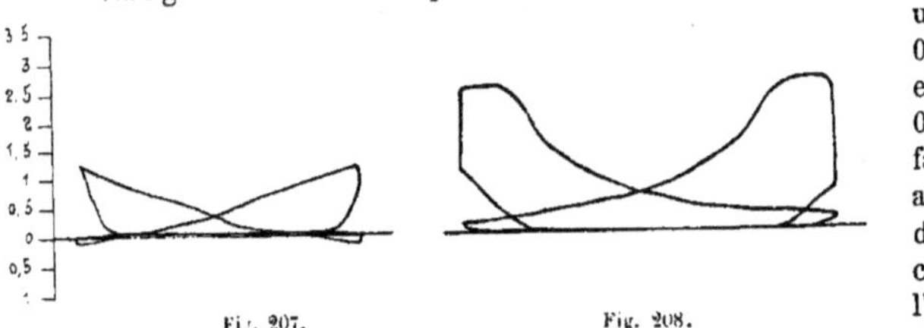

Fig. 207. Fig. 208.

Le diagramme représenté figure 208 a été relevé pour une introduction de 0,20, avec une vitesse moyenne de 80 tours par minute pour l'arbre moteur et de $1^m,85$ pour le piston. La pression moyenne étant de 1,86 atmosphères et le rendement effectif à l'indicateur de 42,05 chevaux-vapeur.

Il reste à signaler dans cette machine quelques détails remarquables : en premier lieu, le bâti à baïonnette de construction originale qui, à la partie extrême du palier de l'arbre moteur, prend entièrement la forme d'un double bâti plat ; puis deux fortes nervures venues en dessous la glissière qui arc-boutent la partie en l'air du bâti, elles sont une transition aux formes et renforcent le bâti en cet endroit. Le bielle a une section transversale en forme de T, très usitée dans les locomotives ; les excentriques sont en bronze. On a accès à l'intérieur de la boîte de vapeur dont le couvercle supérieur est boulonné ; la tubulure d'appui du tuyau d'arrivée est venue de fonte avec le côté d'avant.

M. **Charles Brown, directeur de l'atelier de construction de locomotives et de machines** à Winterthur (Suisse), a également adopté la distribution Rider avec quelques modifications. Les figures 8-13, planche 14, représentent le type connu de machines à vapeur dû à ce constructeur. Dans le but d'équilibrer le tiroir de distribution on a fait venir de fonte avec ce dernier une boîte cylindrique à paroi intérieure devant recevoir le tiroir de détente, qui est cylindrique. Les tiroirs de distribution et de détente sont actionnés par un même excentrique, le premier directement et le second par un mécanisme intermédiaire. Dans ce but, on a vissé dans la partie supérieure du collier d'excentrique un tourillon avec lequel sont articulés deux leviers formant entre eux une espèce de levier brisé qui engendre un mouvement identique à celui d'un second excentrique. Le cylindre a 250 millimètres de diamètre intérieur et 500 millimètres de course de piston ; il est à enveloppe. Dans le bâti à fourche sont ménagées des ouvertures donnant accès à la boîte à étoupes du cylindre et à la tête du piston ; le coussinet de cette dernière reçoit le serrage au moyen d'une vis de pression. Les deux branches du bâti qui reçoivent chacune un palier de l'arbre moteur reposent sur un socle sur lequel elles sont boulonnées (fig. 11). De cette façon,la machine possède trois points d'appui. Les couvercles des paliers tout en fonte, sont maintenus par une vis horizontale et les coussinets également en fonte et à garniture métallique, peuvent recevoir chacun le serrage dans le sens vertical et dans le sens horizontal au moyen de deux boulons.

On remplace ici l'arbre coudé par deux disques manivelles en fonte qui reçoivent entre eux le bouton de la manivelle ; celui-ci a 120 millimètres de diamètre, 200 millimètres de longueur et porte une embase en son milieu. Une petite manivelle rapportée sur l'extrémité libre de l'arbre moteur actionne la pompe alimentaire. Il convient de signaler la glissière des tiges des tiroirs, dans les extrémités desquelles on a pratiqué des rainures parallèles ; dans ces dernières, s'engage une garniture métallique en deux pièces, filetée extérieurement et vissée dans la tête de la tige d'excentrique. A l'aide de ce serrage on peut régler facilement la longueur des tiges du tiroir et par l'emploi de ce coussinet support, chaque tige peut recevoir un mouvement de rotation indépendant ; toutefois le régulateur Proell n'agit que sur la tige du tiroir de détente.

Les figures 1-5, planche 17, représentent la machine-type construite dans **les ateliers de construction du Rhin, à Kalk,** près de Deutz. Pour équilibrer le tiroir de détente de cette machine, le tiroir de distribution est muni d'un couvercle vissé.

On a adopté ici, pour les tiges de tiroir, un genre de glissière remarquable ; l'excentrique de détente est placé près du palier et la tige de tiroir respective est guidée dans les deux bagues d'un support. Cette tige sert également à guider, entre ces deux dernières, la tête de la tige du tiroir de distribution, la première traversant la tête ; en outre, la tige du tiroir de distribution est guidée dans le support.

Le cylindre à vapeur sans enveloppe a 200 millimètres de diamètre intérieur et 400 millimètres de course de piston. Les orifices de vapeur sont un peu larges, le tuyau d'échappement ne touche pas la paroi du cylindre. La pompe alimentaire est généralement commandée par l'excentrique de détente, mais elle a été supprimée sur le dessin.

Il convient de signaler comme construction rationnelle et de bon goût, la machine à vapeur avec distribution, par tiroir Rider, représentée planche 17 (fig. 6-13), exécutée dans **les ateliers de construction de machines et fonderie de fer des frères Pfeiffer,** à Kaiserlautern. Pour diminuer les espaces nuisibles qui ne dépassent guère 2 à 3 0/0, les tiroirs sont partagés en deux pièces. Chaque tiroir distributeur partiel est entraîné par un cadre et les tiroirs de détente par un bouton fixé sur leur tige à l'aide d'une vis de pression. La figure 11 représente la marche des tiroirs de distribution et de détente. Le diagramme circulaire ci-après (fig. 209 du texte), montre une disposition convenable pour la distribution de la vapeur, où l'on a pris pour base les dimensions suivantes :

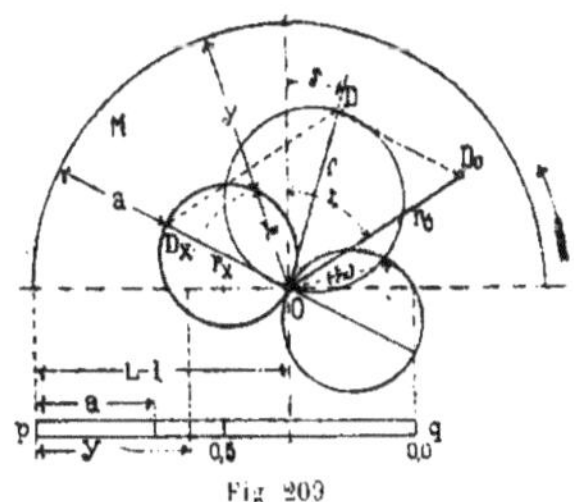

Fig. 209

Angle d'avance $\delta = 20°$ $\delta_0 = 80°$; — Longueur des orifices $a = 36$ millimètres ; — Rayon d'excentricité de l'excentrique de distribution $r = \frac{3}{4}\ a = 48$ millimètres. — Recouvrement extérieur $e = \frac{1}{4} a = 12$ millimètres. — Recouvrement intérieur $i = 2$ millimètres. — Avance extérieure $v = 4$ millimètres. — Écartement intérieur des orifices $= \frac{a}{2} + 10 = 28$ millimètres ; $L - l = 56$ millimètres. — Excentrique de détente $r_0 = 58$ millimètres. — Excentricité relative $r_x = 53{,}5$ millimètres.

Le cylindre est à enveloppe de vapeur venue de fonte; l'admission et l'échappement de vapeur se font par la soupape de manœuvre logée dans la boîte du tiroir (fig. 9).

Cette machine dont le cylindre a 400 millimètres de diamètre intérieur et 940 millimètres de course de piston, développe à une pression de 6 atmosphères dans la chaudière, une force effective de 55 chevaux-vapeur.

Dans la machine à vapeur de **Hayward, Tyler et Cᵒ** de Londres, représentée feuille 20 des esquisses, le régulateur agit sur la tige du tiroir au moyen d'une crémaillère et d'un segment denté. Ce dernier est évidé pour donner un libre passage à la tige du tiroir de distribution. La tige du régulateur porte à son extrémité inférieure un poids variable avec les vitessses que doit prendre la machine. Le tiroir de détente est relié avec sa tige par un tourillon vissé sur cette dernière et un ressort à boudin. Le cylindre à vapeur a 304,5 millimètres de diamètre intérieur et 609 millimètres de course de piston.

Cette machine, qui fonctionnait à l'Exposition de Paris en 1878, était munie d'un appareil permettant de reconnaître la vitesse du régulateur.

On a indiqué dans les tables suivantes les dimensions principales de ces machines, à arbres coudés pour 6 chevaux de force, et conformes aux dessins des feuilles d'esquisses pour des forces supérieures.

Force nominale en chevaux	1.5	2	3	4	6	8	10	12	16	20	25	30
Diamètre du cylindre	89	114	133	165	203	229	254	305	356	407	457	508
Course du piéton	203			254	407	457	508	610	712	813	914	
Diamètre du volant	610	620	1066		1524	1829		2134		2590		3050
Largeur de la jante, etc.	64	76	102		152	203		229		254		305
Poids en kilog. (emballage et volant compris)	325	350	550	800	1350	2250	2500	3500	4500	5500	7500	9000
Diamètre du tuyau d'admission	19	25	31	38	44	51	64	76	89	102	115	127
Diamètre du tuyau d'échappement	25	38	44	51	64	76	89	102	127	140	152	178

Les machines à vapeur de **Rikkers**, à Saint-Denis, se distinguent tout particulièrement par leurs plateaux-manivelles, ainsi que le montrent la machine verticale et la machine horizontale ci-contre.

Le plateau-manivelle supporte toujours, comme on sait, une pression égale à la pleine pression, contrairement à la disposition ordinaire où la pression sur la glissière est nulle au commencement de la course du piston; aussi, pour tenir compte de cette circonstance, a-t-on adopté deux bielles à l'aide desquelles on prévient la flexion du plateau-manivelle (fig. 210-211).

Cette disposition, où les organes sont très ramassés, donne une très grande solidité à la machine; elle a, en outre, l'avantage d'occuper peu de place et d'être facilement transportable. La distribution Rider (fig. 212-214), appliquée à toutes les machines de cette maison, n'a de remarquable que le système de transmission de mouvement du régulateur à la tige du tiroir a. Celle-ci est actionnée par les engrenages bb_1, l'arbre c, l'engrenage d et le levier e de la tige r du régulateur; le mouvement est en effet doublé par les engrenages b. On a tenu compte ici du mouvement

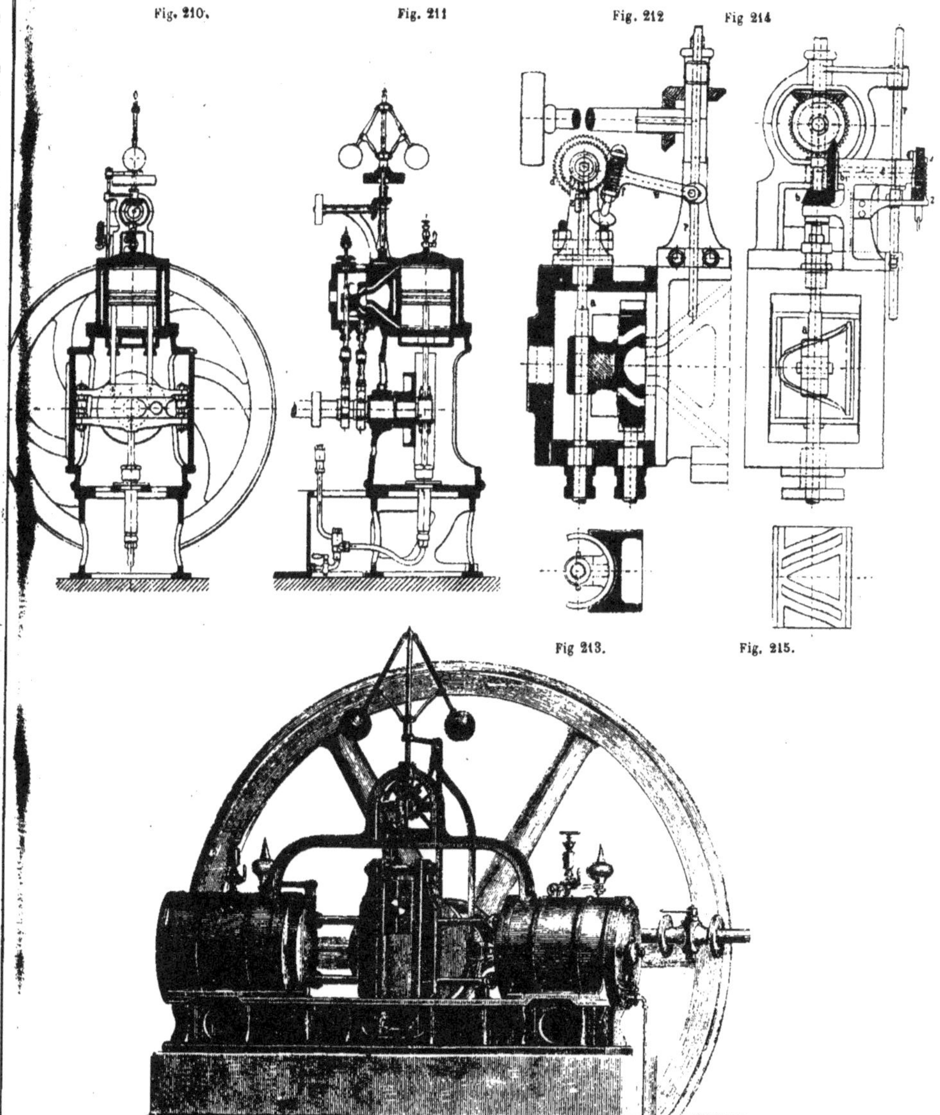

Fig. 210. Fig. 211 Fig. 212 Fig 214

Fig 213. Fig. 215.

Fig. 216.

longitudinal de la tige du tiroir, en donnant la forme carrée à cette dernière, qui traverse le moyeu de la roue *b*.

Pour faire varier la vitesse ou le rendement de la machine, une vis *f* adaptée au levier *e*, règle la position moyenne du régulateur relative aux différentes positions du tiroir. On a rapporté à l'engrenage *d* un cadran avec son aiguille; on peut ainsi lire les différents degrés d'introduction. Les machines de 4 à 8 chevaux sont à un cylindre et celles de 10 à 15 chevaux à deux cylindres, ainsi que le montre la figure 216 du texte. Les cylindres sont à enveloppes de vapeur, ils sont très courts, ainsi qu'on le voit par la table suivante, relative aux machines horizontales. Le n° 1 n'est pas à détente variable.

Force en chevaux	4	6	8	10	12	16	20	25	30	40	50
Diamètre du cylindre	170	225	300	200	250	300	330	307	400	450	500
Course du piston	200	240	300	2(0	250	300	330	370	400	450	500
Nombre de tours par minute	100	100	100	90	90	80	70	70	65	60	55
Poids en kilogrammes	700	900	1100	1300	1800	2900	3900	4900	5900	7500	9000
Longueur de la machine en mètres	1,10	1,20	1,30	1,40	1,60	1,80	2,00	2,20	2,30	2,45	2.60
Largeur de la machine en mètres	1,10	1,20	1,30	1,40	1,60	1,70	1,80	2,00	2,10	2,20	2,20

19. Breitfeld, Danek et C°, Prague, Système Stanek.

L'ingénieur Stanek, ayant constaté que le tiroir Rider se rode à la suite des oscillations qu'il effectue sous l'action du régulateur, imagina un tiroir d'un nouveau genre représenté fig. 217-220 du texte.

Dans cette disposition, le tiroir de distribution reçoit également la forme cylindrique qui lui permet d'effectuer des oscillations uniformes, il ne sert que dans ce but et n'a aucune influence sur la détente. Les tiroirs de détente agissent d'une façon analogue à ceux de la distribution Meyer, puisqu'ils ne se meuvent que dans la direction de l'axe du cylindre et peuvent être réglés par une vis commandée par un volant extérieur. On reconnaît ici que, par l'effet des oscillations alternatives du tiroir de distribution, la glace du cylindre et du tiroir de détente se rodent hermétiquement.

Les figures 217-220 du texte montrent cette distribution appliquée à une machine actionnant une pompe, dans laquelle l'arbre moteur est placé directement sur l'arrière du cylindre à vapeur, et où deux bielles relient la tête du piston aux manivelles des volants. Les deux tiroirs sont actionnés par un arbre de transmission, par l'intermédiaire d'un excentrique et d'un plateau manivelle; le tiroir de distribution *a* reçoit en effet son double mouvement du bras *b*. Les oscillations alternatives sur les côtés sont effectuées par le levier *d* fixé sur la tige du tiroir qui s'engage dans une rainure oblique *c* et tourne lentement. Ce mouvement de rotation est exécuté par une roue d'arrêt *e* fixée sur l'axe de la rainure *c*; cette roue, en suivant les mouvements de l'excentrique, avance ainsi d'une dent à chaque course sous la pression du rochet rapporté au bâti. La durée d'une oscillation complète du tiroir dépend par conséquent du nombre des dents de la roue.

Les figures 221-222 du texte montrent une autre disposition, connue sous le nom de Breitfeld Daneck, dans laquelle on reconnait l'application de la distribution ordinaire du système Meyer aux machines de ce genre. L'arbre de la manivelle est également placé ici très près sur l'arrière du cylindre, et les tiroirs sont actionnés par les excentriques avec une grande précision; le collier

Fig. 217.

Fig. 219.

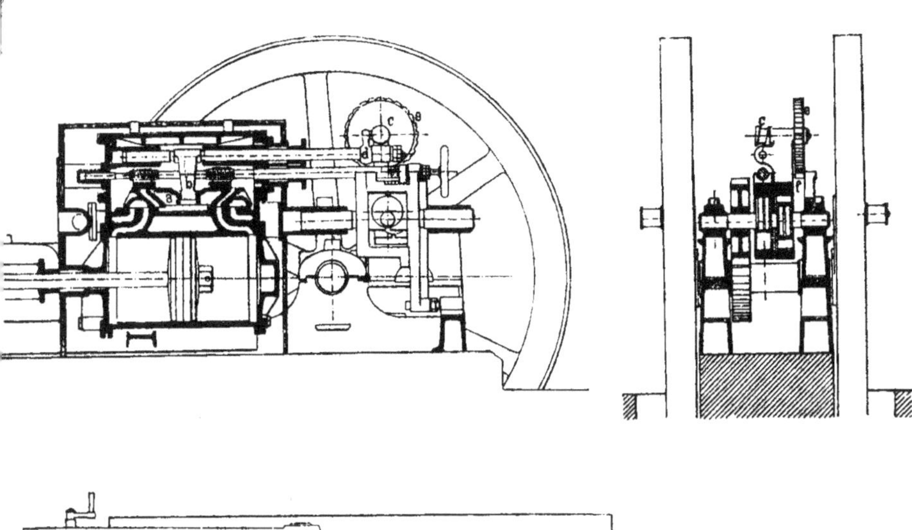

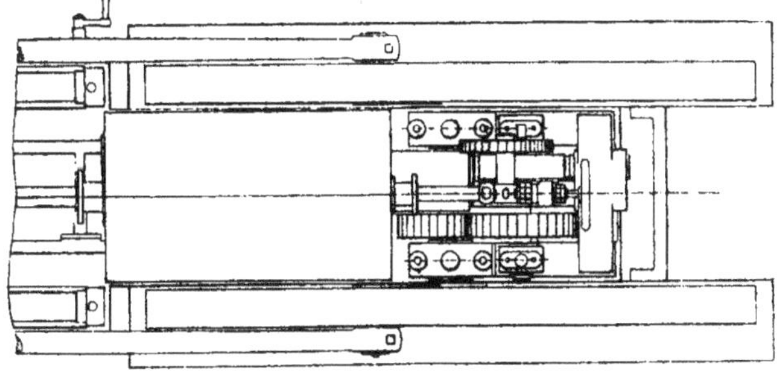

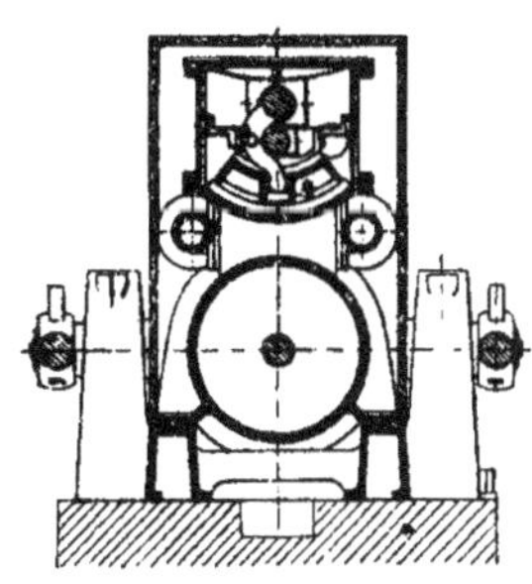

Fig. 218.

Fig. 220.

d'excentrique est muni de deux bras *a* et *b*. On a évité les oscillations du bras inférieur *a* en le faisant articuler avec le bras du levier *c*; l'excentrique transmet ainsi son mouvement au bras supérieur *b* en ligne horizontale. Les mouvements verticaux sont communiqués au bras de rappel *d* lequel est en même temps combiné avec la tige du tiroir. Le réglage de ce dernier se fait comme à l'ordinaire.

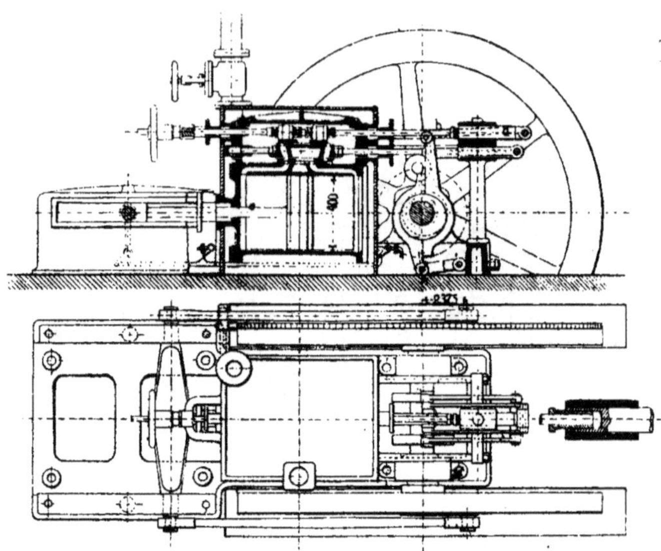

Fig. 221 à 222.

C. LES TIROIRS D'ENTRAINEMENT

1. — Distribution originale de Farcot.

Comme derniers types de distributions à double tiroir, signalons ceux dans lesquels le tiroir de détente est posé librement sur le tiroir de distribution, qui, muni d'orifices de passage entraine par frottement le tiroir de détente jusqu'à ce que ce dernier soit arrêté dans sa course par un buttoir qui lui fait découvrir ou obturer les orifices. Ce genre de construction a été appliqué pour la première fois en 1858 par **M. Farcot et ses fils, à St-Ouen,** près Paris.

La figure 223 montre le tiroir de détente formé d'une seule pièce et son buttoir *b*. Les arêtes intérieures du tiroir de détente viennent butter alternativement contre le heurtoir *b* et sont par conséquent arrêtées dans leur marche.

Il en résulte que le tiroir de distribution continuant sa course, les arêtes *m* et *n* sont mises en contact et ferment l'orifice ; ce qui doit avoir lieu avant la course rétrograde du tiroir de distribution, car à ce moment ce même côté du tiroir de détente s'éloigne de nouveau du buttoir avec le tiroir de détente. La vapeur ne pourra donc plus être interceptée par le tiroir de détente, mais à la fin de la course du piston, par le tiroir de distribution. Il résulte de là que la limite de variation de la détente coïncide avec la position extrême du tiroir de distribution, ce qui a ordinairement lieu aux 0,4 de la course du piston environ.

La détente anticipée de la vapeur est obtenue en mettant d'abord le tiroir de détente en contact avec le buttoir, c'est-à-dire en augmentant ainsi la longueur y de ce dernier. Pour obtenir ce résultat on tourne le buttoir, de façon à obtenir une plus grande longueur de course pour le tiroir. L'axe du buttoir traverse le couvercle de la boîte, il est actionné par le mécanisme du régulateur au moyen d'un levier.

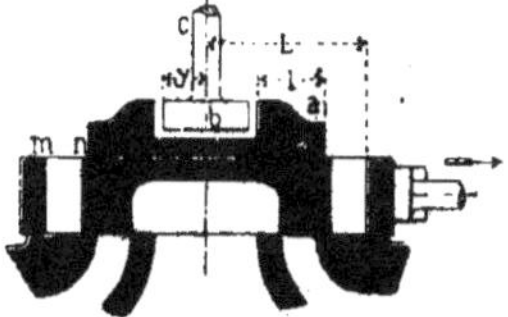

Fig. 223.

Le principal avantage de la distribution Farcot consiste dans le mode de réglage automatique simple par le régulateur, mais elle a des inconvénients dans le bruit occasionné par les buttées et par la détente limitée.

Le diagramme circulaire de Zeuner sert avec avantage pour expliquer cette distribution.

Ainsi dans la figure 224 du texte, oD représente le diagramme du tiroir de distribution avec l'angle d'avance δ relativement faible. La position respective des deux tiroirs correspondant à un degré d'introduction déterminé pour chaque position de la manivelle où l'orifice d'introduction se trouve fermé est, d'après la figure 224, donnée par l'équation suivante : $L-l=y$ (course du tiroir), $(L-l)-\xi=y$. On trace la circonférence M avec la constante $L-l$ pour rayon, la largeur de la buttée y qui est la différence entre ce cercle et celui D du tiroir est ainsi déterminée. La position oR de la manivelle indique l'introduction maximum pour le tiroir de détente; on choisit pour cela la plus grande dimension a du buttoir, elle doit être, pour des écartements déterminés, entre le cercle M et le cercle du tiroir pour pouvoir anticiper la détente. Le contour du buttoir se détermine (fig. 225 du texte) d'après le degré choisi pour l'angle de buttée.

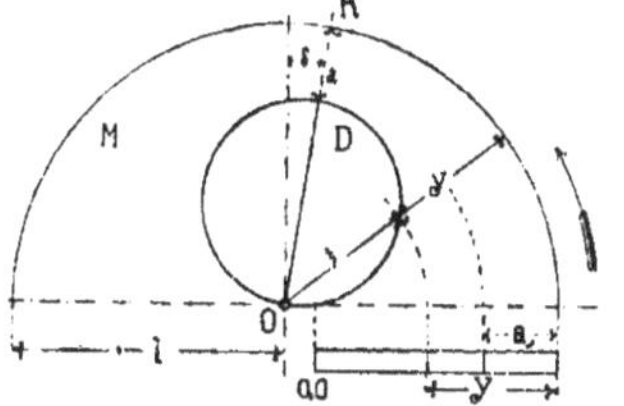

Fig. 224.

Dans les grandes machines, on emploie principalement les tiroirs divisés (fig. 226-227 du texte) pourvus dans ce cas, d'un plus grand nombre de canaux. La fermeture des conduits est de nouveau effectuée ici par la came centrale, tandis que chaque plaque est munie pour leur ouverture d'un heurtoir F ou F_1 qui vient butter à la fin de chaque course contre la buttée fixe G ou G_1.

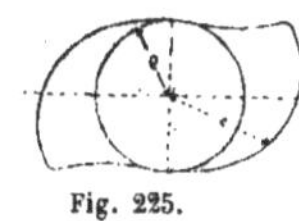

Fig. 225.

Cette dernière ne dépend aucunement de la détente variable, il suffit simplement de choisir les écartements entre les buttées et les heurtoirs, de façon que l'orifice de passage soit totalement ouvert à la fin de la course du distributeur.

Fig. 226 Fig. 227.

Dans la figure 228 du texte, l'ellipse représente la course

du tiroir correspondant à une course du piston, e représente le recouvrement extérieur et a égale la largeur de l'orifice; la partie hachée verticalement indique l'ouverture du conduit d'introduction effectuée par le distributeur. Pour les degrés 0,1, 0,25 et 0,43 on a dessiné les courbes représentant le rétrécissement successif et la fermeture de l'orifice de passage par le tiroir de détente; pour des introductions plus étendues, la fermeture s'effectue très lentement.

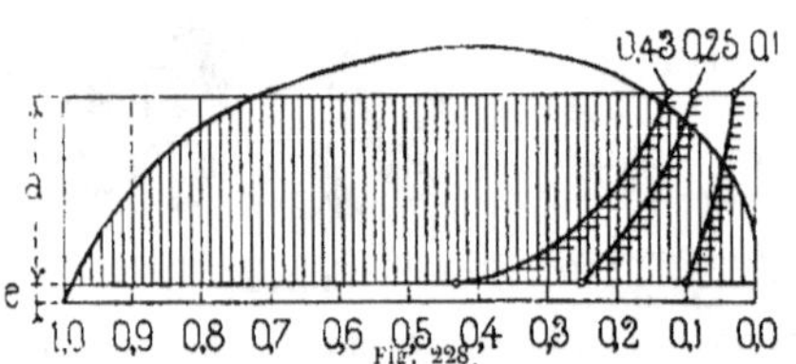

Fig. 228.

La figure 229 du texte donne une image complète de ce mouvement du tiroir. Ainsi le tiroir de distribution se meut d'une manière continue, suivant le tracé continu en —·—·—·— de la courbe elliptique. La plaque ou tiroir de détente de gauche dessinée en lignes pleines prend part, au commencement, à ce mouvement, puis reste en repos, ce qui est indiqué par la

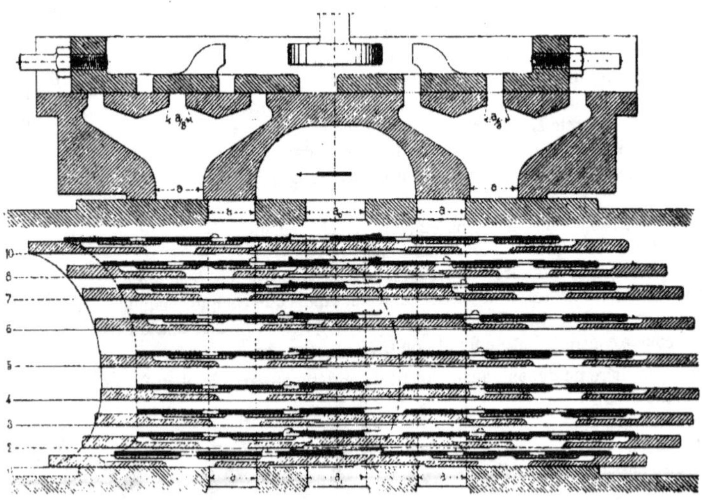

Fig. 229.

ligne verticale — — — —. Le tiroir de droite est également en repos, parce qu'il est en contact avec la buttée fixe, mais un peu en avant de la position 5, tous les tiroirs commencent à se mouvoir vers la gauche.

2. — Machines à vapeur avec distribution Farcot.

(Pl. 18, 19 et 27).

La machine à vapeur construite par les **frères Schmaltz**, à Offenbach-sur-le-Mein (fig.1-6, pl. 18), est munie d'une distribution du premier genre, mais dans laquelle les canaux de passage se branchent en deux en débouchant sur la glace supérieure du tiroir, pour faire agir la vapeur plus régulièrement.

Dans la figure 4, le tiroir occupe la position moyenne, et la position de la came (fig. 5), correspond à l'introduction minimum.

Pour l'introduction maximum, correspondant aux 0,4 de la course, le tiroir occupe la position représentée figure 6, elle montre en même temps que de l'autre côté les orifices ne sont pas ouverts complètement, chaque fente a 11 millimètres et le canal total 17 millimètres de largeur. Le tiroir qui a 37 millimètres de course, est actionné au moyen d'un levier intermédiaire par un excentrique de 35 millimètres d'excentricité calé sous un angle d'avance de 5°. Ce même levier communique le mouvement à la pompe alimentaire de 25 millimètres de diamètre et de 80 millimètres de course de piston.

Cette machine, disposée sous une forme compacte avec beaucoup de goût, a un cylindre de 200 millimètres de diamètre et 400 millimètres de course de piston. La manivelle fait 100 tours par minute, d'où une vitesse de piston de $1^m,33$ par seconde. Il convient de remarquer spécialement le réchauffeur composé d'un tuyau en fonte traversé par un tuyau intérieur en cuivre, et divisé par une paroi de séparation en deux compartiments chauffés tour à tour par la vapeur d'échappement. La pompe alimentaire puise l'eau nécessaire ainsi réchauffée par le tuyau intérieur; la pression de la vapeur est de 6 atmosphères; le poids de la poulie-volant est de 600 kilogrammes et le poids total de la machine, de 1800 kilogrammes. Les douilles du régulateur, formant poids, ont la forme d'une urne qui enveloppe complètement le pendule. Le régulateur actionné par une courroie fait 400 tours par minute et pour un changement de tour de 0,6 la course du manchon est de 45 millimètres. Il convient de ne pas passer sous silence l'élégante enveloppe du cylindre, dont le couvercle d'arrière est recouvert de feutre.

Une autre machine, semblable en beaucoup de points à celle-ci, est construite par **C. de Liphart** ; elle est représentée figures 7 à 12, planche 18. Le piston a également 200 millimètres de diamètre et 400 millimètres de course.

L'excentrique est calé sous un angle d'avance de 20° pour 26 millimètres d'excentricité. Un second excentrique de 50 millimètres d'excentricité donne le mouvement à la pompe alimentaire, dont le piston a 65 millimètres de diamètre.

Les machines à vapeur avec distribution Farcot, construites en France, ne diffèrent sensiblement pas dans leur ensemble de la construction originale de Farcot, toutefois celle de **la Compagnie de Fives-Lille** se distingue par des formes nouvelles et élégantes. La machine de 40 chevaux exposée à Paris en 1878 et représentée planche 19, figures 1-6, fait 40 tours par minute, le diamètre du cylindre est de $0^m,50$ et la course du piston de 1 mètre. Les tiroirs, en deux pièces, sont disposés dans des boîtes spéciales ne communiquant entre elles que par un tuyau qui traverse la tige du tiroir. Le couvercle de chacune des boîtes est traversé par l'axe d'une came de détente mu par la tige horizontale du régulateur. Pour faciliter la mise en marche ainsi que l'arrêt de la machine, on a placé deux petits tiroirs sur la glace du cylindre ; ils sont suspendus avec tige de telle sorte qu'avec un levier de manœuvre on puisse faire affluer la vapeur par l'un des deux côtés indifféremment. Pendant la marche de la machine, ils occupent la position moyenne et les orifices de vapeur restent fermés.

Dans la machine système Woolf, construite par **Hermann-Lachapelle**, à Paris (fig. 5-8, pl. 27), le cylindre à haute pression est muni d'une distribution Farcot, dans laquelle les cames sont rapportées sur un axe situé parallèlement à la tige du tiroir; les cames prennent par conséquent la forme cylindrique. Le cylindre à haute pression a 240 millimètres de diamètre et celui à basse pression 450 millimètres, leur course commune est de 700 millimètres. Les cylindres sont placés l'un à côté de l'autre et les tiges de pistons accouplées à leurs extrémités par une tête de piston commune reliée à la bielle en son milieu. Cette machine d'une force de 30 chevaux, marche avec une pression absolue de 6,5 atmosphères et fait 60 tours par minute.

3. — E. Bourdon, Paris.

Dans la distribution de cette machine, représentée figure 230-231 du texte, les organes du mécanisme sont également isolés de la boîte du tiroir et placés sur l'avant de cette dernière. Cette disposition un peu compliquée permet d'obtenir une boîte de tiroir plus petite.

Fig. 230.

Fig. 231.

La tige *a* du tiroir de distribution est creuse et la tige *b* du tiroir de détente traverse cette dernière. La tige *b* est reliée extérieurement au petit cadre *c* qui embrasse la came *d* fixée sur un axe mis en mouvement par un petit volant. Pendant la marche, on cale ce volant au moyen d'une joue et d'une vis de serrage *s*. La tige *a* du tiroir de distribution est reliée avec la tige d'excentrique au moyen de deux traverses *ff* et de deux tiges *gg* qui forment ainsi un cadre guidé dans un support double. On reconnaît que cette distribution doit fonctionner avec autant de précision que la distribution simple de Farcot.

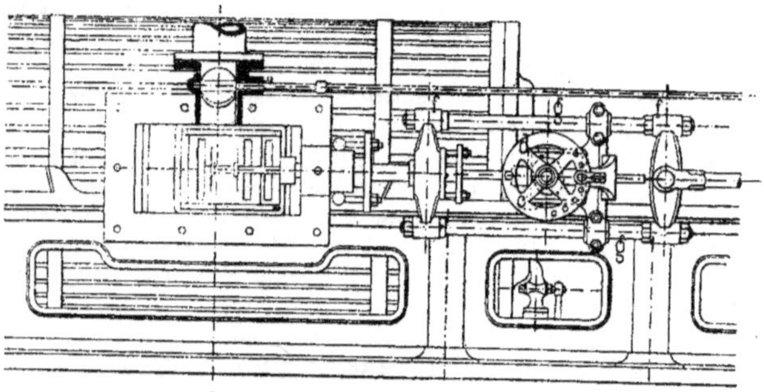

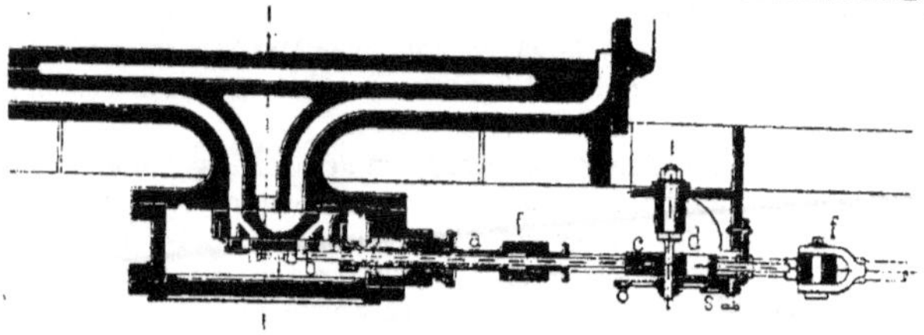

4. — Louis Soest, Düsseldorf.

La maison Louis Soest construit plusieurs variantes de distributions montrant l'enchaînement des unes avec les autres. Dans le type de construction avec plateau de détente en une seule pièce, on remarque comme point nouveau, la glace oblique du tiroir qui permet la suppression des ressorts.

Les figures 232-235 représentent cette disposition dans laquelle la came est remplacée par un cylindre à bossages *aa*, en forme d'hélices; ces bossages servent aux mêmes usages que la came.

Il convient de remarquer les arêtes extérieures qui forment ici buttée et si le tiroir de distribution se meut vers la droite, par exemple, c'est la buttée *a* qui entre en action.

Lorsqu'on trace le diagramme circulaire, la distance L ne doit pas être calculée à partir du milieu du tiroir, mais de l'arête d'intersection jusqu'à l'extrémité du bossage respectif du cylindre. La distance L doit être prise de l'arête d'intersection du tiroir de détente à la surface de buttée de l'autre côté. L—*l* devient alors de nouveau une grandeur constante permettant de déduire les positions du tiroir et les différents degrés de détente. La figure 235 du texte, montre le développement des bossages; la courbe AA se rapporte à celui qui est situé du côté de la manivelle, et la courbe BB à celui qui est en dehors. L'excentricité de 35^{mm} correspond à un angle d'avance de 15°; au point mort l'ouverture est de 3 millimètres et le recouvrement extérieur de 6 millimètres. Le recouvrement intérieur, correspondant à une compression de 0,95, est de 9 millimètres du côté de la manivelle et de 5 millimètres du côté extérieur. Dans la marche en avant, la détente limite est de 0,42, et dans la marche rétrograde, de 0,32 de la course.

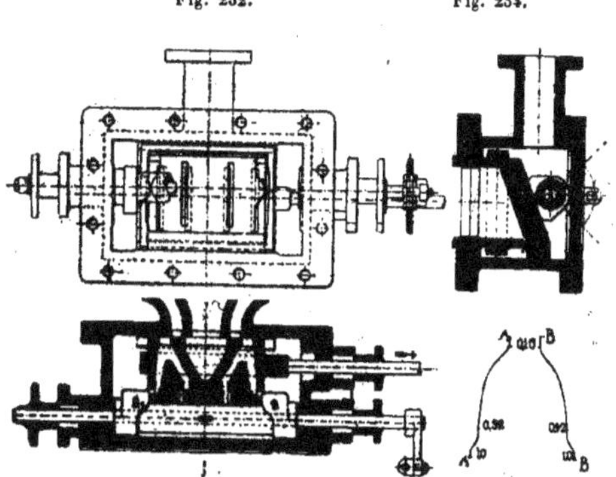

Fig. 232. Fig. 234.

Fig. 233. Fig. 235.

Les deux positions extrêmes, supérieure et inférieure du levier sont indiquées par la figure 234 du texte.

Les figures 236-241 représentent la seconde disposition dite distribution à fourche, dans laquelle le mécanisme est placé en dehors de la boîte du tiroir, de telle sorte que le régulateur n'a pas à vaincre de frottement dans la boîte à étoupes. Dans la plaque de détente venue d'une seule pièce est logé un tourillon engagé dans le levier à fourche *a* de l'axe *b*; cet axe suit par conséquent les mouvements d'oscillation du tiroir de distribution. A l'autre extrémité est rapportée une petite manivelle *c* qui s'engage dans la fourche mue verticalement par le régulateur. Lorsque la manivelle se met en mouvement, elle se trouve arrêtée par les côtés qui remplacent la came Farcot, et la vapeur est ainsi interceptée.

La courbe décrite par la fourche est représentée à une plus grande échelle, figure 241 du texte, et aux différents points de cette courbe sont inscrits les différents degrés correspondants d'introduction.

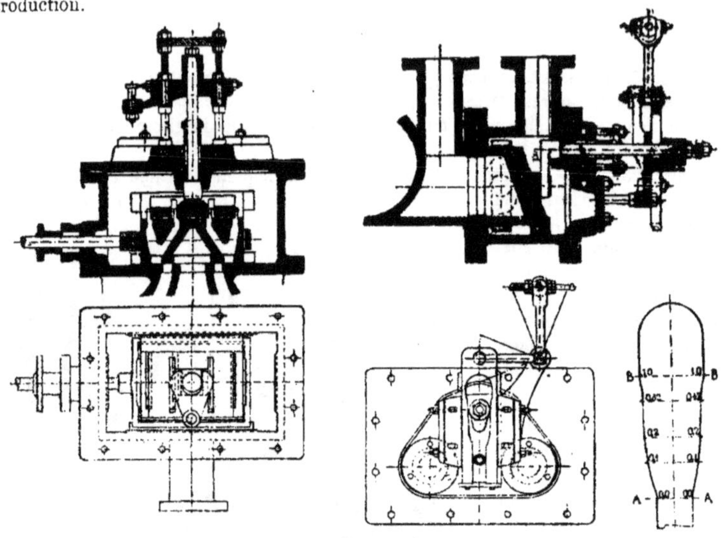

Fig. 236 à 241.

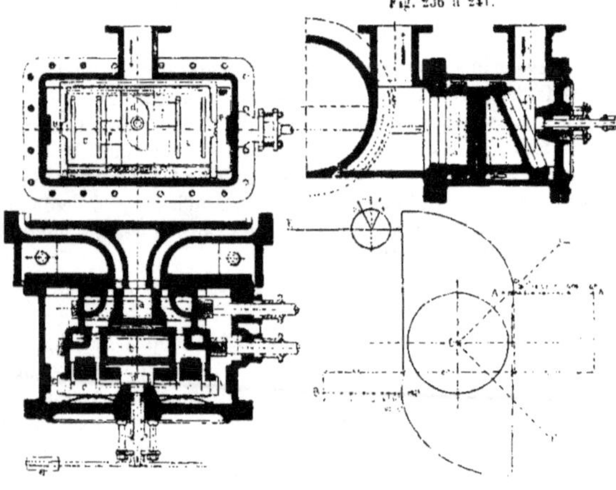

Fig. 242 à 246.

Une série de mécanismes permet, au moyen d'un second excentrique de supprimer l'inconvénient signalé dans la détente Farcot sur la limite d'introduction.

Louis Soest construit un autre genre de distribution représentée figure 242-246 dans laquelle on emploie trois tiroirs. Le tiroir inférieur *a* fonctionne comme un tiroir de distribution ordinaire; le second tiroir ou tiroir intermédiaire *b* reçoit son mouvement de l'excentrique *j*, calé sous un angle de retard, de telle sorte qu'il ne rétrograde qu'aux 70/100 de la course du piston. Les orifices de ces deux tiroirs sont tellement larges à l'endroit de leurs surfaces de contact qu'ils restent constamment ouverts. La détente n'est effectuée que par le tiroir d'entraînement *c*, formé de deux pièces avec came *d* actionnée par le régulateur comme dans le dispositif Farcot. On voit donc que le tiroir d'entraînement, en buttant en *e* vers la fin de la course du piston, a complètement ouvert les orifices de passage au commencement de l'introduction et qu'en outre le heurtoir *f* peut venir butter contre la came *d* pendant la plus grande partie de sa course avec le tiroir intermédiaire ; la limite de détente coincïde alors de nouveau avec la course rétrograde du tiroir intermédiaire et, par suite, l'introduction peut varier entre 0 et 0,80. La forme exacte de la came est représentée figure 246 du texte où les lignes AA et BB désignent les lignes de contact des buttoirs *f* sur lesquels sont indiqués les degrés de détente correspondants. OF est la position du levier correspondant à l'introduction *o* et OF_m est celle qui correspond à l'introduction maximum. Les excentriques des deux tiroirs ont la même excentricité de 35 millimètres. Le tiroir de distribution *a* a 7 millimètres de recouvrement extérieur. Pour une même compression de 0,95, le recouvrement intérieur du côté de la manivelle est de 7,5 millimètres et du côté extérieur de 4,5 millimètres. La détente limite est de 0,82 dans la marche en avant et de 0,75 dans la marche en arrière. L'angle d'avance 16° et l'angle de retard δ_o du tiroir de détente $= 34°$. En traçant le diagramme, figure 224 du texte, le dernier cercle du tiroir fait connaître les degrés d'introduction correspondant aux largeurs de la came.

Une distribution semblable a été appliquée à une machine qui a figuré à l'Exposition de Vienne et qui a été construite dans **les ateliers de construction de machines et de bateaux à vapeur de Dresde.**

5. Decker frères et C°, Cannstatt (système Krause).

Dans la distribution représentée figure 247-249, le mouvement du second excentrique s'effectue d'une autre manière, c'est-à dire que le mouvement n'est pas transmis au tiroir d'entraînement mais aux buttoirs. Dans cette distribution, le tiroir intermédiaire est supprimé et les plaques couvrant le tiroir d'entraînement se meuvent de nouveau, avec le tiroir de distribution *a* ce qui entraîne quelques complications dans le mécanisme ; lequel doit généralement être disposé de telle sorte qu'il puisse effectuer deux espèces de mouvement, le mouvement continu de va-et-vient, provenant du régulateur et le mouvement du régulateur lui-même (*).

Dans cette disposition, la tige du tiroir reliée au second excentrique forme un cadre *r* dans lequel la double clavette *c* glisse le long d'une barre transversale *b* (au lieu de la came Farcot) qui peut également dépasser celle-ci pendant la marche rétrograde du tiroir de distribution et la déplacer au moyen des bossages *s* venus aux plaques-couvercles.

Ces bossages *s*, dont le côté intérieur doit avoir l'inclinaison de la clavette, servent aussi à l'ouverture des orifices de passage et l'autre côté est mis en contact avec le cadre *r* d'une façon régulière. L'enclanchement du régulateur qui se reconnaît au mouvement de montée et de descente de la clavette *c*, est effectué par le levier *d* combiné avec la bielle du régulateur au moyen de l'arbre *e* et du levier extérieur *f*. Pour obtenir ce résultat pendant le mouvement de va-et-vient

(*) Nous verrons plus tard que cette condition est remplie d'une façon beaucoup plus simple par la distribution Gühkrauer.

de la clavette, le levier d porte un coulisseau engagé dans un guide en queue-d'aronde g, vissé directement sur la clavette c.

Le degré d'introduction ainsi obtenu est indiqué par l'aiguille z rapportée sur le prolongement du levier f; le régulateur peut ainsi faire varier automatiquement, et avec toute facilité, l'introduction, laquelle varie de 0,05 à 0,7 de la course du piston.

Lorsqu'on veut tracer le diagramme d'une distribution de ce genre, il faut considérer le

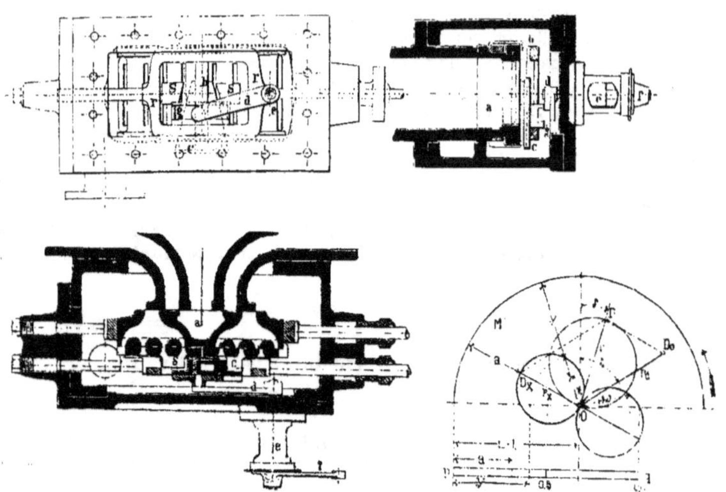

Fig. 247 à 249. Fig. 250.

mouvement relatif du tiroir de détente, par rapport à celui de distribution, car on procède comme si le tiroir de distribution était au repos et si le tiroir de détente se mettait en mouvement suivant le cercle relatif du tiroir qui est OD_x. Dans la figure 250 du texte, semblable à celle de la page 94, L désigne également l'écartement des arêtes intérieures de l'orifice extérieur de la glace supérieure du tiroir de distribution au milieu du cercle, l la distance de l'arête extérieure d'intersection de la plaque au milieu de la partie oblique du nez, la différence L—l donne le rayon du cercle M. et les distances entre celui-ci et le cercle du tiroir, la largeur variable y de la clavette du milieu de la partie oblique du nez au milieu de la clavette.

Comme la course de l'excentrique entre presque totalement en considération dans le mouvement de la clavette pendant une course du piston, le cercle relatif négatif du tiroir inférieur déterminera les petites introductions, sa sécante négative soustraite de la valeur L —l donnant leur somme (*) ainsi que le montre le diagramme.

(*) $(L-l)-(-\xi_x)=L-l+\xi_x=y$.

Les dimensions de la clavette se prennent directement à l'échelle dans la partie inférieure de la figure; a est son épaisseur minimum, et pq sa longueur maximum nécessaires pour une introduction égale o.

Relativement aux dimensions des buttoirs, ils réouvrent les orifices lorsque la manivelle occupe la position oD_x; il faut remarquer que les orifices de passage doivent être complètement ouverts lorsque les milieux des tiges de tiroirs sont à leur plus grand écartement, c'est-à-dire r_x.

6. Ateliers de construction de Machines-outils de Chemnitz.

(primitivement Joh. Zimmermann).

(pl. 23.)

La distribution construite par cette maison est également du système Krause, mais avec de légères modifications.

Les figures 4-7 montrent les détails de cette distribution. La figure 4 montre le cadre h soudé avec la pièce k sur laquelle est placée la double clavette f (fig. 5). La joue l (fig. 6) est vissée sur la clavette ; dans la rainure en forme de queue-d'aronde de la joue se meut le coulisseau m du mécanisme du tiroir.

Ce coulisseau diffère de la disposition précédente par une construction plus simple, il est fixé directement à la tige du régulateur n par des goujons ; celle-ci reçoit le guidage nécessaire dans les deux stuffing-box de la boîte du tiroir. Enfin, la tige du régulateur est reliée à l'extrémité supérieure de cette tige au moyen d'une articulation. Il convient de remarquer sur le tiroir de distribution, le guidage en forme de support des plaques de détente et les quatre ressorts fixés au cadre de ce dernier servant encore à accroître la pression des plaques sur le distributeur.

Les figures 8 à 13, planche 23, représentent une machine à vapeur avec une distribution semblable, dans laquelle le tiroir de distribution est en deux pièces, mais n'influe pas pour cela sur le mécanisme de détente.

Dans cette disposition a désigne le cadre avec son étrier b, sur ce cadre sont vissés quatre ressorts f dont deux pressent toujours la plaque de détente contre le distributeur ; quatre pièces prismatiques g maintiennent le cadre lorsque des secousses ont lieu. Le glissoir d est formé de deux parties : l'une, fixée avec la clavette c qui prend un mouvement de va et vient avec le cadre, l'autre, d' glissant dans d au moyen d'une crémaillère h qui fait mouvoir verticalement la pièce inférieure d et la clavette c. Avec cette crémaillère engrène un petit pignon i fixé sur un arbre traversant, la boîte à étoupes de la boîte de vapeur.

Sur l'autre extémité de cet arbre est rapportée la roue hélicoïdale K avec laquelle engrène la vis sans fin l. Cette vis est conbinée avec le levier du régulateur au moyen d'un joint sphérique, elle se meut dans la direction de son axe et agit sur la roue k comme une crémaillère. La longueur de la tringle se règle par un mouvement de rotation de la vis.

Le cylindre à vapeur a 240 millimètres de diamètre intérieur et 500 millimètres de course de piston, la boîte du tiroir est venue de fonte et placée le plus près possible de la paroi du cylindre afin de racourcir les conduits de vapeur. Les deux couvercles de la boîte de vapeur sont séparés par un pont qui reçoit la partie extérieure du mécanisme du régulateur. De cette façon, on peut visiter facilement la distribution intérieure sans démonter ce dernier.

7. — Ph. Swiderski, Leipzig.

La maison de construction Ph. Swiderski, à Leipzig emploie pour ses machines à vapeur de 6 à 120 chevaux de force, un mécanisme de détente dont le principe est dû à Alfred Guhrauer. Cette disposition, représentée figures 251-254 du texte surpasse de beaucoup la précédente par sa simplicité.

Elle est désignée sous le nom de distribution Farcot pour tous les degrés d'introduction. Elle est munie d'un second excentrique communiquant le mouvement aux cames de forme hélicoïdale qui sont rapportées à la tige du tiroir. Lorsqu'on tourne celle-ci, les différentes hauteurs de ces cames ou buttoirs entrent en action.

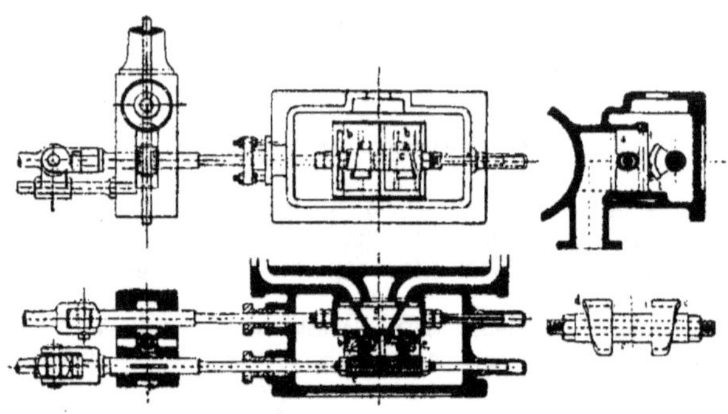

Fig. 251 à 254.

Cette distribution a évidemment beaucoup de ressemblance avec la distribution Meyer, principalement pour les petites admissions, dans lesquelles les plaques de détente sont plutôt mises en mouvement qu'entraînées; or, dans ce cas on peut facilement se représenter la combinaison de la tige du tiroir avec les plaques au moyen d'une vis ayant des filets à droite et à gauche et à marche presque invisible. Sur le tiroir de distribution *a* dont les orifices se branchent chacun en deux à leur côté supérieur, se trouvent les plaques de détente *b* guidées dans des talons allongés rapportés sur une plaque métallique fixée sur le distributeur et non à la boîte à tiroir.

La tige du tiroir de détente porte un manchon *c* à deux cames, une pour chaque plaque de détente; les côtés *i* de ces cames tournés vers l'intérieur sont rectilignes et perpendiculaires à la ligne du mouvement et les côtés *d* tournés vers l'extérieur sont de forme hélicoïdale. Chaque plaque de détente porte deux saillies *e* et e_1 de forme correspondante à celle des derniers côtés des cames, c'est-à-dire qu'elles ont leurs côtés intérieurs *e* parallèles et leurs côtés extérieurs *e* de forme hélicoïdale, de façon à augmenter ici la surface de contact avec la came.

Les écartements des faces opposées des saillies *e* et e_1 d'une plaque de détente sont constants tandis que les parties du manchon qui sont mises en contact et servent à entraîner les plaques varient suivant la rotation du manchon. Il en résulte que la tige du tiroir peut tourner facilement parce qu'elle parcourt deux fois à vide, un certain chemin à chaque position de la manivelle; l'action du régulateur sur la tige se trouvant ainsi facilitée suffisamment.

L'ouverture des conduits de vapeur par la buttée des plaques de détente s'effectue également avec une faible dépense de force puisque celles-ci ne sont pas encore fortement chargées par la vapeur pendant l'ouverture des conduits.

Le régulateur est monté sur un support en avant de la boîte du tiroir, dans laquelle sont en même temps guidées les deux tiges des tiroirs. Dans la tige du tiroir de détente, en dedans de ce guidage, est pratiquée une entaille sur laquelle est rapporté un levier fou *h* dont la clavette traverse l'entaille. Ce dernier ne participant pas ainsi lui-même au mouvement de va-et-vient de la tige du tiroir peut faire tourner celle-ci lorsque la tringle avec laquelle elle est reliée, exécute un mouvement du régulateur.

8. — A. Becke, forges de Sundwig, près Iserlahn (Système Guhrauer).

(pl. 13 fig. 6-11).

A l'Exposition de Dusseldorf, en 1880, fonctionnait une machine construite par Adolphe de Becke et représentée pl 13, fig. 6-11. La distribution de cette machine repose sur le même principe que la précédente; toutefois on a disposé, à chaque extrémité du cylindre, des distributeurs spéciaux dont les conduits se divisent en quatre conduits étroits. Les deux plaques de détente placées sur les distributeurs sont, également ici, rendues indépendantes de la tige du tiroir et sont retenues par des talons en saillie. La tige du tiroir de détente porte une douille munie à ses deux extrémités de deux bossages droits et au milieu de deux autres bossages obliques; les saillies venues de fonte avec les plaques de détente ont la même forme. La tige du tiroir et par conséquent aussi cette douille sont réglées par le régulateur au moyen d'un levier placé au dehors. Au plus grand l'écartement du régulateur correspond une rotation d'environ 60° de la tige du tiroir et une introduction variant de 0,05 à 0,70.

Cette machine de l'Exposition a un diamètre de cylindre de 300 mill. et une course de piston de 600 mill.; elle fait 65 tours par minute. Le bâti à baïonnette a des glissières cylindriques alésées venues de fonte et un coussinet à 4 pièces qui reçoit le serrage au moyen d'une clavette et d'une vis indépendante du couvercle. Le cylindre et la boîte à vapeur sont fondues d'une seule pièce; l'arête inférieure des conduits de vapeur est placée tellement bas que l'eau de condensation du cylindre peut s'en échapper.

Le condenseur et le cylindre sont placés sur une plaque de fondation commune; sur le tuyau de jonction du condenseur et du cylindre, on a placé deux robinets qui permettent d'arrêter le condenseur pendant la marche de la machine.

C. TIROIRS-PISTONS ET DISPOSITIONS A CHANGEMENT DE MARCHE

On sait que le frottement des tiroirs augmente avec la pression de la vapeur et l'on ne doit pas perdre de vue la résistance très considérable à vaincre surtout pour les grands tiroirs Dans ce cas, on décharge donc le tiroir de la pression de la vapeur. Au moyen de dispositifs particuliers, on équilibre le tiroir plat mais en partie seulement pour que, sous une forte compression, il ne puisse être enlevé de sa glace; on peut, au contraire complètement équilibrer le tiroir piston, avantage qui est à apprécier, surtout dans les changements de marche. Dans les tiroirs pistons ou cylindriques, la glace est une surface cylindrique et l'orifice de vapeur devient une entaille circulaire qui n'est point continue, mais est interrompue par des nervures venues au niveau de la surface de contact ; celles-ci servent à guider sans choc contre les arêtes du canal, les cercles de garniture des tiroirs-pistons.

Mais, pour que ces nervures ne localisent point l'usure des cercles de garnitures, on dispose leurs côtés non point parallèlement à la ligne de marche du tiroir, mais suivant une hélice ou une autre courbe.

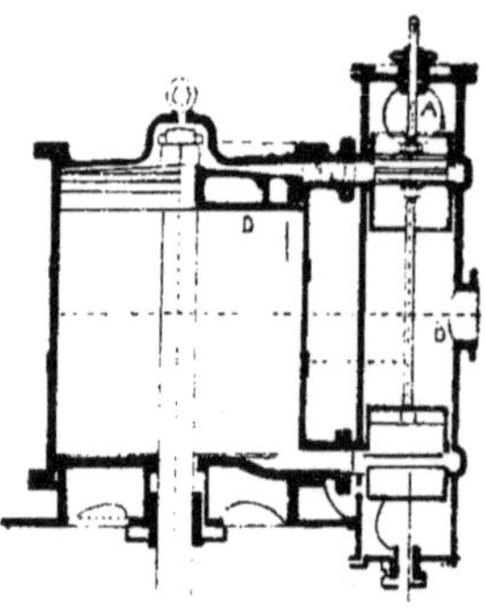

Fig. 255.

Ainsi que le montre la fig. 255 du texte, empruntée à une machine verticale de **J. Towler et Cie à** Leeds, le tiroir cylindrique ou à piston doit toujours être en deux pièces, ce qui a en outre l'avantage de procurer des canaux de vapeur très étroits.

Les deux pistons rendent les trois compartiments A, A_1 et B étanches ; la pression est la même dans les deux premiers, et est différente dans le troisième. En principe il est indifférent, que la vapeur fraîche arrive en A, A_1 et s'échappe par B ou inversement. Ce dernier cas se présente dans la disposition ci-contre pour la position du piston à vapeur D ; la vapeur fraîche arrive de B par le canal o_1, passe derrière le piston et s'échappe par le canal a de l'espace A. Les pistons se meuvent dans des bagues en fonte munies d'entailles biaises. Pour équilibrer le poids des deux pistons, le diamètre du piston supérieur a été fait 6 millimètres plus grand que celui du petit; la pression supérieure en B équilibre ainsi le poids du piston.

Dans ces distributions il faut chercher principalement à obtenir une bonne garniture du piston, et comme la largeur de celle-ci seulement peut être considérée comme un patin du tiroir, les parois latérales du corps de piston devront être plus en saillie que dans le piston à vapeur ordinaire, de façon que la vapeur n'afflue pas pendant l'ouverture et la fermeture. Sous ce rapport on recommande le tiroir-piston de **J. C. Hoadley Company**, Lawrence, Mass. (fig. 254-257 du texte). Il a 64 mill. de largeur de patin, lequel est formé par deux anneaux qui s'emboîtent à leurs points de contact. Ils sont maintenus ensemble par les deux disques latéraux du piston, faiblement en saillie et taillés encore en biseau à cet endroit.

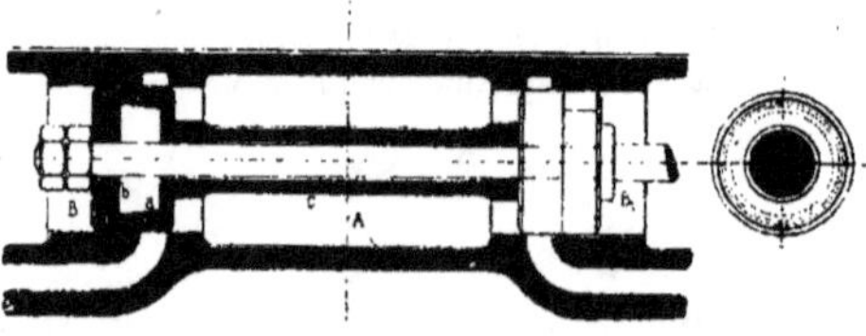

L'usure des cercles d'étoupage est compensée par la bague conique a détendue par la pression du disque conique b. Pour maintenir l'écartement des deux pistons, on a intercalé une gaine en fonte. Dans cette disposition, les espaces B et B_1 servent à l'admission de la vapeur et l'espace intérieur sert à l'échappement. Le recouvrement intérieur est de 3 mill. et le recouvrement extérieur de 39 mill. ; et comme l'excentrique a 51 mill. d'excentricité, la détente commence déjà aux 3/8 de la course.

Si l'exécution d'une bonne garniture présente déjà des difficultés pour un simple tiroir piston, à plus forte raison en rencontre-t-on dans la disposition à doubles tiroirs. On peut toutefois éviter toute complication, en pratiquant seulement dans le piston quelques rainures étroites qui se remplissent d'eau condensée et fournissent une bonne garniture hermétique.

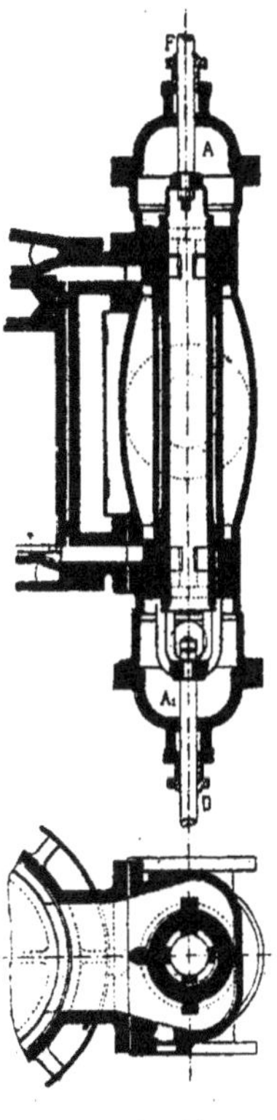

Les fig. 258-261 montrent une disposition à double tiroir-piston appliquée à une machine verticale de **Jeremiah Head**, de Middlesborough. Le tiroir de distribution C est actionné par la tige inférieure D reliée à un excentrique et le tiroir de détente intérieur E par la tige supérieure F également reliée à un excentrique avec coulisse intermédiaire. D'après les figures, on voit que les deux tiroirs-pistons C et E ont des entailles pour le passage de la vapeur et que les conduits de la boîte à tiroirs sont à quatre entrailles. Les deux espaces A et A_1 communiquent par l'intérieur du tiroir E, tandis que l'espace du milieu communique avec le tuyau d'échappement. Ce genre de calfatage s'est parfaitement conservé dans les machines à grande vitesse, mais il ne faut point se servir d'eau impure pour l'alimentation et les différents organes doivent être rodés, le rodage s'effectue de la manière suivante : on commence à tourner soigneusement toutes les surfaces en contact, puis on les rode à l'émeri au moyen d'une manchette en cuivre jusqu'à ce que les parties s'emboîtent l'une dans l'autre ; puis on les ajuste, et l'on termine le rodage à l'huile seulement en les tirant et en les poussant.

Fig 258 à 259.

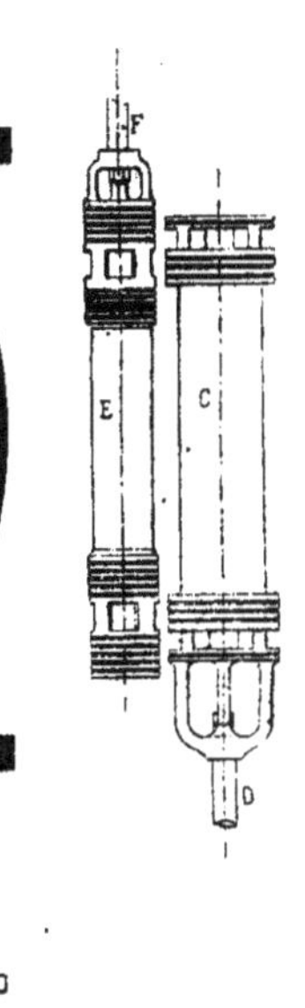

Fig. 260-261.

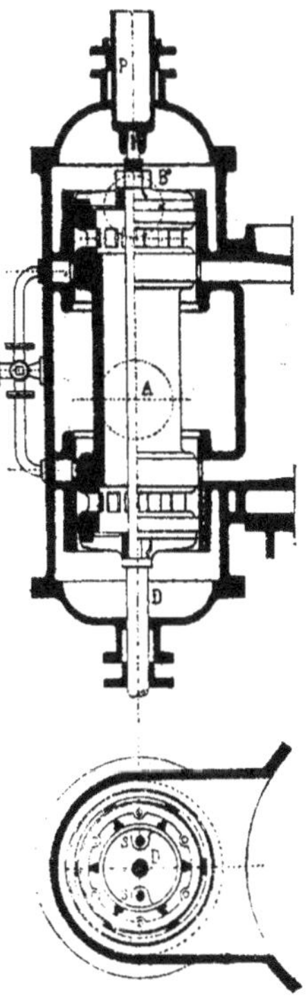

Fig. 262 à 263.

Nous empruntons au Journal hebdomadaire de la Société des Ingénieurs et Architectes autrichiens la distribution à tiroirs-pistons à détente représentée fig. 262-263 du texte, adaptée à une machine de la **Société des laminoirs de Bochum.** La boîte de vapeur étant venue de fonte avec le corps du cylindre, on a, à cause de l'usure, disposé des glaces de tiroirs spéciales. La vapeur arrive par B dans la boîte et s'échappe par A. Le tuyau de communication c avec le robinet à trois branches sert pour la mise en marche de la machine lorsque l'orifice de vapeur est déjà obturé. Le tiroir de distribution reçoit son mouvement de la tige centrale D, et le tiroir de détente au contraire de deux tiges latérales descendantes SS accouplées avec une traverse extérieure. A cette traverse qui au moyen d'une longue douille est guidée le long de la tige du tiroir de distribution, est reliée excentriquement la tige de l'excentrique de détente, lequel ne donne que la détente fixe. Le tiroir de distribution reçoit une garniture étanche avec anneaux ou cercles faisant ressort et est équilibré par le piston plongeur P ; le tiroir de détente, au contraire, est simplement rodé.

La grande machine à balancier de **L. Guinotte,** à Mariemont, représentée pl 12, est également munie d'une distribution à tiroirs-pistons avec détente. Dans cette disposition, les tiroirs de distribution et de détente sont également à garniture avec cercles de tension. Le premier est conduit par deux tiges latérales et le dernier par une tige centrale. L'accouplement de la partie inférieure avec la partie supérieure se voit facilement au moyen du dessin. L'admission de vapeur se fait dans le milieu de la boîte des tiroirs, et les deux espaces extrêmes communiquent avec le condenseur. Le mécanisme extérieur de la distribution est, sauf quelques modifications dépendant de l'installation de la machine semblable à celui de Guinotte déjà mentionné page 84.

Les tiroirs-pistons sont également appliqués à la distribution Meyer modifiée et adaptée à la machine de **P. Wirtz,** à Deutz, près Cologne, représentée pl 9 (fig. 9-15.) Le guidage central des deux tiroirs-pistons est obtenu en faisant traverser la tige creuse du tiroir de distribution par celle du tiroir de détente. Le premier est représenté fig. 14 à une plus grande échelle, qui montre le mode de garniture ainsi que les 4 nervures dans l'entaille-conduit, et le second par la fig. 15. Le canal d'échappement porte 8 nervures c venues de fonte pour que en retirant le tiroir de distribution de sa boîte cylindrique, les cercles d'étoupe ne se détendent pas brusquement dans ce canal (fig. 12).

L'équilibrage des tiroirs plats n'a lieu d'habitude que dans les machines à changement de marche. Une des dispositions les plus usitées pour équilibrer les tiroirs dont une partie circulaire est obturée est représentée par les fig. 264-265 du texte. La surface travaillée du tiroir est guidée,

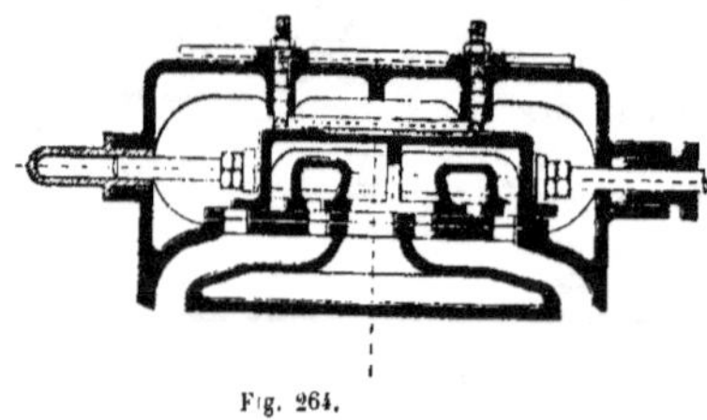
Fig. 264.

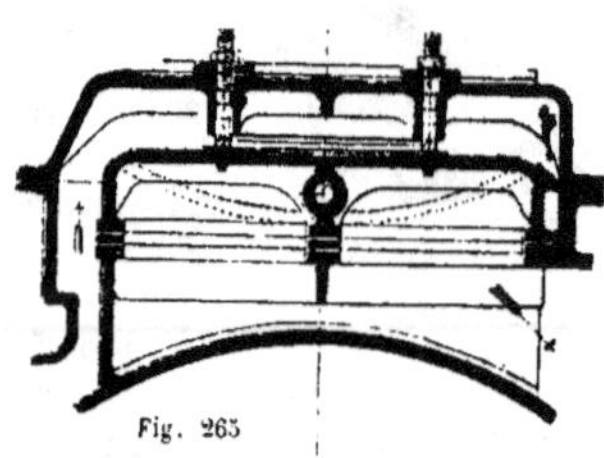
Fig. 265

à l'extrémité, dans une bague en cuivre qu'embrasse une autre bague en fer forgé guidée dans une entaille pratiquée dans le couvercle de la boîte de tiroir et avec une seconde bague en fer forgé et une bague en caoutchouc interposées, pressée par des vis.

Le mode d'équilibrer représenté fig. 284-285 est très-simple. Le tiroir glisse dans un étrier

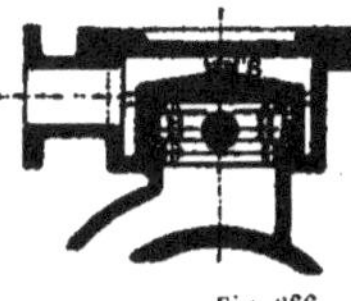

Fig. 266.

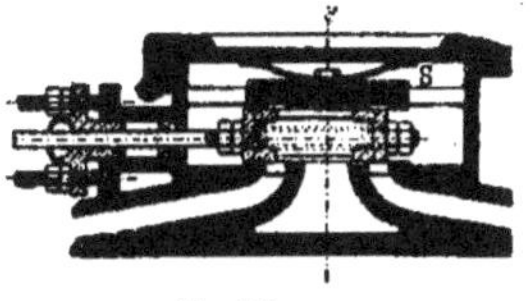

Fig. 267.

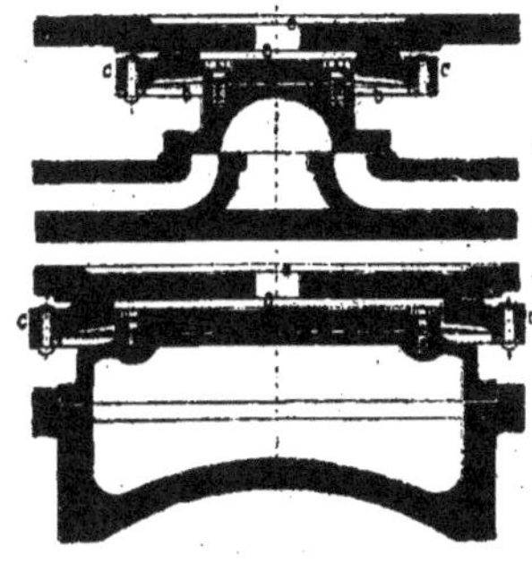

Fig. 268 à 269.

en fonte qui appuie par sa partie inférieure sur les deux côtés de la boîte à vapeur ; un ressort empêche le recul de l'étrier.

Les fig. 268-269 montrent le moyen d'équilibrer de **Dawes** très-employé en Angleterre. Dans celui-ci une plaque rectangulaire *a* est fixée sur le dos du tiroir au moyen de quatre vis. Une plaque mince *b* est intercalée et rivée par ses bords avec un cadre en fonte *c* dont les faces en saillie glissent sur la face travaillée du couvercle. L'ouverture *e* sert à assurer le bon fonctionnement de la garniture et à laisser échapper la vapeur qui aurait pu s'accumuler.

D. — DISPOSITIONS DE CHANGEMENT DE MARCHE

Une machine à vapeur dans laquelle le sens du mouvement de rotation doit changer nécessite un mécanisme dit de changement de marche, c'est-à-dire un mécanisme conduisant le tiroir de telle manière que la distribution de la vapeur se trouve instantanément modifiée. Dans ce genre de disposition, le mouvement du tiroir est généralement rendu dépendant de deux excentriques calés sur l'arbre moteur suivant le sens des rotations. Toutefois, on n'a pas toujours besoin de deux excentriques, comme le montre l'exemple suivant. Ainsi, le tiroir de distribution de la petite machine de levage de **Daneck et Cie**, de Prague, représentée fig. 1-2, feuille 2 des esquisses *a*, la forme double indiquée fig. 270-272 du texte.

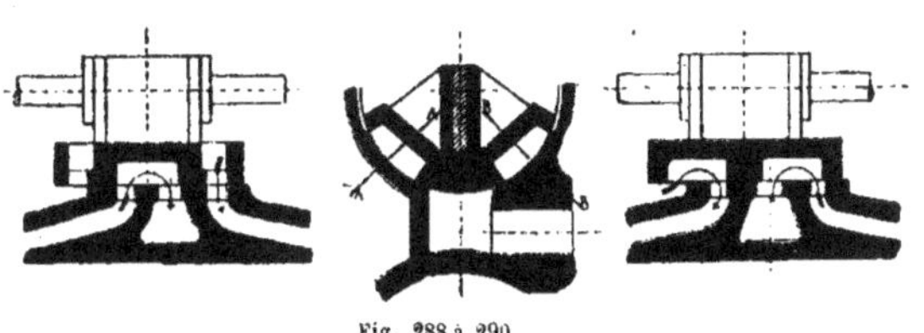

Fig. 288 à 290.

En faisant prendre un mouvement de rotation au tiroir, l'axe AA ou l'axe BB peut-être mis dans l'axe du cylindre. Dans le premier cas, c'est le tiroir à coquille de la première figure qui entre en action et fait marcher la machine en avant ; mais le renversement de la vapeur se fait aussitôt par le tiroir E (fig. 272), qui entre en fonction dès que l'axe BB est reporté normalement dans l'axe du cylindre. Dans cette distribution, il faut que l'excentrique soit calé de 90° en avance sur la manivelle, il est évident qu'aucune détente ne peut avoir lieu.

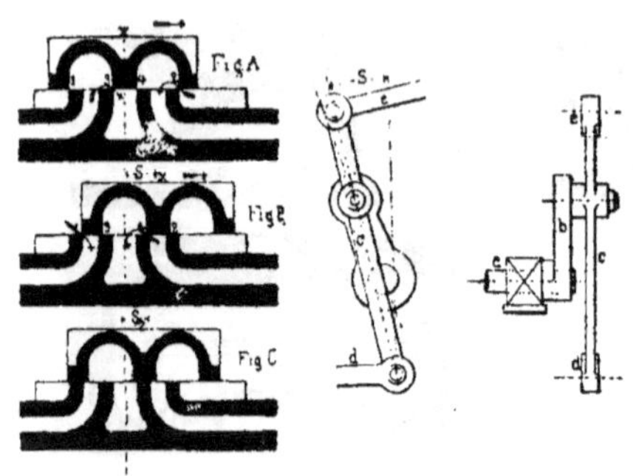

Fig. 273 à 275. Fig. 277. Fig. 278.

Les figures 273-277 du texte montrent un deuxième mécanisme de changement de marche, construit par la même maison, qui n'exige qu'un seul excentrique. Dans cette disposition, on a employé un tiroir en E, qui renverse la vapeur dès que son centre d'oscillation est déplacé. Le tiroir occupe fig. A sa position moyenne pour la marche rétrograde et en B sa position moyenne par la marche en avant; dans cette position le milieu du tiroir, est déplacé de la quantité s. Mais si le tiroir n'est déplacé que de la quantité $\frac{s}{2}$ (fig. c), la distribution de la vapeur a lieu de telle façon que la machine s'arrête.

Dans ces figures, on désigne par 1 et 2 les arêtes travaillantes d'admission et par 3 et 4 celles d'émission. Les figures 277 et 278 montrent le mécanisme extérieur. L'arbre *a* qui permet de changer la marche à la main, porte le levier *b* auquel est suspendu le levier à deux bras *c*; il est articulé en d avec la tige d'excentrique et en *e* avec la tige du tiroir.

Dans la figure 277, le levier *c* se trouve dans la position correspondant à la marche rétrograde ; mais en tournant l'arbre *a*, de façon que le point *e* soit déplacé de la quantité *s*, le renversement de la vapeur a lieu.

Dans les distributions à changement de marche, il existe très souvent un excentrique fou entraîné par un taquet *a* rapporté sur l'arbre. Les fig. 278-279 montrent cette disposition. Lorsque la manivelle tourne dans la direction de la flèche *p*, l'excentrique fou E, combiné avec le contre-poids Q dans le but d'équilibrer, es entraîné en *s* dans la même direction que celle du taquet *a*. Pour effectuer le changement de marche, il faut que l'excentrique passe de la position D à la position D_1, c'est-à-dire qu'il soit tourné de l'angle 180°—2δ, dans la même direction que celle qu'avait la machine auparavant jusqu'à ce que le taquet s_1 vienne en contact avec la face *e*. Dans les petites machines, l'excentrique est mû à la main et dans les grandes c'est le tiroir qui est mû à la main ; la manivelle tourne ainsi dans la direction de la flèche p_1 où les faces *s* et *e* viennent également se mettre en contact.

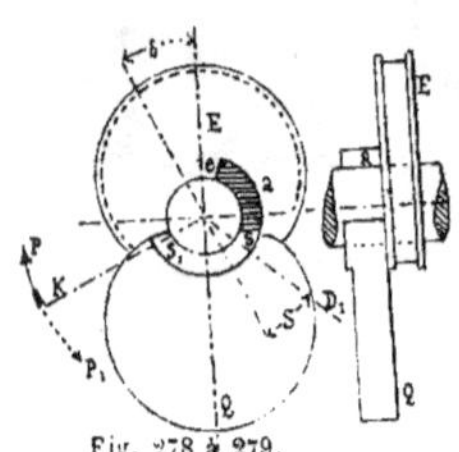

Fig. 278 à 279.

Les fig. 1-10, pl. 26, représentent une machine munie d'un mécanisme de changement de marche de ce genre; il est dû à **M. Joseph Bernays**, de Londres, et mérite d'être examiné un peu plus longuement à cause de sa disposition particulière. Cette machine est composée de deux cylindres verticaux, entre lesquels est placé l'arbre moteur. La bielle a la forme d'un fer à *T*, elle est reliée aux deux tiges de piston; on a ainsi évité le point mort puisque sur le bouton de manivelle s'exerce latéralement une pression continue. L'ensemble est représenté géométriquement par de simples lignes (fig. 10). Du point *o* comme centre, on trace le cercle de la manivelle et l'on marque de *A* en *H* les huit positions différentes de la manivelle. Les positions correspondantes des pistons, désignées pour l'un par *a*, *b*, *c*, et pour l'autre par a_1, b_1, c_1, montrent des écartements différents entre elles. Or, comme le mouvement de la manivelle par rapport à celui du piston, s'écarte du simple mécanisme de la manivelle, il faut répéter le canevas triangulaire à une plus petite échelle pour les tiges d'excentrique et de tiroir. Puisqu'il n'existe qu'une manivelle, un seul excentrique effectuera par conséquent la distribution de la vapeur pour les deux cylindres.

La figure 2 montre le mécanisme de changement de marche; *K* est le taquet, *G* le contrepoids venu de fonte avec l'excentrique et le disque *S*.

Pour éviter que la machine travaille seulement sur un côté, à l'aide d'une manivelle unique; on a disposé cette dernière des deux côtés de la glissière, c'est-à-dire qu'elle a été construite en double ce qui exige par conséquent aussi deux manivelles. Ce mode de construction convient principalement pour de petits bateaux à vapeur à hélice, tandis que celui représenté fig. 11-15 de la même planche est appliquée à une machine Compound destinée à des bateaux à roue. Un premier excentrique actionne les deux tiroirs de distribution, tandis qu'un second sert pour le mouvement des plaques de détente Meyer du petit cylindre. Ce dernier a 762 mill. de diamètre et le grand $1^m,143$ millimètres, la course commune des deux pistons est de $1^m,372$ millimètres.

Les mécanismes de changement de marche les plus usités sont ceux à coulisse et en premier lieu celui de Stephenson (fig. 280-282). Sur l'arbre *A* sont rapportés deux excentriques *B* et B_1 calés

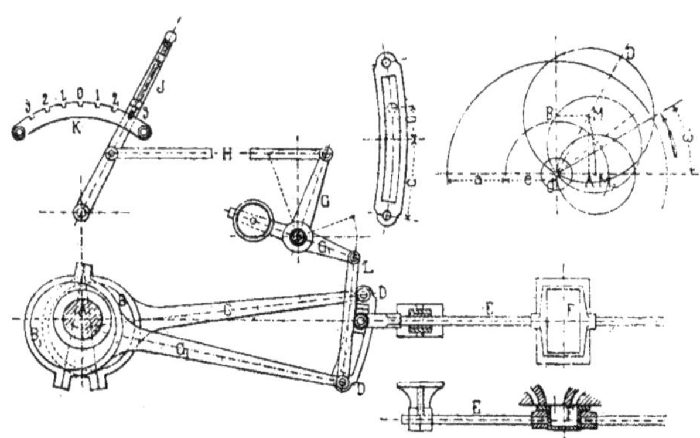

Fig. 280 à 282.

suivant le sens des rotations. Les tiges d'excentrique C et C_1 articulent par leurs extrémités avec la coulisse DD dont la courbe suit un arc de cercle de rayon égal à la longueur l de la tige d'excentrique. Dans cette coulisse se meut un coulisseau articulé avec la tige de tiroir E. La coulisse est suspendue à une bielle L et peut être soulevée ou abaissée au moyen du levier coudé GG_1 de la tige H et du levier de manœuvre J. Chaque point de la coulisse peut servir de point de conduite à la tige du tiroir; et le point milieu, où le levier de manœuvre J occupe la position o sur l'arc K, correspond à l'arrêt de la machine. Mais lorsque la coulisse est déplacée de manière que le tiroir soit actionné plus par un excentrique que par l'autre, la machine marche dans le sens du calage de l'excentrique par rapport à la manivelle. Aux extrémités de la coulisse correspond la plus forte introduction de vapeur et aux points intermédiaires une détente plus forte.

Les fig. 1-6 pl. 10 montrent une seconde distribution avec changement de marche à coulisse système **Gooch** appliquée à la machine de Ch. Beer. Ce genre de mécanisme n'est guère usité que dans les machines d'extraction qui ont une forme très allongée. Dans celle-ci ce n'est point la coulisse mais le coulisseau qui est déplacé dans cette dernière ; c'est pour cette raison que la tige du tiroir à conduite rectiligne est d'abord reliée au coulisseau au moyen d'une bielle. La coulisse est ensuite recourbée suivant un arc de cercle d'un rayon égal à cette bielle, comme le montre clairement la figure 1, et est elle-même conduite par un levier fixe. La fig. 6 représente l'arbre de changement de marche placé transversalement sous le bâti de la machine, ainsi que le levier de manœuvre. La figure 6 montre également la distribution avec détente Meyer combinée avec le changement de marche ; dans ce cas, la coulisse ne sert qu'à renverser la vapeur.

Pour terminer, citons encore deux autres types de changement de marche, l'un de **Desprez** et l'autre de **Pius Finck**. Ces mécanismes à coulisse se ramènent aux distributions avec détente des mêmes constructeurs. La première disposition est représentée planche 3. La coulisse c n'a besoin ici que d'être allongée symétriquement par le bas, au-delà de l'axe de la machine, pour que les positions inférieures du coulisseau donnent une distribution de vapeur renversée. On ne peut alors évidemment plus mettre la bielle T_1 en combinaison avec le régulateur. Ce même fait a lieu avec la distribution de Pius Fink mentionnée p. 57. Ici également, il suffit d'allonger la coulisse vers le bas jusqu'au-dessus de l'axe de la machine, où il faut disposer le point de prise Q de la tige entre l'excentrique et la coulisse. La vis sans fin est supprimée et la bielle M de la tige du tiroir est mise en mouvement par un levier de manœuvre avec bielle interposée. Toutefois ce système de changement de marche a fourni peu d'applications et est inferieur à ceux de Stephenson et Gooch, car il n'est applicable qu'aux machines à faible introduction.

(*) Le calcul et le diagramme du cercle se déterminent de la façon suivante : Soit c là demi-longueur de la coulisse et u la distance variable du point de prise de la tige de tiroir au milieu de la coulisse, r l'excentricité, l la longueur de la tige d'excentrique et δ l'angle d'avance. Les coordonnées des points milieu x du cercle du tiroir OA deviennent alors :

$$OA = \frac{r}{2}\left(\sin\delta \pm \frac{c^2-u^2}{cl}\cos\delta\right) \quad \text{et} \quad OB = \frac{ru}{2c}\cos\delta.$$

où le signe supérieur compte pour les tiges d'excentriques ouvertes et le signe inférieur pour des tiges croisées ; ce que l'on reconnaît à la direction des deux excentricités vers la coulisse. Dans la figure ci-dessus les tiges sont ouvertes. En calculant le cercle du tiroir pour la plus grande valeur de u et pour le point mort ou $u=0$ et en reliant les deux centres M et M_0 par un arc approximatif, les centres des cercles de tiroirs se trouvent sur ce dernier lorsque u varie. Cet arc est concave vers o pour des tiges ouvertes et convexe pour des tiges croisées.

2ᴱ PARTIE

LES MACHINES WOOLF ET LES MACHINES COMPOUND

INTRODUCTION

Dès 1776, J. Hornblower construisait en Angleterre une machine d'épuisement à deux cylindres de volumes inégaux, dans lesquels une même quantité de vapeur devait agir d'abord à haute pression, dans le petit cylindre, et ensuite à basse pression, c'est-à-dire par détente dans le grand cylindre. Ces machines trop compliquées furent bientôt supplantées par des machines à un seul cylindre avec détente, et c'est seulement en 1804, qu'Arthur Woolf prit, en Angleterre, un brevet pour une machine à haute pression, à deux cylindres et à condensation, il prit en outre un brevet pour un générateur à circulation d'eau. Cette machine beaucoup plus simple que celle d'Hornblower, était à double effet, c'est-à-dire que la vapeur agissait alternativement de chaque côté du piston, et, par conséquent, transformait la puissance en un mouvement continu de rotation ; tandis que la précédente n'était qu'à simple effet, elle actionnait une pompe.

Malgré leurs perfectionnements sérieux, les machines Woolf ne purent faire concurrence aux machines ordinaires à haute pression et sans condensation, principalement construites par Richard Trewthiek et William Bull. Leur emploi se généralisa seulement lorsqu'on parvint à faire des chaudières appropriées à la marche à haute pression, et même lorsque les machines purent être construites avec une plus grande précision. C'est André Kochlin qui le premier introduisit avec succès cette machine en France. Employées de 1830 à 1840 comme machines de bateaux, ces machines ne furent généralement employées qu'à partir de 1851, lorsque John Elder de Glascow, eut avantageusement modifié le système. En Angleterre, cette nouvelle disposition fut désignée sous le nom de Compound.

Les différences essentielles entre une machine Woolf et une machine Compound consistent en ceci :

Dans les machines Woolf, les deux pistons agissent sur une même manivelle ou sur deux manivelles calées à 180°. Dans les machines Compound, il y a toujours deux manivelles calées le plus souvent à 90°, de cette façon les pistons ne passent pas au même instant au point mort, et la marche est rendue plus régulière ; de plus, la vapeur dans son trajet d'un cylindre dans l'autre, passe par un réservoir intermédiaire dit *reciver*.

Dans le début, les machines Compound furent employées sur les bateaux, et les résultats obtenus furent tels, qu'actuellement leur emploi s'est généralisé sur les navires. Elles tendent à se répandre actuellement comme machines fixes et même comme machines locomotives, où leur emploi deviendra bientôt considérable, mais les essais pour cet emploi ne sont pas encore terminés.

Quoique les opinions sur l'avantage des machines à deux cylindres soient encore controversées, la plupart des hommes compétents inclinent à penser que malgré leurs prix élevés, les machines Compound sont plus économiques que les machines à cylindre. Le professeur Rankine a prouvé le premier, relativement à l'effet théorique de la vapeur sur le piston, qu'il était indifférent que la détente eut lieu dans un ou plusieurs cylindres. Exemple : on obtient le même effet théorique, si au lieu de faire détendre la vapeur du petit cylindre dans le grand cylindre d'un volume double du petit, on fait directement travailler la vapeur dans le grand cylindre avec une introduction de $\frac{1}{2}$.

La supériorité des machines Compound sur les machines à un cylindre ne tient donc pas uniquement à l'emploi de deux cylindres; tout au contraire, le trajet de la vapeur du petit cylindre dans le grand cause une certaine chute de pression impliquant une diminution de l'effet. Le fonctionnement plus économique de la machine Compound tient donc à d'autres causes et surtout à ce qu'on évite les grandes pertes de vapeur produites dans les machines à un cylindre. M. G. A Hirn, nous a éclairé le premier sur ces pertes, en montrant que par la communication directe des parois du cylindre avec l'air libre, la vapeur se refroidit, de telle sorte qu'elle se condense sur les parois du cylindre sous forme d'une fine rosée. Pendant que la tension de la vapeur diminue, c'est-à-dire pendant la détente, cette eau de condensation se vaporise de nouveau (en prenant de la chaleur aux parois du cylindre) d'abord lentement, puis subitement au moment où la communication s'établit avec le condenseur par l'abaissement plus ou moins complet de la tension. Dans les machines à deux cylindres, cette différence de température est toujours moins sensible entre la vapeur introduite dans le petit cylindre et ses parois qu'entre la vapeur dans le grand cylindre et ses parois. En outre, la vapeur condensée dans le petit cylindre, développe du travail mécanique pendant l'admission dans le grand cylindre, non seulement par suite de la température plus élevée du petit cylindre, mais encore en vertu de la différence de pression entre les deux cylindres. Il n'y a donc à considérer comme perte effective que la quantité de vapeur condensée au début dans le petit cylindre et non encore vaporisée de nouveau à la fin de la course du grand piston. Par suite de la faible différence entre la pression d'admission et la pression moyenne, la condensation dans une machine à plusieurs cylindres est toujours plus petite que dans une machine à un cylindre, et de plus, cette eau de condensation se transforme de nouveau entièrement en vapeur pendant la période d'admission par le grand cylindre.

Pour empêcher complètement cette condensation qui a lieu sur les parois du cylindre à la fin de la détente, et par suite éviter les pertes de vapeur créées par ce fait, on emploie avec succès depuis ces temps derniers, des chemises de vapeur enveloppant le cylindre et chauffées avec de la vapeur directe de la chaudière. Le petit cylindre travaillant à une faible détente, une chemise de vapeur lui sera toujours moins nécessaire que pour le grand. D'autres pertes de vapeur sont dues aux espaces nuisibles. Ces dernières sont diminuées dans les machines à deux cylindres, puisque le petit cylindre reste toujours rempli d'un volume de vapeur de tension plus élevée, qui est ensuite comprimée par le piston d'une façon telle, que la vapeur fraîche d'admission ne subit qu'une influence insignifiante de cette vapeur restée. De cette façon, les espaces nuisibles sont évités, et conséquemment, le volume de vapeur exigé par ceux-ci est gagné. Les raisons énoncées, sont malgré leur évidence difficiles à prouver par des chiffres, et par suite, la question de savoir laquelle est préférable d'une machine à deux cylindres (Compound), ou un cylindre avec détente, reste toujours ouverte.

Dans ces derniers temps, expériences calorimétriques de MM. Hirn, Hallauer et Gustave Schmidt, etc., ont établi et prouvé la supériorité des machines Compound.

Fonctionnement de la machine Wolf et de la machine Compound.

Comme nous l'avons déjà précédemment mentionné, on désigne en France et en Allemagne, sous le nom de « machine Woolf », une machine dont les pistons arrivent en même temps au point mort; que ces deux pistons agissent sur une seule manivelle ou sur deux manivelles calées à 180°.

La désignation de machine Compound appliquée indistinctement par les Anglais aux deux genres de machines, n'est employée par nous que pour désigner les machines dont les deux manivelles atteignent l'une après l'autre leur point mort; par conséquent, la puissance n'a pas de point mort.

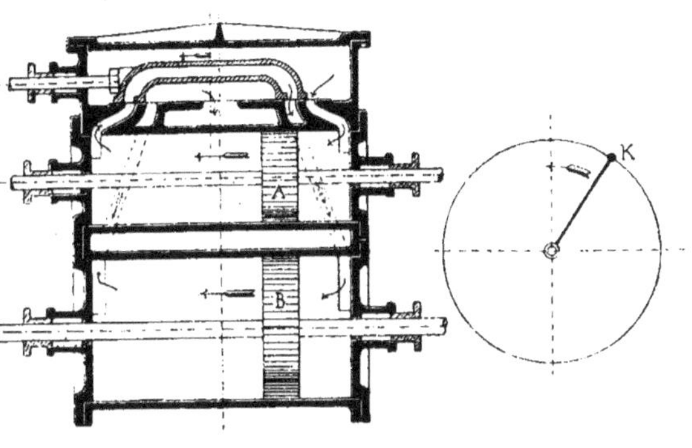

Fig. 1-2.

Les figures 1 et 2 du texte représentent la disposition d'une machine Woolf à deux pistons, agissant sur une même manivelle *K*. Les flèches indiquent le sens du courant de vapeur et il est facile d'y reconnaître que les deux pistons cheminent dans le même sens.

Sur la figure, la vapeur fraîche agit sur la face de droite du piston *A*, tandis que l'autre face chasse au moyen d'un canal, sur la face de droite du grand piston, la vapeur restée du coup précédent; la détente de la vapeur a lieu et son volume a augmenté d'une quantité égale à la différence des volumes des deux cylindres. Avec cette disposition, la première condition est que la vapeur venant du côté droit du petit cylindre affiue sur le côté gauche du grand et inversement. La distribution s'opère pour les deux cylin-

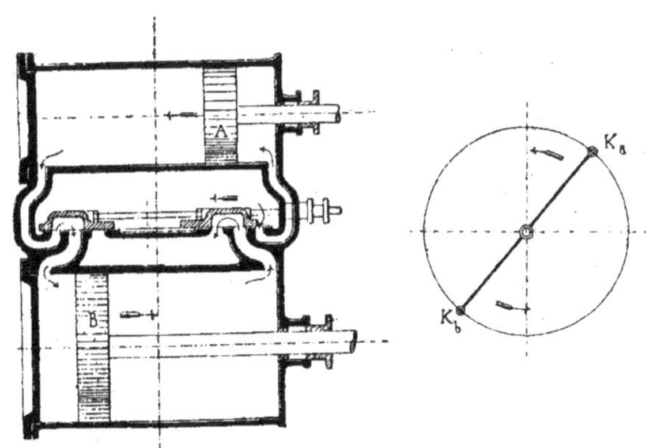

Fig. 3-4.

dres au moyen d'un seul tiroir. La disposition d'une machine Woolf à deux manivelles K_a et K_b calées à 180° est représentée par les figures 3-4 du texte. Les pistons marchent en sens contraire; la vapeur agissant sur un côté du piston dans le petit cylindre est toujours conduite sur ce même côté dans le grand cylindre, de sorte que dans cette disposition les canaux deviennent très courts et les espaces nuisibles sont notablement diminués, on peut faire également la distribution, au moyen d'un seul tiroir et d'un seul excentrique. L'emploi d'un seul tiroir (unique on séparé) ne peut avoir lieu que lorsque le réglage de la vapeur effectué par un papillon, une détente variable ou seulement une détente dans le petit cylindre indépendante de celle du grand, exige une distribution complète pour chaque cylindre.

Il convient de donner, au petit cylindre une détente variable par le régulateur et au grand cylindre une admission fixe réglée à la main. Hallauer recommande d'appliquer au grand cylindre deux tiroirs d'échappement indépendants du tiroir d'admission, pour que ce dernier ne soit pas inutilement refroidi par la vapeur d'échappement. Dans ce cas, on peut faire les canaux du tiroir d'admission beaucoup plus petits que ceux d'échappement.

Par l'emploi d'une distribution indépendante au cylindre à basse pression, la communication entre les deux cylindres ne présente plus un espace nuisible; au contraire, on augmente même cet espace pour gagner de la place pour une disposition de réchauffage. Laquelle a pour but de communiquer de la chaleur à la vapeur du réservoir déjà détendue; de sorte qu'après la période d'admission dans le grand cylindre la vapeur est au début de la compression dans le petit cylindre, avec une tension égale à celle de la vapeur détendue agissant sur l'autre face du petit piston à la fin de la course, il n'y a par conséquent pas de diminution de pression. L'avantage des manivelles calées à 180° consiste principalement en ce que les masses sont bien équilibrées, et dès lors les moments et les pressions se détruisent.

Dans les machines Compound, on a réuni les avantages de la machine Woolf à ceux des machines accouplées sans augmenter le nombre des cylindres. Elles possèdent outre l'avantage d'un emploi économique de la vapeur, une marche très douce et régulière puisqu'il n'y a pas de point mort.

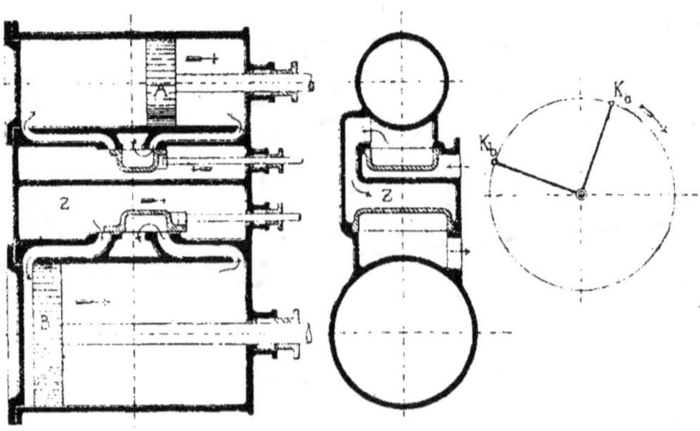

Fig 5-7.

Il est de la plus haute importance de pouvoir mettre une machine en marche dans toutes les positions (machines marines et machines d'extraction dont le sens du mouvement change souvent); il faut adapter une disposition permettant de faire agir la vapeur fraîche sur le grand piston, si la manivelle du petit piston se trouve au point mort.

Dans la plupart des machines Compound la communication entre les deux cylindres forme un réservoir intermédiaire (appelé en Angleterre *receiver*) représenté en Z (fig. 5-7); le but de ce réservoir est d'emmagasiner la vapeur d'échappement du petit cylindre jusqu'à ce que l'admission commence dans le grand. Lorsque le petit piston se trouve presque au fond du cylindre, la communication entre ce dernier et le réservoir s'établit; la vapeur est alors progressivement comprimée dans le réservoir par la marche rétrograde du petit piston, et le canal d'admission du grand cylindre doit déjà être fermé pour qu'il n'y ait pas une augmentation subite de pression sur le grand piston se trouvant au milieu de sa course. C'est la raison pour laquelle, le grand cylindre ne travaille qu'avec une admission égale à $\frac{1}{2}$; par conséquent, la compression dans le réservoir n'a lieu que pendant une demi-course rétrograde du petit piston et la détente dans ce réservoir s'établit aussitôt que le volume libre créé par le mouvement du grand piston devient plus grand que l'augmentation du volume du réservoir due au mouvement du petit piston. Après l'interception de l'admission dans le grand cylindre, le volume de vapeur resté dans le réservoir se mélange avec la vapeur sortant du petit cylindre pour constituer après la période de compression, la tension d'admission du cylindre à basse pression.

Calcul de l'effet et des dimensions.

Les indications suivantes servent pour le calcul :

V_1 = volume en mètres cubes; S_1 = course en mètres; F_1 = section en centimètres carrés; D_1 = diamètre du petit cylindre à haute pression.

V_2 = volume en mètre cubes; S_2 = course en mètres; F_2 = section en centimètres carrés; D_2 = diamètre du grand cylindre à basse pression.

V = volume d'admission du petit cylindre.

s = course de piston pendant l'admission.

$e = \frac{V}{V_2}$ = détente totale (égale au rapport du volume initial au volume final).

$m = \frac{V_1}{V_2}$ = rapport des volumes des deux cylindres.

p = pression absolue initiale de la vapeur en kilogrammes par centimètres carrés.

q = contre-pression du condenseur (ordinairement 0,2 kilogramme par centimètre carré).

n = nombre de tours par minute.

o = vitesse de piston en mètres par seconde.

Pour représenter l'effet de la détente dans les deux cylindres, on se sert généralement du diagramme imaginé par le professeur Rankine de Glasgow, dans lequel on admet que le grand cylindre a seul à exécuter le travail total et l'on suppose son diamètre égal à celui du petit cylindre et sa longueur augmentée d'une quantité égale au rapport des volumes des deux cylindres. Le volume initial V est à détendre en vertu de la loi de Mariotte dans l'espace V_2 (volumes inversement proportionnels aux pressions). Nous avons donc pour le rapport de la détente totale $e = \frac{V}{V_2}$. Le rapport de détente et la tension initiale p doivent toujour être donnés *apriori*; on ne doit pas pousser la détente jusqu'à ce que la courbe de détente touche à la ligne de pression zéro, elle doit plutôt rester au-dessus d'elle de 0,5 à 0,7 atmosphères. De l'aire totale, il faut encore retrancher la contre-pression q. Le rapport de la détente dans le petit cylindre est $e_1 = \frac{V}{V_1}$; si on le multiplie par le rapport des volumes des deux cylindres $m = \frac{V_1}{V_2}$, on a $\frac{V}{V_1} \times \frac{V_1}{V_2} = \frac{V}{V_2} = e$ rapport de la détente totale.

Il en résulte que le degré de détente du grand cylindre est complètement arbitraire pourvu toutefois qu'il ne soit pas plus petit que le rapport des volumes des deux cylindres. Exemple, soit $\frac{1}{4}$ le rapport des volumes, et $\frac{1}{3}$ l'admission dans le petit cylindre, il en résulte que le rapport total de détente $e = \frac{1}{3} \times \frac{1}{4} = \frac{1}{12}$. En supposant d'autre part qu'on intercepte l'admission dans le grand cylindre à moitié de la course, c'est donc après avoir formé un espace libre égal au double du volume du petit cylindre, on aurait eu jusque-là un rapport de détente $= \frac{1}{3} \times \frac{1}{2} = \frac{1}{6}$.

Cette quantité de vapeur enfermée se détend encore actuellement au double de son volume $= \frac{1}{6} \times \frac{1}{2} = \frac{1}{12}$, qui nous donne comme ci-dessus le rapport de détente totale. La vapeur restée dans le petit cylindre est pendant ce temps comprimée dans le réservoir intermédiaire et aura par conséquent une pression plus élevée à l'admission dans le grand cylindre. En négligeant tous les espaces nuisibles, l'effet d'une machine par coup de piston est représenté d'après l'énoncé par :

$$L = F_2 S_2 \left[pe\left(1 + log.\ nep\ \frac{1}{e}\right) - q \right]$$

et le nombre de chevaux indiqués par :

$$N_i = \frac{F_2\ S_2\ n}{30 \times 75} \left[pe\left(1 + log.\ nep\ \frac{1}{e}\right) - q \right].$$

Pendant le trajet de la vapeur du petit au grand cylindre, par suite de la chute de la pression, il y a ordinairement une perte moyenne de vapeur de 5 pour 100 que l'on doit ajouter à la contre-pression q.

Pour trouver l'effet réel, il faut multiplier ces équations par un coefficient de rendement $= n$, lequel est pour les machines Woolf encore plus petit que pour les machines à un seul cylindre à condensation. D'après Andries, le rendement c'est-à-dire le rapport du travail effectif au travail théorique varie suivant la grandeur de la machine :

Pour 4 chevaux	100 chevaux	Valeur maximum
$n = 0{,}26$	$n = 0{,}62$	$n = 0{,}75$.

La supériorité de la machine de Woolf étant due principalement à l'économie de la vapeur, il résulte des coefficients précédents que cette supériorité disparaît presque pour les petites machines.

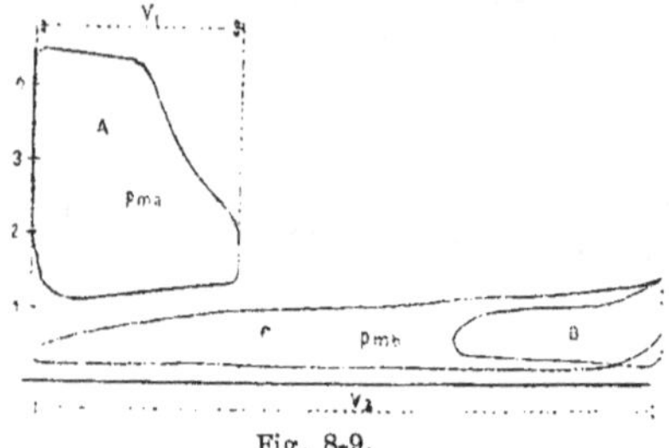

Fig. 8-9.

En désignant le coefficient de détente e $\left(1 + log.\ nep\ \frac{1}{e}\right)$ par k, il vient $k \times p - q = p_m =$ pression moyenne effective qu'on détermine facilement à l'aide du diagramme fourni par l'indicateur. A cet effet, on emploie le procédé Rankine. En multipliant d'abord les abscisses horizontales du diagramme B, (fig. 9) du grand cylindre par le rapport des volumes, nous aurons alors un nouveau diagramme C dont l'aire représente le travail du grand piston à la même échelle que le diagramme A du petit cylindre. On suppose ensuite la somme des aires A et C (fig. 8-9) transformée en un rectangle égal à $V_1 p_{ma} + V_2 p_{mb}$ pour en déduire la pression moyenne:

$$p_m = \frac{V_1 p_{ma} + V_2 p_{mb}}{V_2}.$$

Le travail effectif de la machine, exprimé en chevaux est alors d'après Volkers:

$$N_e = \frac{F_2 S_2 n}{30} = \frac{p_m - f}{75(1+\delta)} = \frac{N_i - N_r}{1+\delta}$$

dans cette formule, f désigne la pression nécessaire pour le travail à vide N_r, et δ désigne le coefficient de frottement additionel; pour une machine bien construite, ce dernier coefficient est $\delta = 0{,}05$, mais généralement il faut prendre une valeur plus élevée de $\delta = 0{,}13$. On détermine f par le diagramme de l'indicateur pris sur la machine, ou par la formule suivante :

$$f = \frac{3{,}036}{D_2} \times 0{,}035 \frac{G}{D^2_2} + 0{,}030 + 0{,}000019\, h$$

où G désigne le poids du volant en kilogrammes et h la hauteur en centimètres à laquelle, il faut pomper l'eau de condensation.

Observons encore que le travail à vide obtenu par l'indicateur est ordinairement trop grand, car le frottement du tiroir dans les machines à détente variable est plus grand que dans les machines à faible détente.

Supposons les abscisses V_1 et V_2 (fig. 8 et 9) proportionnelles aux volumes respectifs des deux cylindres, l'aire A représente le travail du petit cylindre et B celui du grand cylindre. Le travail de la vapeur représenté par la somme des aires A et C des diagrammes (fig. 8-9) étant à exécuter par les deux cylindres, il faut que ces aires soient de même grandeur, si l'on veut que chaque cylindre produise le même travail. Pour satisfaire à cette condition, on trouve par le calcul pour le rapport des volumes des cylindres que $m = 0{,}9\sqrt{e}$.

D'après Grashof, le rapport des volumes des cylindres le plus favorable, en faisant le rapport de l'effort maximum à l'effet minimum de la machine aussi petit que possible est $m = 0{,}85\sqrt{e}$.

Werner, pour obtenir le plus grand rendement déduit $m = \sqrt{e}$.

Le calcul se fait ensuite de la façon suivante :

Ayant déterminé par les équations précédentes les dimensions du grand cylindre, on détermine encore à l'aide de l'une des trois formules, le volume du petit cylindre. On règle la course de la machine d'après les dispositions de sa construction, on prend ordinairement $\frac{S_2}{S_1} = 1$ et pour des machines à balancier $\frac{S_2}{S_1} = \frac{4}{3}$ à $\frac{3}{2}$; nous avons donc trouvé la section et le diamètre du petit piston.

D'après Zeuner, on obtient les dimensions du petit cylindre, au moyen du rapport de détente donné $e_1 = \frac{V}{V_1}$ et du rapport du volume initial au volume final $\frac{V}{V_2} = e$, par l'équation suivante :

$\frac{V_1}{V_2} = \frac{e}{e_1}$ ou $\frac{F_1}{F_2} = \frac{e\, S_2}{e_1\, S_1}$ d'où l'on déduit pour le diamètre du petit cylindre : $D_1 = D_2 \sqrt{\frac{e\, S_2}{e_1\, S_1}}$

Si les deux courses deviennent égales, on les adopte ordinairement $= D_1 + D_2$. On a souvent reproché au système Woolf de donner un travail plus petit dans le grand cylindre par l'adjonction du petit cylindre. Mais les expériences ont contredit cette assertion et l'on a obtenu les meilleurs résultats, lorsque la tension à la sortie du petit cylindre s'approche de la pression atmosphérique, de telle façon que le grand cylindre ne travaille qu'à une faible pression. En appliquant une détente variable au petit cylindre, une machine Woolf comporte de notables variations pour son travail, sans toutefois s'écarter sensiblement du maximum de son rendement, puisque la détente peut être poussée plus loin que dans une machine à un seul cylindre.

Le professeur Schmidt s'est prononcé à plusieurs reprises contre une détente exagérée, il croit qu'il faut chercher dans les dimensions exagérées du grand cylindre les causes des résultats insuffisants obtenus dans les machines Woolf. On rencontre souvent des machines Woolf à détente variable, n'ayant que 0,3 d'admission dans le petit cylindre, et qui avec un rapport de volume $=3$, ne permettent qu'une admission maximum de 0,1 dans le grand cylindre. En réduisant la section du grand piston dans une proportion de 3 à 2,5 et en donnant 0,5 d'admission au petit cylindre, l'admission maximum dans le grand cylindre devient $=0,2$. Cette dernière machine est moins chère que la première et chacun de ses cylindres fournit environ la même quantité de travail, tandis que dans l'autre machine, le travail dans le grand cylindre, est beaucoup plus faible que dans le petit cylindre. Avec une admission de 0,25, cette machine plus petite produit encore un travail indiqué plus grand (puisqu'il n'y a pas de chute de pression pendant le trajet), que l'autre machine qui est plus chère. Outre qu'elle est plus économique, elle n'aura jamais l'inconvénient que le grand piston doive être ramené par le volant à la fin de sa course, lorsqu'on diminue encore davantage la force motrice.

D'après le professeur Schmidt, le principe de la séparation de l'admission de la condensation n'est pas rationnellement complet dans les machines Woolf pour lesquelles le rapport des volumes est $\frac{1}{5}$ ou $\frac{1}{6}$ avec pleine admission dans le petit cylindre, car dans celles-ci les pertes par condensation sont trop sensibles. Si même, dans des machines où les volumes des cylindres ont ce rapport il y a une admission variant de $\frac{1}{2}$ jusqu'à pleine admission, la température de la vapeur ne diminue pas beaucoup dans le petit cylindre, et lorsque cette vapeur entre dans le grand cylindre, il y a sur ses vastes parois un refroidissement et par suite condensation et chute de pression telles, qu'on peut regarder de telles machines de dimensions peu raisonnées, comme de véritables consommateurs de charbon. Mais il n'en est pas ainsi lorsque le petit cylindre possède une admission de $\frac{1}{5}$ jusqu'à $\frac{1}{2}$ au maximum, et si le grand cylindre a avec le petit un rapport de volume de 2,5 à 3 au maximum.

Le tableau suivant, calculé par M. le professeur G. Schmidt, donne des rapports convenables pour lesquels la tension finale dans le grand cylindre est de 0,7 atm.

Tension absolue initiale en atmosphères	3,15	3,5	3,85	4,2	4,45	4,9	5,25	5,6
Détente totale . . . . $\frac{1}{e}=\frac{V_2}{V}$	4,5	5,00	5,5	6,0	6,5	7,0	7,5	8,0
Rapport des volumes . . . . $\frac{1}{m}=\frac{V_2}{V_1}$	1,97	2,14	2,31	2,47	2,63	2,78	2,93	3,07
Détente du petit cylindre. . . . . $\frac{1}{e_1}=\frac{V_1}{V}$	2,28	2,33	2,38	2,42	2,47	2,51	2,56	2,60
Rapport de détente dens le petit cylindre e_1 . . $=\frac{V}{V_1}$	0,438	0,429	0,42	0,412	0,404	0,397	0,39	0,384
Pression moyenne active relativement au grand piston. $=p_m$	1,578	1,652	1,718	1,779	1,835	1,887	1,935	1,981

L'effet par coup de piston $L = F_2\ S_2\ p_m$, se détermine à l'aide des valeurs p_m : l'effet étant calculé, on obtient la force en chevaux d'après ce qui a été indiqué précédemment.

Pour obtenir l'effet utile d'une machine existante, on se se sert des diagrammes fournis par l'indicateur, ils donnent un tableau très clair de l'action de la vapeur et permettent de reconnaître facilement les défauts du fonctionnement de la distribution. La figure 10 du texte représente le diagramme relevé au moyen de l'indicateur sur une machine Woolf, dont les deux pistons se meuvent dans le même sens. Dans cette machine la vapeur est interceptée à moitié course du petit piston et sa tension est à ce moment déjà bien abaissée par suite du laminage de la vapeur. A la fin de la détente, une chute de pression est causée par le trajet de la vapeur dans la boîte du tiroir du grand cylindre déjà plein de vapeur à faible tension. Pendant la course suivante, il y a une augmentation progressive de volume entre les deux pistons et par conséquent peu à peu une diminution de tension; toutefois la pression de la vapeur sur la face du petit piston est toujours plus forte que sur la face du grand piston par suite du frottement et du changement de direction de la vapeur dans les canaux. La vapeur est interceptée dans le grand cylindre à 0,8 de sa course, ce qu'indique la figure 10 par une descente plus prononcée de la courbe du diagramme inférieur et un relèvement de la courbe du diagramme supérieur. Ensuite, la vapeur est comprimée par le petit piston dans la chapelle du grand cylindre jusqu'après la fermeture de l'échappement, où alors la compression dans le petit cylindre se traduit par un relèvement brusque de la courbe dans le diagramme supérieur.

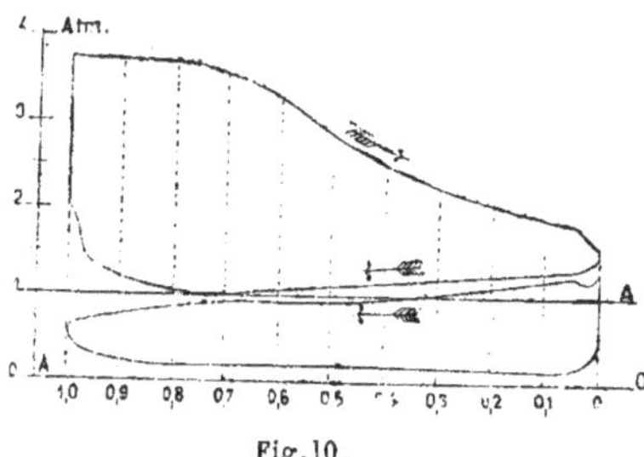

Fig. 10.

La figure 11 du texte représente un diagramme d'une machine Compound obtenu par l'indicateur. Le cylindre à haute pression possède une distribution de précision, on le reconnaît dans le diagramme par la limite bien nette de la ligne d'admission. Dans cette machine, il y a aussi une diminution de pression à la fin de la détente, car la vapeur sortant du petit cylindre se mélange avec la vapeur de faible tension du réservoir intermédiaire. La courbe de la contre-pression monte sensiblement jusqu'au milieu de la course pour descendre ensuite plus rapidement par suite de l'ouverture du grand cylindre. Dans la plupart des cas, l'interception du cylindre à basse pression se reconnaît à peine dans la courbe de détente. Le diagramme du cylindre à basse pression est déplacé d'une demi-course, pour montrer la perte de tension entre les cylindres.

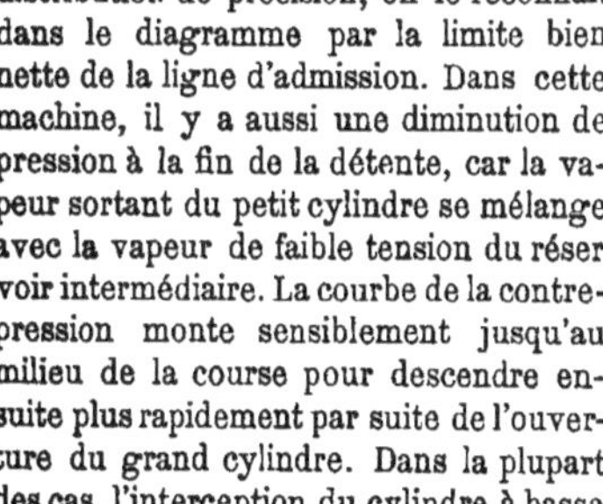

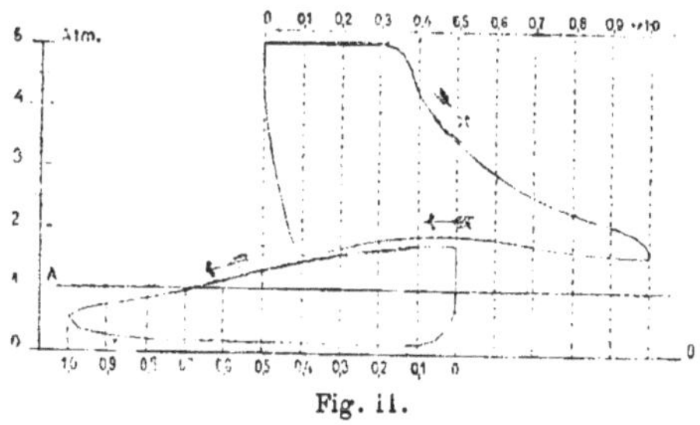

Fig. 11.

Le calcul d'une machine Compound se fait plus facilement par un procédé graphique, car on peut ainsi mieux tenir compte des espaces nuisibles et de l'influence du réservoir intermédiaire.

Ayant calculé approximativement les dimensions et le rapport des cylindres, au moyen des notes et des équations ci-dessus ; on détermine au moyen des volumes, les pressions sur les pistons. On réunit ensuite ces dernières dans des diagrammes de pressions rendant compte de la grandeur de la force développée par chaque cylindre ainsi que de l'effet total résultant des deux cylindres. Il faut alors chercher les volumes, c'est-à-dire les positions des pistons correspondant à un certain nombre de positions des manivelles à l'aide des arcs de cercle *aa* et *bb* et de la construction représentée dans la figure 12 du texte. La distance horizontale entre ces arcs et un point du cercle décrit par la manivelle donne immédiatement la course du piston relatif à cette position de la manivelle.

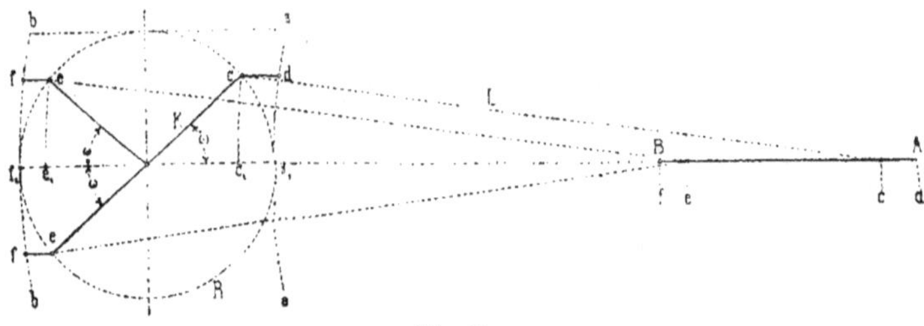

Fig. 12.

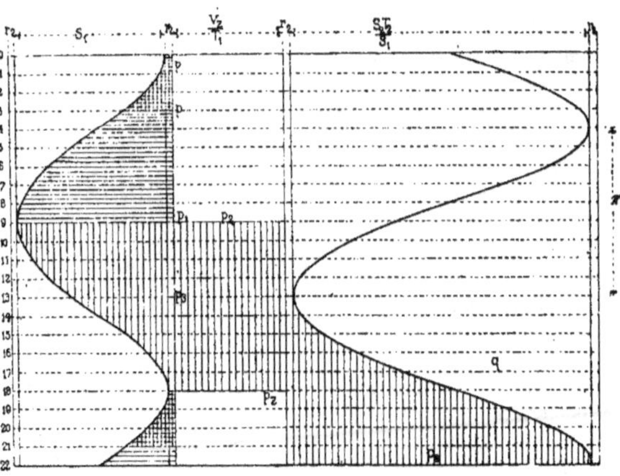

Fig. 13.

Dans le diagramme des pistons (fig. 13 du texte), nous avons représenté à une échelle arbitraire les chemins du petit piston ainsi que ceux du grand, mais déplacé d'une quantité correspondant au calage de 80° des manivelles (fig. 14 du texte). Quoique l'échelle du diagrmme soit arbitraire, il faut cependant que le rapport de la course du grand piston à la course du petit piston soit égal au rapport des volumes respectifs. Donc la course totale du grand piston est représentée par une grandeur $=\frac{S_2 F_2}{F_1}$. De même le volume V_z du réservoir intermédiaire est divisé par F_1 et porté dans le diagramme comme une surface de largeur constante $\frac{V_z}{F_1}$. Enfin les espaces nuisibles sont encore à diviser par F_1 et à représenter à chaque extrémité de course par V_z.

On porte alors dans ce dernier diagramme les chemins parcourus (fig. 12), par les pistons à l'échelle de volumes adoptée. Quant aux diagrammes de pressions, il faut encore remarquer qu'ils diffèrent des diagrammes de l'indicateur, par ce fait que la courbe inférieure est tournée en sens envrse, qu'on obtient par conséquent et les pressions effectives sur le piston. La pression initiale est égale à p, donc la tension à la fin de la détente dans le petit cylindre $p_1 = e_1 \times p$. Lorsque le petit piston est au point mort, le grand cylindre doit être fermé, donc la vapeur restée dans le réservoir conserve sa tension p_z jusqu'au commencement de l'admission du grand cylinde. Il résulte donc de p_1 et p_z la pression du mélange $p_2 = \frac{V_1 p_1 + V_z p_z}{V_x + V_z}$. Cette vapeur mélangée est alors comprimée dans le réservoir jusqu'à ce que l'ouverture du grand cylindre s'effectue : par suite, la contre-pression maximum dans le petit cylindre et la pression initiale dans le grand cylindre est représentée par $p_z = \frac{p_2 (V_1 + V_z)}{V_x + V_z}$, formule dans laquelle V_x représente le volume déplacé par le petit piston jusqu'au commencement de l'admission dans le grand cylindre. Si e_2 désigne le rapport de la détente dans le grand cylindre, on a la tension dans celui-ci à la fin de l'admission $p_n = p\frac{e}{e_2}$. La pression finale dans le grand cylindre est $p_4 = p \times e$. Ayant ces pressions initiales et finales, on en déduit facilement les valeurs intermédiaires. On voit par ces équations que la pression finale p_4, dépend uniquement de la détente totale et que dans toute machine, les valeurs de toutes les pressions s'accroissent avec une augmentation de détente dans le grand cylindre, puisque e_2 se présente en dénominateur dans l'équation de p_n.

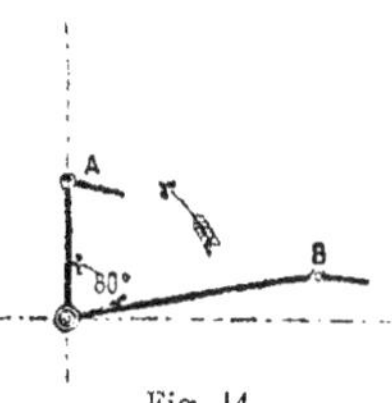

Fig. 14.

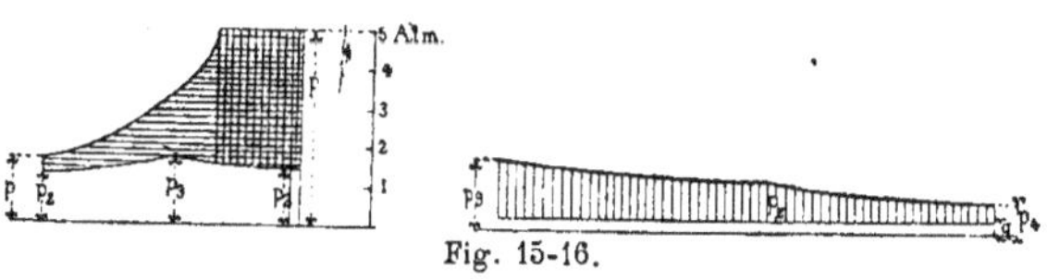

Fig. 15-16.

En outre, avec une plus petite introduction dans le petit cylindre, la contre-pression pour celui-ci et la pression active pour le grand cylindre, deviennent plus petites et l'effet du grand cylindre diminue plus rapidement que celui du petit. La grandeur du réservoir intermédiaire est le plus souvent déjà formée par l'espace du tuyau de communication et la chapelle du grand cylindre. Un réservoir d'un volume égal à celui du petit cylindre suffit complètement pour empêcher une compression nuisible, ainsi que le prouvent le calcul et les diagrammes de l'indicateur. Par conséquent, tout agrandissement au-delà de ce volume, n'a comme effet qu'une perte inutile produite par le refroidissement de la vapeur.

De la régularite de la marche.

La régularité de la marche s'étudie le plus facilement au moyen des diagrammes de pressions. On obtient une régularité parfaite si les pressions tangentielles aux cercles de la manivelle sont d'une grandeur constante. Mais cette dernière condition, n'est jamais obtenue dans aucune machine, car cette pression sera bientôt ou plus petite ou plus grande que la force moyenne développée par la machine. Le volant sert à régulariser ces différences, en emmagasinant de la force ou en rendant. Il est avantageux de construire la machine de telle façon que les pressions maxima et minima s'écartent aussi peu que possible de la pression moyenne (1).

Dans une machine à un seul cylindre, la pression tangentielle décroît jusqu'à zéro à la fin de chaque course. Il n'en est pas de même dans une machine à deux cylindres si les deux pistons n'atteignent pas en même temps leur point mort. C'est pour cette raison, que toute machine Woolf travaille toujours à une pression minimum égale à zéro puisque les deux pistons arrivent à la fois au point mort.

Les diagrammes des forces tangentielles servent à comprendre ce qui a été dit ci-dessus. On trouve ces forces tangentielles, en portant les ordonnées p des diagrammes de pressions (fig. 15-16) sur les rayons respectifs des positions de la manivelle (fig. 17). En projetant ces grandeurs sur la direction de l'axe de la bielle, on détermine en T les forces tangentielles. Sur le développement de la circonférence de la manivelle comme abscisses on porte ces forces tangentielles T_1 T_2 T_3, etc., comme ordonnées et on enveloppe leurs extrémités par une courbe.

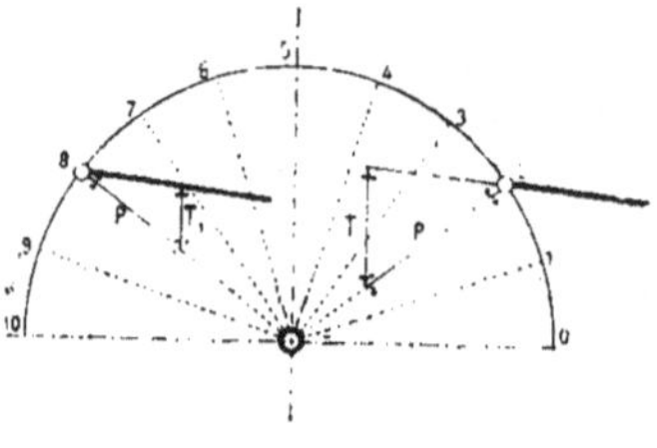

Fig. 17.

Supposons que le travail de la vapeur soit effectué par un seul cylindre, dans le but de faire une comparaison entre une machine à un cylindre et une machine

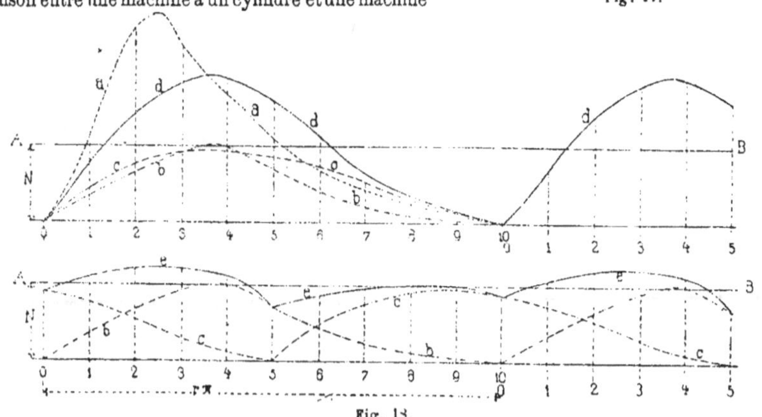

Fig. 18.

(1) Le professeur Radinger est le premier qui nous ait éclairci sur ce précédent par son ouvrage *Les Machines à vapeur à grande vitesse de piston.*

Woolf ainsi qu'une machine Compound. Avec une admission égale à $\frac{1}{5}$, nous obtenons une courbe enveloppant les forces tangentielles, elle est indiquée par *aa* dans le diagramme fig. 18 du texte ; elle atteint sa hauteur maximum entre les positions 2 et 3 de la manivelle. Au moyen des diagrammes de pression et pour une même détente totale égale à 5, on a la courbe désignée par *bb*. Pour tracer la courbe relative au cylindre à basse pression, il faut augmenter les ordonnées proportionnellement au rapport des volumes des deux cylindres. Exemple, si le cylindre à basse pression est 3 fois plus grand que le cylindre à haute pression, il faut multiplier par 3 les ordonnées des pressions du premier ; on obtient alors la courbe *cc*. Les pressions maxima des courbes *bb* et *cc* n'atteignent point la hauteur de celles relatives aux machines à un cylindre et par conséquent les dimensions des tourillons et *c* peuvent être plus petites. Mais les ordonnées de pression des deux courbes *bb* et *cc* doivent être ajoutées pour obtenir le diagramme *dd* correspondant à la force collective.

Cette course démontre les avantages de la machine Woolf, parce que la pression maximum reste déjà bien au-dessous de celle de la machine à un cylindre et parce que les pressions s'étendent déjà mieux sur la demi-circonférence de la manivelle $= \pi r$. Les aires développées par les courbes *aa* et *dd* devraient être de même grandeur, mais puisqu'il y a dans la machine Woolf une chute de pression ; l'aire *dd* est plus petite que *aa*.

La distance N de la droite horizontale AB indique la grandeur de la résistance moyenne. Le diagramme des forces tangentielles d'une machine Compound est représenté par la figure 19 du texte. Dans celui-ci les forces du cylindre à basse pression sont déplacées d'une quantité correspondante à un quart de tour de la manivelle. La courbe du cylindre à haute pression *bb* et celle du cylindre à basse pression *cc* est donc déplacée d'un quart de tour de la manivelle. L'addition des ordonnées de ces deux courbes nous donne une nouvelle courbe *ee* s'écartant faiblement de la ligne AB qui représente la résistance moyenne N.

On y reconnaît donc que la prétendue régularité de la machine Woolf n'est pas comparable à celle de la machine Compound. Le calage des manivelles à 90° à l'exemple des machines marines est partout adopté pour des machines fixes quoique dans ces dernières, on ne change pas le sens du mouvement. Mais on n'est pas toujours obligé de suivre cet usage surtout si les machines travaillent constamment avec la même vitesse. On peut, ayant déterminé chacun des diagrammes des forces tangentielles, trouver le calage le plus convenable, en déplaçant les ordonnées et en les additionnant ; de façon que les pressions maxima et minima diffèrent aussi peu que possible. Pour un calcul rigoureux, il est encore à observer qu'il faut tenir compte des masses dans les diagrammes. Si de cette façon, on a trouvé un autre calage que 90°, il faut disposer la distribution des cylindres de telle sorte que la vapeur sortant du petit cylindre ne puisse rentrer dans le grand cylindre que lorsque ce dernier a achevé sa course. Il en est de même si la manivelle Ka (fig. 20 du texte) précède la manivelle K_b d'un angle plus petit que 90°. Le petit piston arrive à son point mort et l'admission dans le petit cylindre commence lorsque le grand piston a déjà parcouru plus de la moitié de sa course. Par conséquent l'admission AC dans le grand cylindre peut être plus longue que la demi-course tandis que la

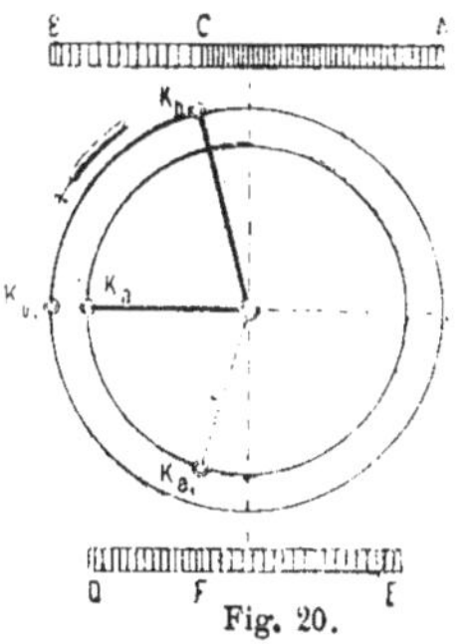

Fig. 20.

période de compression DF dans le réservoir n'a lieu que sur un parcours de piston égal à la moitié de sa course totale ; c'est-à-dire jusqu'à ce que la manivelle atteigne la division Ka_1.

Ayant traité les machines à plusieurs cylindres à différents points de vue, nous allons aborder la construction de ces mêmes machines dans différents ateliers.

MACHINES WOOLF

Brissoneau frères, à Nantes.

(Planche 18, figure 7 et 8).

Au début la machine Woolf fut presque toujours exécutée sous le type de machines à balancier et aujourd'hui même, elle est employée en France, le plus souvent sous cette forme.

Dans cette disposition, les bielles des pistons et des pompes sont toutes suspendues au balancier. Une telle machine est toujours très chère, car le balancier doit être très solidement supporté et il faut à cet effet de fortes colonnes ou poutrelles et des massifs de maçonnerie très considérables.

La machine Woolf accouplée, représentée (d'après Armengaud), planche 18, figures 7 et 8 est construite par MM. Brissoneau frères, à Nantes. Dans celle-ci, le cylindre à haute pression et le cylindre à basse pression de chaque machine sont placés l'un près de l'autre, les chapelles se trouvent en haut à l'extrémité des cylindres ; le tuyau d'arrivée et celui d'échappement affectent la forme d'une colonne. Le petit cylindre possède une détente Farcot, le grand cylindre n'a qu'un tiroir à coquille. Les deux tiroirs reçoivent un mouvement simultané par l'intermédiaire des manivelles d'un arbre transversal e, au moyen de petites bielles d, des tiges c guidées droites, et de la traverse f. A côté de chaque cylindre à haute pression est placée la pompe à air dont la tige de piston est commandée par le balancier. Les paliers des balanciers sont venus de fonte avec des poutres longitudinales ; les extrémités de ces dernières s'appuient contre de fortes poutres en bois et sont supportées par d'autres poutres en fonte, servant également de liaison aux murs du bâtiment. Les poutres longitudinales sont encore supportées au milieu, en dessous des balanciers par deux groupes de colonnettes et entre les deux machines par une forte colonne. Les colonnes réagissent seulement contre les pressions verticales, tandis que les poussées horizontales sont transmises par les poutres sur les murs latéraux. Les deux machines développent ensemble 416 chevaux indiqués, pour un coefficient de rendement $= 0,7$, il en résulte 290 chevaux effectifs en chiffres ronds. Le cylindre à haute pression a un diamètre de 495 millimètres et une course de 1m,180. La tension est de 6 atmosphères et l'admission $= 0,3$. L'alésage du grand cylindre est de 760 millimètres et sa course $=$ 1m,920 ; le rapport de détente est égal à 0,32. Le nombre de tours par minute est de 24.

Atelier de Construction et Fonderie de Goerlitz, à Goerlitz.

(Figure 21 du texte).

La fig. 21 du texte représente une machine Woolf à balancier de l'atelier de construction et fonderie de Goerlitz, servant pour la commande de puissantes pompes à eau et à air. Le balancier de cette machine est en tôle et il est supporté par des poutres et colonnes d'une façon analogue à celle de la machine construite par MM. Brissoneau.

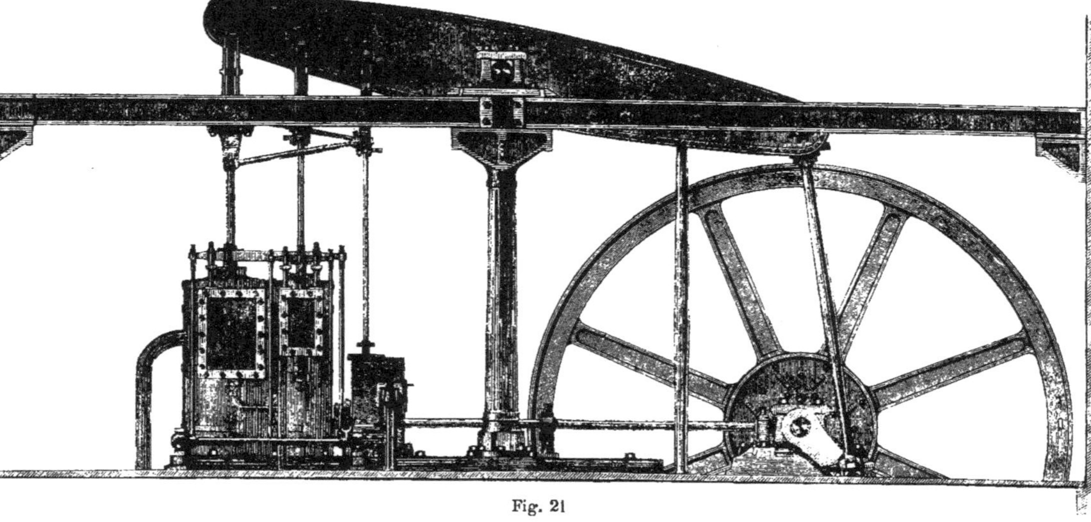

Fig. 21

Atelier de Construction de Machines, à Wetter-sur-Ruhr.

(Figure 22 à 25 du texte).

Une machine Woolf actionnant une machine soufflante est représentée fig. 22 du texte. Cette machine est exécutée par l'atelier de construction de Wetter-sur-Ruhr. On voit à gauche le cylindre à air et à droite les deux cylindres à vapeur et à proximité l'arbre moteur avec le volant.

Un tiroir Hick équilibré *c*, (fig. 23), mû par un excentrique calé sur l'arbre moteur, effectue la distribution des deux cylindres (fig. 23-25). Pour faciliter la mise en marche, on a appliqué un distributeur à la main permettant de faire arriver directement de la vapeur fraîche sur le grand piston. Dès qu'on lâche le levier *D*, cette distribution cesse automatiquement son fonctionnement, par suite de la fermeture des soupapes.

Les dimensions des cylindres sont les suivantes :

	CYLINDRE à HAUTE PRESSION	CYLINDRE à BASSE PRESSION	CYLINDRE SOUFFLANT
Diamètre en millimètres.	836	1412	2615
Course en millimètres. .	1883	2510	2510

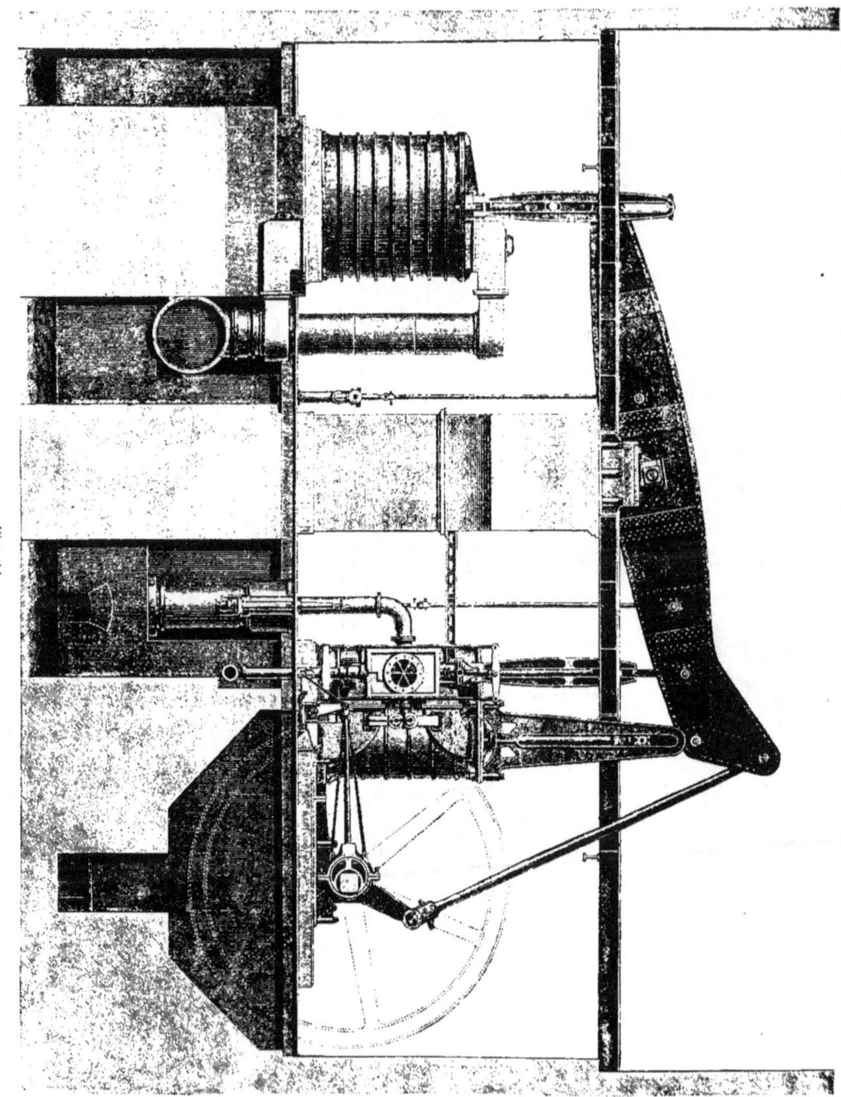

Fig. 22.

La machine fait 13 tours par minute et le rapport des cylindres est $m = 0,26$. La détente commence à 0,7 de la course, et par conséquent, la détente totale $c = 0,18$. La pression absolue de la vapeur est 4 $^1/_2$ atmosphères. Les cylindres n'ont pas de chemise de vapeur. L'emploi des

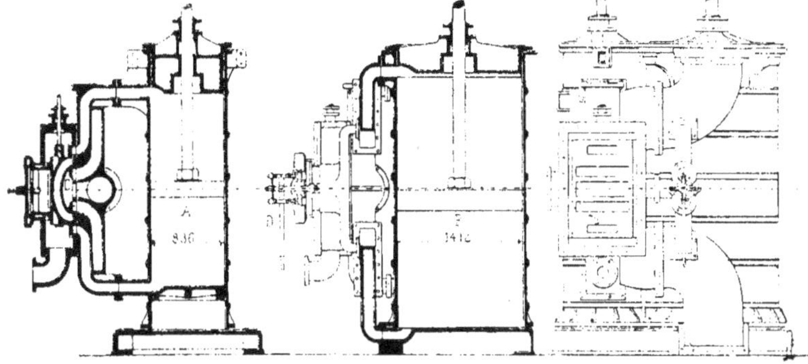

Fig. 23-25

glissières au lieu d'un parallélogramme est remarquables ainsi que le balancier en tôle présentant une disposition originale pour le tourillon d'attache de la bielle. Cette dernière propriété permet de faire la longueur de la manivelle presque égale à la demi-course du grand piston.

Société par actions de construction de Cologne à Cologne.

(Figure 26 du texte).

La machine à balancier de la Société par actions de construction de Cologne, diffère des machines précédentes par l'emploi d'un fort bâti en fonte, supportant le balancier au lieu de poutres s'appuyant contre les murs latéraux. Deux courtes poutrelles dont l'une des extrémités est supportée par des colonnettes en fer, supportent deux contre-poutrelles longitudinales.

La distribution de la vapeur s'opère aussi dans cette machine au moyen d'un seul tiroir pour les deux cylindres. Ces machines ont les dimensions suivantes: Diamètre du cylindre à haute pression =380 millimètres, course 1020 millimètres; cylindre à basse presssion, diamètre 745 millimètres, course = 1415 millimètres, rapport des cylindres $m = 0,22$.

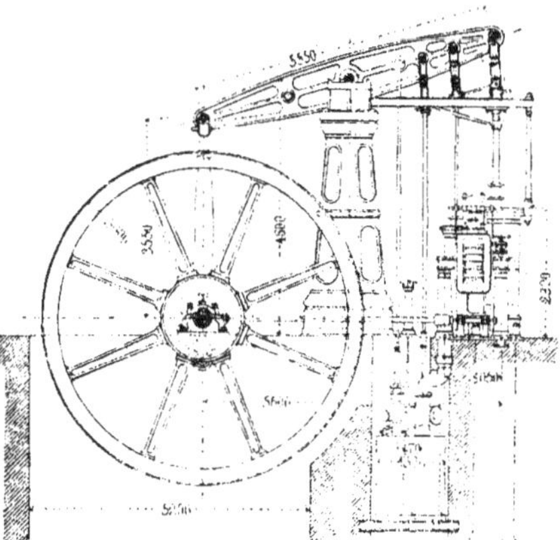

Fig. 26

Mille & Cie, à Glascow.

(Planches 20 et 22, figure 1-3).

C'est récemment qu'on a essayé avec succès de donner une disposition horizontale à la machine Wolf. Dans la plupart des cas, les cylindres sont placés à la suite l'un de l'autre, de façon que la tige du piston soit commune aux deux cylindres. Mais alors la machine a l'inconvénient d'être très longue, car il faut laisser un certain espace entre les deux cylindres pour aborder les presse-étoupes.

Une machine de ce genre a été construite par Mille & Co, à Glascow, elle est représentée pl. 20 et 21, fig. 1-3. Le bâti de la machine en forme de fourche est fixé sur un socle en U par des boulons; en outre les semelles des paliers de l'arbre moteur sont fixées sur le socle par des frettes. Les glissières sont fixées à l'intérieur du bâti creux. Seul le cylindre à haute pression possède une chemise de vapeur et est muni d'une fourrure emboîtée. Les diamètres des cylindres sont de 787 millimètres et de 1m,280, leur course commune est de 1m,524, d'où le rapport des cylindres $m = 0{,}38$. La distribution est effectuée par un tiroir à pistons actionné par une coulisse d'Allan. La vapeur afflue entre les deux pistons de distribution et s'échappe des deux côtés. Un tuyau ordinaire relie les deux chapelles. Le cylindre à basse pression possède une distribution auxiliaire pour la vapeur directe dont le mouvement est emprunté à la coulisse. Le mécanicien peut d'une plate-forme dominante régler la soupape d'arrêt, renverser la marche de la machine à l'aide d'un petit servo-moteur et mettre en marche une distribution auxiliaire. A 8 atmosphères de pression, cette machine développe un travail de 3,000 chevaux indiqués.

T. Bates & Cie à Sowerby—Bridge (Yorkshire).

(Planches 20 et 21).

Pour éviter l'inconvénient d'une trop grande longueur de la machine, les pistons n'ont pas une tige commune et on gagne ainsi l'espace exigé pour les presse-étoupes. En Angleterre on désigne cette construction sous le nom de « Tandem-Machine ».

Une machine de ce genre construite par T. Bates & Cie, à Sowerby (Yorkshire), est représentée planche 20 et 21, figures 14 et 15. Dans celle-ci le cylindre à basse pression possède deux tiges de piston passant extérieurement des deux côtés du cylindre à haute pression.

Une traverse commune relie les trois tiges des pistons et la bielle est appliquée au milieu de cette traverse. Cette dernière disposition empêche la traverse de prendre une position oblique même si les pistons développaient des forces différentes. La pompe à air est actionnée par la tige centrale du cylindre à basse pression. Les cylindres ont des diamètres de 750 millimètres et de 1m,295 ; la course est de 1m,524. Le rapport des cylindres est $m = 0{,}334$. Les tiroirs de distribution des deux cylindres sont mus par un excentrique commandant en même temps la pompe alimentaire. Les tiroirs de détente du grand cylindre sont actionnés par un autre excentrique. Entre les deux cylindres et dans la communication de vapeur est placé un surchauffeur de Berryman. En outre, on a encore adopté des soupapes permettant de travailler sans surchauffer.

Nous représentons, pl. 17, fig. 1-3, la construction la plus récente d'une machine de T. Bates et Cie, laquelle commande les machines d'une filature de 32,000 broches et développe un travail indiqué de 600 chevaux, mais qu'on peut au besoin augmenter jusqu'à 900 chevaux. Le travail à vide de toutes les machines y compris tous les arbres et courroies n'est que de 140 chevaux, chiffre relativement peu élevé.

On reconnaît facilement tous les détails de cette machine par l'examen de la coupe. Le cylindre à haute pression est muni d'une détente Meyer, tandis que la distribution du cylindre à basse pression se fait, par un tiroir à coquille ordinaire. Le régulateur fixe l'admission, de vapeur au moyen d'un papillon. Aucun des cylindres ne possède de chemise de vapeur et le refroidissement est empêché par une enveloppe ordinaire.

Bryan Donkin et Cie, à Londres.

(Planches 20 et 21, figure 4-6).

La machine de Bryan Donkin Cie (pl. 20 et 21, fig. 4-6) ressemble par sa disposition générale à la précédente, avec cette différence que le cylindre à basse pression possède une tige de piston qui sort du fond du cylindre. Cette tige est reliée à la tête du piston au moyen d'une traverse guidée par des glissières et de deux tiges passant de chaque côté des cylindres. La distribution au moyen d'un excentrique commandant une tige accouplée au tiroir de chaque côté du cylindre (fig. 6), est remarquable. La glace du tiroir est représentée fig. 6 ; sa disposition singulière est exigée par ce fait que l'accouplement du tiroir avec la tige doit se faire en dessous de la glace. Le porte-écrou du tiroir *A* se meut dans un trou rectangulaire de la glace ; cette ouverture ne devant pas laisser passer de vapeur est toujours recouverte par les deux plaques $\tau\tau$ du tiroir *A*.

Les canaux de vapeur aa_1 sont arrangés en deux parties de chaque côté de cette ouverture, et par suite l'appareil de distribution est également composé de deux petits tiroirs à coquille *A* et *A* formant une pièce avec les deux plaques *bb*. Lensemble de la disposition n'ayant rien de compliqué possède encore l'avantage de n'exiger qu'un seul presse-étoupes pour le cylindre à basse pression. En somme, la machine n'a que trois presse-étoupes. Le cylindre à basse pression est seul muni d'une chemise de vapeur dont l'enveloppe est venue de fonte avec le cylindre ; la vapeur fraîche passe par celle-ci avant de se diriger par la soupape obturatrice dans la chapelle du cylindre à haute pression. La pompe à air située en contre-bas de la machine est actionnée par la manivelle au moyen d'un levier et d'une bielle. La machine figurée planche 17 n'est pas munie d'un appareil de détente spécial, néanmoins la maison Donkin et Cie exécute également sur commande des machines à détente variable.

Société Alsacienne de Construction mécanique, à Mulhouse (Alsace).

(Planches 20 et 21, figure 12-13).

Une disposition originale de la machine Woolf (pl. 20 et 21, fig. 12-13) est due à la Société Alsacienne. Dans cette dernière, le cylindre à haute pression est situé au-dessous du cylindre à basse pression, l'axe du premier est incliné sur l'axe du dernier, de sorte que tous les deux se coupent dans l'axe de l'arbre moteur commun sous un angle de 10°20'. Les deux bielles sont appliquées sur la même manivelle. Les deux cylindres ont des chemises de vapeur où passe de la vapeur fraîche avant d'entrer dans la chapelle du cylindre à haute pression.

L'admission de la vapeur est interceptée à 0,83 de la course ; le régulateur agit sur un papillon. Dans cette machine, chaque tiroir est actionné par un excentrique spécial ; ces excentriques sont calés sur un arbre recevant un mouvement de même sens que l'arbre moteur, au moyen de trois engrenages droits. La pompe alimentaire est commandée par un excentrique calé sur un arbre intermédiaire. Les cylindres ont des diamètres de 380 millimètres et de 857 millimètres, la course est de $1^{m},297$. Par suite du rapport des cylindres $m = 0,19$, le cylindre à basse pression paraît trop grand, comme le prouvent également les diagrammes de l'indicateur par une très forte chute de pression, puisque le petit cylindre n'a qu'une faible détente ; la détente totale est égale à 5,8 fois le volume initial. Le nombre de tours de la machine est de 40 par minute et la force indiquée de 180 chevaux environ.

Max Friedrich à Plagwitz-Leipzig.

(Planche 12, figure 1-3).

Cette petite machine a été évidemment construite sur le type de la Société alsacienne. La disposition des cylindres superposés, n'est toutefois recommandable que lorsque l'espace manque pour l'installation. L'application inévitable de deux bielles sur le même bouton de manivelle exige un grand écartement de l'axe du tourillon à l'axe du palier moteur, écartement qu'on cherche à maintenir, avec raison, à son minimum dans toute disposition.

Les dimensions de cette machine de 20 à 25 chevaux sont les suivantes : diamètres des cylindres 200 et 340 millimètres, course 250 millimètres. La pompe à air commandée par une contre-manivelle a un diamètre de 285 millimètres et une course de 150 millimètres. Le cylindre à haute pression est muni d'une détente Rider, le cylindre à basse pression a simplement une détente fixe.

Wim et John Yates Canal Foundry Blackburn.

(Figure 27-32 du texte).

La machine de Woolf accouplée a été construite pour une filature de coton à Lodz (Pologne). Cette machine représentée par les fig. 27-32 du texte, appartient également au type de machines avec cylindres à la suite l'un de l'autre. Chaque cylindre à basse pression est muni d'une distribution automatiquement variable, tandis que les cylindres à haute pression n'ont que des tiroirs à coquille ordinaire mus avec les tiroirs de distribution séparés du petit cylindre par un excentrique commun calé sur l'arbre moteur. Un tuyau ordinaire met en communication les deux chapelles. Sur le dos de chacun des tiroirs séparés *G* est placé un tiroir de détente à grille dont le mouvement intermittent est vertical par rapport au mouvement de l'autre tiroir.

Les tiges des tiroirs de détente sortent par le haut des chapelles et sont reliées chacune au bras d'un levier coudé dont l'autre extrémité est en prise avec une came *b*. Par un mouvement de rotation cette came communique successivement aux deux tiroirs de détente, un mouvement qui intercepte la vapeur.

Suivant que ce mouvement a lieu plus tôt ou plus tard, par suite d'une rotation relative de la came, l'interception de la vapeur est anticipée ou retardée. Cette rotation relative est augmentée par le régulateur qui par rotation fait monter ou descendre au moyen d'un engrenage dans une douille en fonte la tige (filetée et en deux parties.)

La partie inférieure de tige tournant avec l'arbre *d* est munie d'un manchon *f* qui s'engage dans une entaille hélicoïdale de la douille *c* et détermine ainsi la rotation de cette douille *c* et de la came *b*. Il en résulte que les canaux sont complètement ouverts pendant l'admission, jusqu'à ce que la vapeur soit interceptée. Le chemin du tiroir étant court et l'action de la came rapide, il en résulte une interception momentanée de la vapeur. Le régulateur très sensible tourné avec une grande vitesse, il agit déjà sur la distribution, après quelques oscillations, d'une façon qui évite toute irrégularité dans la marche de la machine.

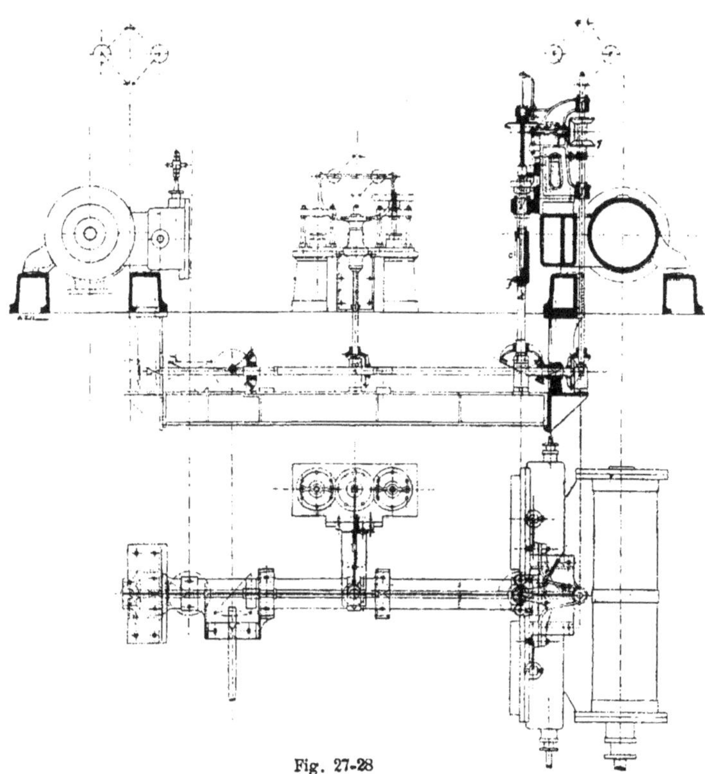

Fig. 27-28

Les machines sont accouplées à la façon ordinaire, et sont annoncées pour produire 650 chevaux. Les cylindres à haute pression ont un diamètre de 508 millimètres et ceux à basse pression un diamètre de 864 millimètres; la course commune est de 1^{m},524. Le rapport des volumes des cylindres est donc =0,34. La machine fait 42 tours par minute, il en résulte une vitesse de piston égale à 2^{m},1 par seconde.

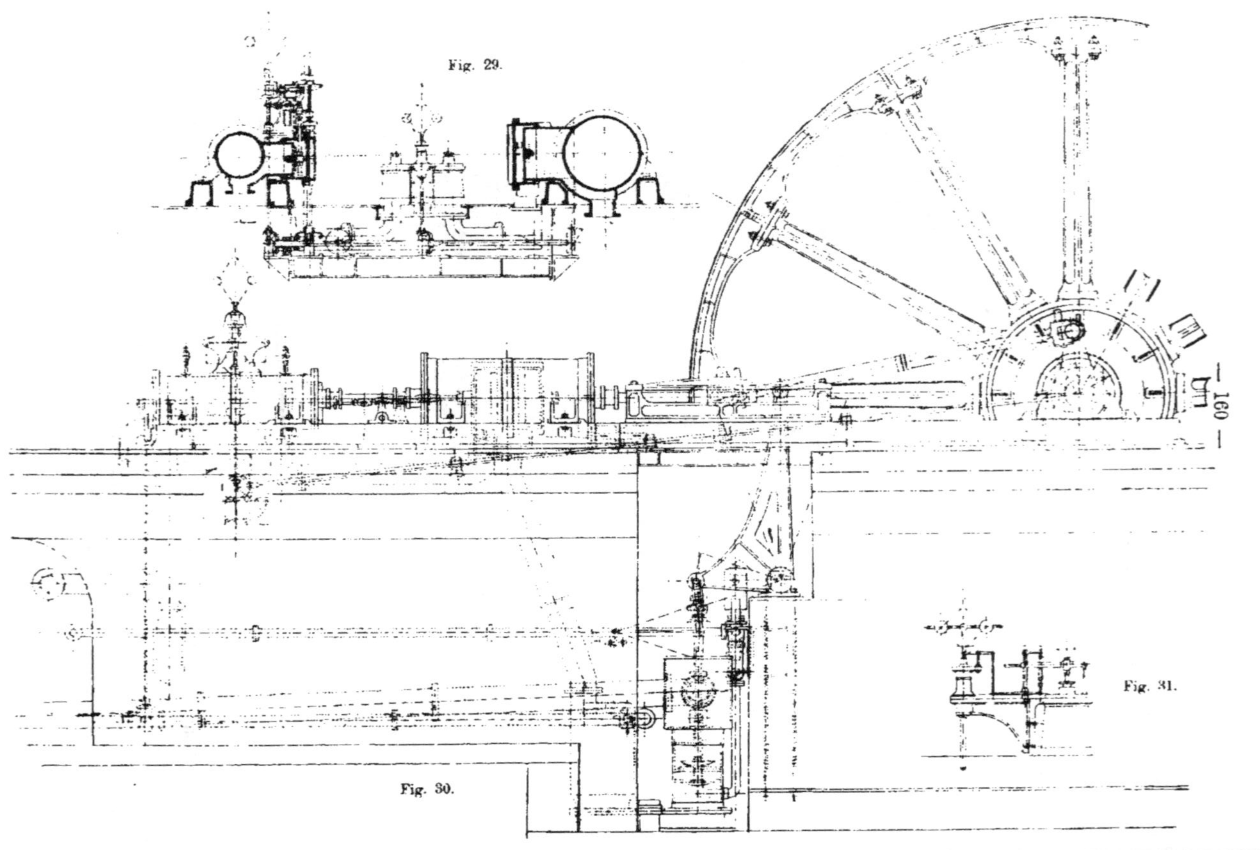

Fig. 29.

Fig. 30.

Fig. 31.

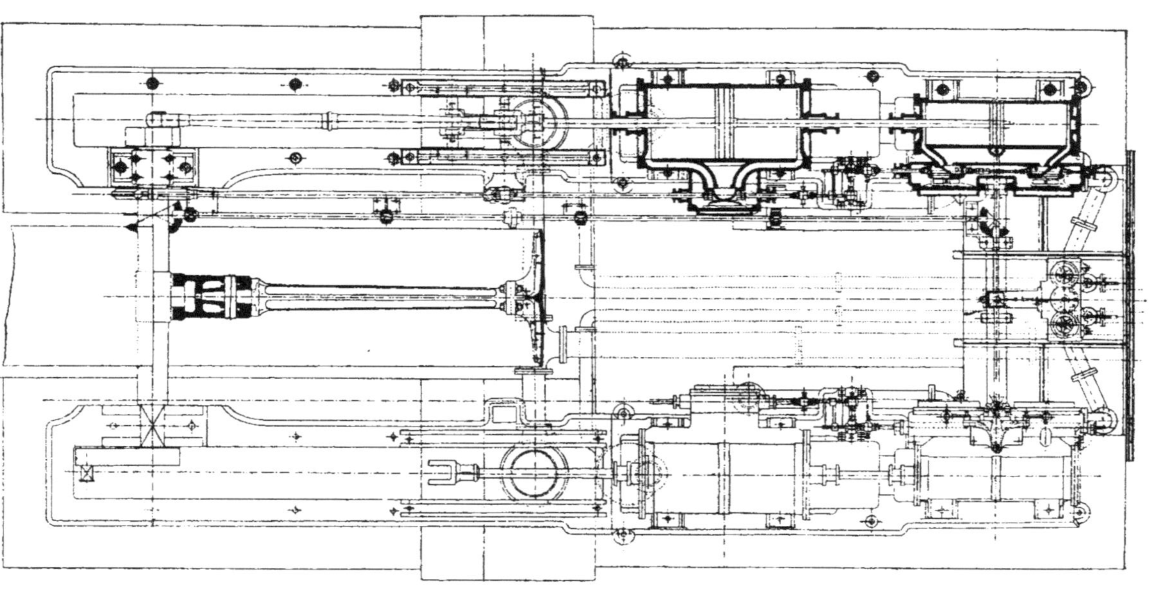

Fig. 32.

Chaque machine possède son condenseur et sa pompe à air. Le condenseur a un diamètre de 711 millimètres et une longueur de 1^{m},219. La pompe à air à simple effet a un diamètre de piston de 533 millimètres et une course de 660 millimètres; elle est placée verticalement en contre-bas de la machine et elle est actionnée par la tête de piston, au moyen de leviers coudés et de bielles. De même, les pompes alimentaires de 101 millimètres de diamètre et de 355 millimètres de course sont commandées par les traverses. La force de la machine est transmise par deux poulies de 762 millimètres de largeur faisant également office d'un volant, leur diamètre est de 9^{m},140 et leur poids de 38,600 kilogrammes.

Société hanovrienne par actions de construction (Primitivement Georges Egestorff) à Linden Hanovre.

(Planche 4, figure 3-6).

Cette maison a fourni les machines et les pompes de la ville de Hanovre. Cette installation comprend trois machines Woolff dont nous empruntons la disposition à la « Revue mensuelle de la Société des Ingénieurs et des Architectes de Hanovre. »

Le cylindre à haute pression et le cylindre à basse pression sont situés à la suite l'un de l'autre sur un cadre commun. La tige des pistons en acier fondu d'une seule pièce, traverse les deux cylindres et est guidée à chaque extrémité au moyen de traverses et de coulisseaux par des glissières venues de fonte avec le bâti-socle.

La tête du piston placée devant le cylindre à haute pression communique le mouvement à l'arbre moteur à l'aide d'une bielle et d'une manivelle, tandis que l'autre traverse placée derrière le cylindre à basse pression commande la pompe à air verticale au moyen d'une bielle et d'un levier coudé. Le diamètre du cylindre à haute pression est de 530 millimètres et celui du cylindre à basse pression est de 930, la course commune est de 1m,400 d'où le rapport des cylindres est $m=0,32$. La vapeur est une pression de 5 atmosphères dans la chaudière ; la machine fait 24 tours par minute, et à 12 $^1/_2$ à 13 pour 100 d'admission dans le petit cylindre correspond un effet normal de 63 chevaux à l'indicateur. La pompe principale est à double effet ; elle à 550 millimètres de diamètre et 750 millimètres de course ; la hauteur totale de l'eau à élever est de 47 mètres.

Le tuyau d'arrivée de vapeur a un diamètre de 125 millimètres, il aboutit dans une chapelle venue de fonte avec le cylindre à haute pression ; dans cette chapelle se trouve également un obturateur. Les soupapes d'échappement font affluer la vapeur dans un réservoir intermédiaire d'un diamètre de 150 millimètres, ce réservoir est muni d'une chemise de vapeur, il amène la vapeur au milieu de la chapelle boulonnée au grand cylindre ; de ce dernier, elle passe par les soupapes d'échappement et par un tuyau dans le condenseur d'un diamètre de 225 millimètres. Le cylindre à basse pression muni d'une chemise de vapeur, et le réservoir intermédiaire sont chauffés par la vapeur fraîche ; le dessèchement se fait au moyen d'un purgeur automatique.

La commande des soupapes s'effectue par l'arbre de distribution mis en mouvement par l'arbre moteur au moyen de deux engrenages coniques. La saillie de la chapelle du grand cylindre nécessite cet arbre de distribution en deux parties et la commande par un engrenage droit de la partie en avant du cylindre à basse pression. Comme organes d'échappement, on emploie des soupapes à chapeau, tandis que l'admission a lieu au moyen de soupapes Sulzer. Les soupapes d'admission du cylindre à basse pression et les soupapes d'échappement sont mues par des cames. Ces cames agissent sur des rouleaux de friction en bronze fixés sur des leviers coudés supportés par les couvercles des chapelles. Il n'en est pas de même pour les soupapes d'admission du petit cylindre, elles sont actionnées par un appareil de distribution de précision, permettant une admission de 0 à 0,65. Cette variation est obtenue directement par le régulateur ou à la main.

Ce mécanisme de précision, représenté dans la coupe du petit cylindre, consiste en une clanche supportée dans la fourche de la bielle d'excentrique, elle soulève la soupape en agissant sur le levier coudé pendant sa descente. La clanche possède en outre une corne buttant à un moment donné contre une came et par suite de cette buttée la clanche fait un mouvement en lâchant le levier coudé de la soupape.

Le régulateur du système Prœll fait 80 révolutions, alors que la machine en fait seulement 24. La commande du régulateur est faite par l'arbre moteur au moyen d'une paire d'engrenages droits et de deux engrenages coniques. La pompe à air à double effet est horizontale, elle est fixée sur un cadre spécial en contre-bas de la machine du côté arrière du cylindre à basse pression. Cette pompe a un diamètre de 450 millimètres et une course de 550 millimètres; elle est commandée par la bielle du levier coudé qui actionne la pompe principale. Le bras horizontal de ce levier coudé commande encore deux pompes dont la première d'un diamètre de 190 millimètres et d'une course de 456 millimètres effectue l'injection, elle est fixée contre le corps de la pompe principale et est munie d'un régulateur à air positif et d'un régulateur à air négatif. Le robinet d'injection aspire l'eau d'une colonne alimentée par la pompe à eau froide. La seconde pompe sert pour la compression de l'air nécessaire au régulateur à air de la pompe principale. Cette pompe, fixée sur une pierre de taille en dessous du bâti du levier coudé est à simple effet, elle a un piston de 127 millimètres de diamètre et 370 millimètres de course. Le volant d'un diamètre de 6 mètres et d'un poids de 12 tonnes est muni de crans, de façon à pouvoir le tourner à la main.

Le coussinet du palier de l'abre moteur est en 4 pièces, celles des côtés sont à régler par des clavettes. La bielle est d'une longueur égale à six fois le rayon de la manivelle.

Starke et Hoffmann à Hirschberg, (Silésie).

(Planches 24 et 25, figure 1-2).

Cette maison exécute également depuis ces derniers temps des machines Woolf à réservoir intermédiaire chauffé. Le cylindre à haute pression et le cylindre à basse pression sont munis d'une distribution pour laquelle M. M.-A. Starke a obtenu un brevet. L'admission du premier est réglée par le régulateur tandis que celle du second est variable à la main. La distribution est obtenue par une combinaison de tiroirs et de soupapes. Un tiroir séparé glissant sur des ouvertures d'une petite longueur effectue l'admission et l'échappement de la vapeur, tandis que dans la partie supérieure de la chapelle, deux soupapes terminent la période d'admission, c'est-à-dire déterminent la grandeur de la détente. Cette disposition a été adoptée par les constructeurs, parce qu'ils ont reconnu par les diagrammes de l'indicateur relevés sur des machines de tout système, que seul leur arrangement répondait à un réglage précis et à un fonctionnement économique.

Si, par exemple, pour une cause quelconque, l'étanchéité parfaite des soupapes de détente n'a pas lieu, ce qui entraîne dans des distributions exclusivement par soupapes des pertes énormes de vapeur, ce défaut ne peut devenir aussi grand pour la distribution présente, car la vapeur passant par la fuite est encore utilisée dans une certaine mesure, par le fait que le tiroir de distribution effectue encore une fois l'interception de la vapeur. Les canaux de vapeur sont disposés sur le cylindre de telle façon que l'eau de condensation s'écoule librement. Suivant la grandeur de la machine, la hauteur des orifices est de 8 à 10 fois leur largeur, de telle sorte que l'ouverture par les tiroirs s'effectue très rapidement. Le recouvrement extérieur des tiroirs est de 8 à 12 centimètres, tandis que le recouvrement intérieur est zéro. L'avance extérieure des tiroirs est arbitraire puisque l'admission dépend seulement des soupapes de détente; cette avance est ordinairement de 10 à 12 millimètres. Par cette disposition, l'ouverture comme la fermeture du cylindre s'établit très rapidement, et l'on obtient une compression suffisamment forte.

Les tiroirs ne travaillent qu'alternativement sous la pleine pression de la vapeur, c'est-à-dire uniquement le tiroir qui se trouve du côté de l'admission, et seulement pendant que la soupape correspondante est ouverte; la pression diminue au fur et à mesure de la détente. Enfin le second tiroir ne se trouve pendant une course totale du piston que sous la pression finale de la vapeur détendue. De cette façon, le frottement des tiroirs est très insignifiant même pour les machines plus puissantes marchant à grande vitesse.

La fermeture lente des soupapes d'admission n'a pas lieu ici comme dans les machines à grande introduction, puisque les soupapes de détente sont rapidement soulevées jusqu'à leur minimum de course pour y rester immobiles jusqu'au moment de la fermeture des soupapes. L'avance de ces soupapes au point mort du piston est constante pour tous les degrés d'introduction de 0 à 0,75.

Les tiroirs se mouvant dans des boîtes séparées, sont reliés par une tige commune et sont actionnés par un seul excentrique. Le mécanisme de détente est plus compliqué; en majeure partie, il est situé entre les deux chapelles, et reçoit son mouvement par les oscillations du disque inférieur actionné par un excentrique au moyen d'une bielle et d'un levier intermédiaire à deux bras. Comme à chaque coup de piston, l'une des soupapes doit être soulevée, on a appliqué ici deux tiges indépendantes recevant leur mouvement alternatif au moyen de deux leviers munis de galets de friction. Au moyen de ce mécanisme la soupape est rapidement soulevée et maintenue invariablement ouverte pendant la période d'admission. Dans la position la plus basse de l'une des tiges s'accroche au talon de son extrémité supérieure une pièce de déclic, dont le point d'oscillation est sur l'un des bras d'un petit levier coudé. L'autre bras de ce levier est relié obliquement par une bielle au levier de soupape. Cette dernière reste maintenue ouverte jusqu'à ce que la came supérieure de la pièce de déclic se heurte à la buttée du dispositif variable du régulateur; à ce moment la fermeture s'effectue momentanément. Comme la pièce de déclic reste actuellement en repos dans sa position soulevée, il faut que le dispositif de buttée qui est tenu à une hauteur variable par le régulateur et qui effectue le déclictage se meuve dans le sens horizontal. Ce mouvement lui est communiqué par le segment de distribution inférieur à l'aide d'un balancier latéral.

Fonderie Wanniech, à Brünn.

(Planches 38 et 39, figure 1-4).

Cette maison très renommée pour la précision de sa distribution, applique également son système aux machines Woolf. Comme on le voit, la disposition des cylindres est absolument la même que les précédentes, néanmoins nous retrouvons dans la forme du cylindre, du bâti à baïonnette, du régulateur, le beau modèle de cette maison.

Les organes de distribution sont mus par un arbre longitudinal, actionné par l'arbre moteur à l'aide d'un engrenage conique. A côté du cylindre à haute pression sont calés sur cet arbre, tout près de ses supports, des excentriques faisant osciller la pièce de déclic à l'aide d'un levier à deux bras. Les chapelles des tiroirs sont disposées suivant le type Corliss; les tiges des tiroirs sont normales par rapport à l'axe de la machine, de telle façon à être mises alternativement en contact avec les pièces de déclic et à transmettre leur mouvement au tiroir sans l'intermédiaire d'une charnière quelconque. Le déclictage se fait par la partie verticale de la pièce de déclic, qui en se buttant contre l'arête variable par le régulateur est un peu déplacée; il en résulte donc que la liaison avec la tige du tiroir est interrompue. Une fermeture brusque et une secousse possible sont amorties par un courant d'air.

Les tiroirs d'échappement situés plus bas reçoivent leur mouvement d'un excentrique calé sur l'arbre de distribution en face du milieu du cylindre. La petite bielle d'excentrique est reliée par un levier à un arbre court dont les extrémités sont munies de leviers dirigés vers le bas pour la commande des tiroirs d'échappement. Ces tiroirs possèdent par conséquent un mouvement continu. Il en est de même pour les cylindres à basse pression puisque cette dernière disposition de la commande par un seul excentrique se répète ici également pour les tiroirs d'admission.

Mentionnons encore que la maison dénomme ses machines, Machines Compound. Le petit cylindre a un diamètre de 435 millimètres et le grand de 725 millimètres, la course commune est de 948 millimètres.

Holborow et Cie, à Strond (Angleterre).

(Planches 38 et 39, figure 10-11).

Au nombres des maison construisant des machines Woolf avec cylindre à la suite l'un de l'autre et les vendant sous le nom de machines Compound, appartient la fabrique de MM. Holborow et Cie.

La machine que nous allons traiter représente une disposition simple et bien raisonnée; toute complication et superfétation est rejetée. Cette forme approuvée par le marché paraît se répandre de plus en plus en Angleterre.

Fig. 33.

L'inconvénient ordinaire, cette disposition pour la difficulté de démonter les pistons à cause des couvercles des cylindres, est évité dans la construction représentée fig. 10-11, pl. 38 et 39.

On voit que le couvercle d'avant du cylindre à basse pression est boulonné à l'intérieur sur celui-ci, et qu'en le démontant, on peut le tirer et tirer également le couvercle et le piston du petit cylindre à travers du grand.

La pompe à air est disposée très simplement; elle est commandée directement par la tête du piston dans le but d'éviter une trop longue machine.

J. Hermann-Lachapelle, à Paris.

(Figure 33-35 du texte).

La construction de la machine d'Hermann-Lachapelle, à Paris, est très simple. Les cylindres sont placés l'un à côté de l'autre, les tiges de piston sont reliées aux extrémités de la tête de piston tandis que la bielle est appliquée au milieu de celle-ci. Cette disposition exige que les cylindres développent la même force, car dans le cas contraire, la traverse tendrait à se placer obliquement. Pour autant que possible empêcher ce dernier inconvénient, la traverse est munie de grands coulisseaux. La distribution est faite dans les deux cylindres par un seul tiroir, et comme ce dernier est appliqué du côté extérieur du cylindre à haute pression, les canaux du cylindre à basse pression et les espaces nuisibles respectifs demeurent très grands. Le cylindre à haute pression est muni

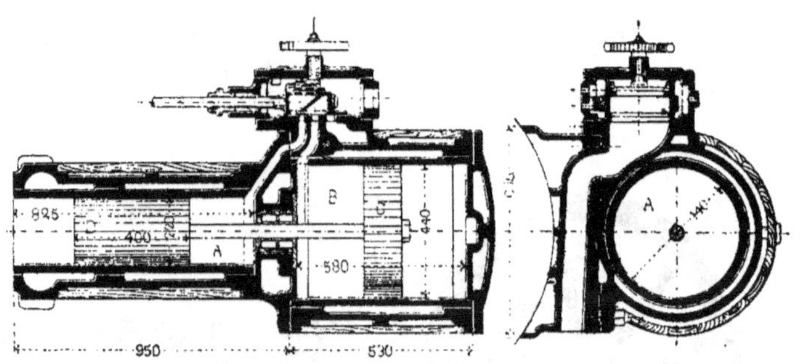

Fig. 33-35.

d'une détente Farcot, les cames de ce dispositif de détente sont fixées sur une tige reliée au régulateur. Ce dernier du système Andrade fait 150 tours par minute. Les cylindres ont des diamètres de 240 et 450 millimètres, la course commune est de 700 millimètres. Cette machine développe 30 chevaux à 6,5 atmosphères de pression absolue et à 60 tours. Le tiroir a une course de 64 millimètres; le diamètre du tuyau d'arrivée de vapeur est de 80 millimètres. Le poids du volent est de 3,800 kilogrammes, son diamètre est de 4 mètres et la largeur de la courroie est de 330 millimètres.

Des machines plus petites ont été exécutées sur ce type avec les dimensions suivantes :

FORCE EN CHEVAUX	DIAMÈTRE des CYLINDRES	COURSE	NOMBRE de TOURS	DIAMÈTRE du VOLANT
15	175 et 330	600	80	3m,000
20	200 et 380	640	70	3m,500
25	220 et 415	640	70	3m,500

Les fig. 34-35 représentent une application du système Woolf à une machine demi-fixe. Les deux pistons sont sur le même axe et sont à simple effet. Le diamètre du petit piston est de 220 millimètres et celui du grand piston de 400 millimètres, la course est de 450 millimètres. Le tiroir est à détente variable, système Farcot, pour le petit cylindre. La vapeur après avoir agi à l'arrière du petit piston achève sa détente sur l'avant du grand piston. Si maintenant la vapeur fraîche agit de nouveau sur le petit piston, la vapeur détendue dans le grand cylindre est chassée dans le condenseur. Par conséquent, la vapeur n'agit que pendant une course sur le piston du cylindre à haute pression, tandis qu'elle agit pendant la course suivante sur les deux pistons. Cette dernière course est donc engendrée par la différence des faces de pistons et la différence de l'air libre et du vide dans le condenseur. Un coulisseau est inutile par suite de l'application de la bielle au corps du petit piston.

Barrow Ship-building Company.

(Figure 36 et 37 du texte).

Les machines horizontales de cette maison (fig. 36-37 du texte) représentent la même liaison des tiges avec la manivelle que dans la machine de M. Hermann-Lachapelle. La machine reproduite fig. 36-37 du texte est de 7 chevaux nominaux, mais elle peut développer jusqu'à 15 chevaux, si la vapeur est à la pression de 11 atmosphères et le nombre de tours de 180 par minute. Le diamètre du cylindre à haute pression est de 100 millimètres et celui du grand cylindre est égal à 200 millimètres ; la course commune est prise égale à la somme des diamètres des deux cylindres c'est-à-dire à 300 millimètres. Le rapport des cylindres est $m = 0,25$. Un tiroir à piston fait entrer la vapeur d'abord dans le petit cylindre et ensuite après 3/4 de la course dans le grand cylindre.

Fig. 36.

Fig. 37.

L'échappement de la vapeur du grand cylindre se fait à l'air libre, mais on peut aussi appliquer un condenseur dans le but d'augmenter l'économie et l'effet de la machine. Les glissières, le couvercle d'avant du cylindre et les paliers de l'arbre moteur sont venus de fonte avec le bâti-socle. Les paliers de l'arbre vilbrequin, les tourillons de la bielle sont très longs ; les têtes de ces dernières sont du type des têtes de bielles marines.

Société (par actions) de Construction de machines de Prague (prim Breitfeld, Danek et Cie), à Prague.

(Planches 24 et 25, figure 7 à 21).

Cette maison a construit récemment un type de machine appartenant aux machines Woolf. Les fig. 12-17, pl. 24 et 25 représentent une machine dont les cylindres sont superposés ; les deux tiges sont fixées dans la tête du piston et la bielle est appliquée dans la direction de la résultante des forces des tiges. Dans le but d'éviter tout bousculement par suite d'un de forces différentes développées par les pistons, les coulisseaux de la tête du piston sont très longs. Le cylindre à haute pression possède une détente Meyer, dans laquelle le tiroir de distribution reçoit, en outre de son mouvement ordinaire, un mouvement perpendiculaire au sens de sa course dans le but de conserver une bonne étanchéité. Le mécanisme effectuant ce mouvement oscillatoire commande également de la même façon le tiroir de distribution du cylindre à basse pression. Les grandes machines possèdent toutes de tels dispositifs. Les deux cylindres de 500 millimètres et de 300 millimètres de diamètres et 700 millimètres de course sont munis de chemises de vapeur.

La pompe à air à simple effet a un volume égal à 0,27 de celui du grand cylindre, elle est commandée par la tige du grand piston. La pression absolue de la vapeur est de 8 atmosphères 1/2; le nombre de tours est de 50, d'où la vitesse du piston de 1m,16 par seconde. L'eau de condensation s'accumule dans un réservoir placé en dessous du grand cylindre, d'où elle est aspirée par une pompe commandée par l'excentrique de détente. Les deux tiroirs de distribution sont actionnés par le second excentrique. Les orifices de vapeur sont situés tellement bas que l'eau de condensation formée dans le cylindre peut s'écouler librement. Le volant de 3m,750 de diamètre est muni de dents de bois dont le nombre est de 120; le pas est de 98,175 millimètres. Ces dents engrènent avec un pignon en fonte de 72 dents. Le poids de la jante du volant y compris les dents est de 18,300 kilogrammes.

Nous avons montré que la meilleure disposition pour la machine Woolf est celle où il y a une manivelle pour chaque cylindre. Dans la machine fig. 7-11, pl. 24 et 25 de la Société de construction de Prague, cette disposition est réalisée d'une façon originale sans exiger un deuxième socle. Les deux cylindres ont des alésages de 263 et 526 millimètres et une course de 710 millimètres; ils sont venus d'une seule pièce de fonte. Le grand cylindre est seul boulonné sur le socle tandis que le petit est en porte à faux sur le premier. L'arbre moteur est coudé pour le grand cylindre et muni d'une manivelle pour le petit cylindre; il est supporté par deux paliers venus de fonte avec le socle. Entre la manivelle et le palier sont calés l'excentrique du tiroir commun de distribution et celui de la détente Meyer. Les faces glissantes du tiroir commun de distribution sont inclinées sous un angle de 90° (fig. 3); les arêtes travaillantes sont disposées à la façon ordinaire pour le cylindre à basse pression, tandis que pour le cylindre à haute pression, les canaux d'émission se trouvent vers le milieu et ceux d'échappement sont situés aux extrémités du tiroir. Le régulateur agit sur une soupape à double siège.

La machine à vapeur commande des pompes construites par cette maison, elle est un véritable chef-d'œuvre de construction. Les fig. 18-21, pl. 24 et 25, montrent que chaque cylindre possède tous les accessoires d'une machine indépendante. Les deux cylindres de 280 et de 580 millimètres d'alésage et de 1m,80 de course, possèdent des enveloppes de vapeur dans lesquelles s'emboîtent les cylindres proprement dits. Le cylindre à haute pression n'a pas de tiroir de détente, mais le tiroir de distribution intercepte la vapeur à 0,87 de la course. Le rapport des cylindres est de 0,23; la détente totale est de 0,2. Le nombre de tours par minute est de 22, la vitesse du piston de 1m,300; le timbre de la chaudière est égal à 4 atm. 500.

Crépin et Marteau à Paris.

(Planche 18, figure 1-6 et planches 38 et 39, figure 5-9).

Lorsque les pistons se meuvent en sens opposé, on peut placer les cylindres assez près l'un de l'autre, de façon à n'avoir que la place nécessaire pour un tiroir placé aux extrémités entre les deux cylindres. De cette façon, les espaces nuisibles sont réduits à un minimum. Une telle disposition est représentée dans la machine Woolf de la maison Crépin et Marteau, à Paris; cette machine est contruite sur le type des machines marines. Chaque cylindre repose sur deux bâtis creux, boulonnés sur le bâti-socle. Les trois paliers de l'arbre moteur sont venus de fonte avec le socle. Le cylindre à haute pression possède une détente Farcot.

Les deux cylindres sont munis d'enveloppes de vapeur. Le rapport des volumes est égal à 0,25, il en résulte que le diamètre du grand cylindre est deux fois celui du petit cylindre. La pompe à air et la pompe alimentaire sont installées de côté et sont actionnées par la tête de piston du grand cylindre au moyen d'un balancier en fonte.

M. A. Crespin a également construit la machine demi-fixe représentée fig. 5-9, pl. 12; mais il reste à prouver que le système Woolf s'applique bien aux machines demi-fixes, puisqu'on demande pour de telles machines une construction très simple. Mais vu le nombre des ateliers qui appliquent déjà ce système aux machines locomobiles, on verra bientôt si c'est un véritable besoin ou une affaire de mode. Les cylindres de 450 et 225 millimètres de diamètre, possèdent des enveloppes venues de fonte avec eux. Le cylindre à haute pression est muni d'une détente Farcot. Entre les deux cylindres se meut un tiroir séparé et équilibré, au moyen duquel le trajet de vapeur d'un cylindre dans l'autre se fait par le chemin le plus court. La vapeur s'échappe de ce tiroir dans un canal qui la conduit dans le condenseur et la pompe à air. Ces derniers sont fixés sur le côté de la chaudière et commandés par un plateau-manivelle.

W. et J. Galloway et Fils, à Manchester.

Les deux cylindres sont boulonnés l'un à côté de l'autre sur un socle très fort et très large. Dans ce bâti-socle sont rabotées les glissières sans avoir des coussinets de glissements rapportés pour rattraper le jeu; les deux paliers moteurs sont également venus de fonte avec le socle. La vapeur du cylindre à haute pression est distribuée par un tiroir séparé commandé par une petite manivelle et une coulisse Fink. Le régulateur fait varier la grandeur de la détente en déplaçant le coulisseau de la bielle dans la coulisse. La circulation de vapeur du petit cylindre dans le grand et de là dans le condenseur, est également obtenue par un tiroir séparé mis en mouvement par un excentrique au moyen d'un arbre intermédiaire et d'un levier dirigé vers le bas. Le tiroir placé entre les deux cylindres comme dans la machine Crespin et Marteau est presque inabordable, tandis que le tiroir d'échappement est placé du côté extérieur du grand cylindre. Le condenseur est situé avec la pompe à air près du grand cylindre sur une fondation spéciale; la pompe à air est actionnée par la tige du grand cylindre.

Le diamètre du petit piston est de 355 millimètres, celui du grand est 610 millimètres et celui de la pompe à air 203 millimètres; la course commune de tous les trois est 760 millimètres, il en résulte que le rapport des cylindres est $m = 0,333$ et que la proportion du volume de la pompe à air à celui du cylindre 1/9. Le nombre de tours est de 60 à 64 par minute et la vitesse du piston $1^m,5$ à $1_m,6$ par seconde.

C. Hoppe, à Berlin.

(Figure 8-12, planches 30 et 31).

La machine à un cylindre et à trois pistons (système M. Westphal), construite par la maison C. Hoppe de Berlin, est également du système Woolf. On voit par la fig. 9, pl. 30 et 31 que la tige du piston moyen passe dans la tige creuse du piston d'avant et qu'elle a une tête de piston qui transmet son mouvement à l'arbre moteur à l'aide d'une bielle moyenne. La tige creuse du piston est fixée à une traverse reliée à une deuxième traverse en arrière du grand cylindre, au moyen de deux tiges passant de chaque côté du cylindre. Dans cette dernière traverse, est également fixée la tige du piston d'arrière. La traverse d'avant transmet son mouvement à l'arbre coudé à l'aide de deux bielles. Les coudes de l'arbre font un angle de 180°. La vapeur arrive à l'une des extrémités du cylindre entre le couvercle et le piston ; après avoir ainsi agi, elle pénètre entre l'autre piston extrême et le piston moyen, en les écartant, pour ensuite s'échapper. Pendant l'autre course, la vapeur afflue dans l'espace entre l'autre couvercle et le piston et le même jeu est répété.

L'augmentation de volume pour la détente dans un rapport = 3,5 dans le second espace, est obtenue par la course plus grande du piston moyen, tandis que l'autre piston se trouve hors d'action. Il résulte de l'action de la vapeur que son volume final est égal à un volume produit par la section du cylindre et la somme des chemins parcourus par un piston extrême et le piston moyen pendant une demi-révolution. Pour le calcul, la vitesse du piston est donc égale à la somme des vitesses du piston moyen et d'un piston extrême. L'équilibre dans la marche est obtenu par le fait que la grande masse en mouvement s'exerce sur une petite manivelle, et qu'inversement, la petite masse en mouvement est reliée à la grande manivelle. La détente initiale est variable par le régulateur, puisqu'il peut déplacer le tiroir de détente à ouverture biaise perpendiculairement au sens de la course. Il convient encore de mentionner que les espaces du cylindre recevant de la vapeur fraîche sont alternativement en communication avec le condenseur.

Par conséquent, il n'y a donc pas dans cette machine une séparation complète des différences de température et des différences de pression commme dans le système Woolf.

Compagnie de Fives-Lille (Nord).

(Figure 1-7, planches 30 et 31).

Pour commander directement des machines opératrices, on se sert souvent de machines à vapeur dites « capsulisme »(1). Elles sont toujours à simple effet, c'est-à-dire que la vapeur n'agit que sur une face du piston, tandis que la course rétrograde de ce dernier s'effectue sans travail. Il en résulte que les tiges travaillent toujours à la compression et jamais à la traction, et que par suite on peut faire marcher les machines à une grande vitesse sans craindre de secousses. Très souvent dans les machines de ce genre, il n'y a ni tige, ni tête de piston ni glissières comme organes séparés, puisque le piston est creux comme dans une Trunk-Machine, et la bielle est appliquée dans l'intérieur de celui-ci. La machine de la Compagnie de Fives-Lille, système Demenge, est construite d'après ce principe. La machine représentée d'après Armengaud, pl. 30 et 31, fig. 1-7, possède un cylindre à haute pression de 257 millimètres de diamètre et un cylindre à basse pression de 500 de diamètre ; la course des deux est de 250 millimètres et le nombre de tours de 180.

La machine développe 60 chevaux au maximum pour une pression absolue de la vapeur de 6 atmosphères. Les cylindres sont boulonnés sur un bâti carré qui fait en même temps l'office de

(1) Voir pour cette expression le « Traité de Cinématique du professeur Reuleaux ».

socle. Par le milieu de ce bâti passe l'arbre vilbrequin sur lequel sont calés deux excentriques. dont l'un pour le mouvement des tiroirs de distribution et l'autre pour celui des tiroirs de détente, La détente du cylindre à haute pression est variable d'une façon analogue à la détente Meyer. Dans cette machine à condensation, l'espace entre les pistons est fermé hermétiquement et l'étanchéité dans le passage de l'arbre moteur est assurée par des boîtes à étoupes. La tension de cet espace est égale à celle du condenseur. Cette tension ne constitue une résistance pour le grand piston que lorsque celui-ci se meut vers la manivelle, tandis que pour sa marche rétrograde, la tension est la même sur les deux faces. Les coussinets des têtes de bielles n'embrassent même pas la moitié de l'arbre coudé, de façon à laisser assez de jeu pour le mouvement de rotation. Ce dispositif est permis, car les bielles n'agissent que par pression sur l'arbre coudé; mais pour plus de sécurité les têtes de bielles sont embrassées par deux anneaux concentriques.

Flaud et A. Coheudet, à Paris.

(Figure 38-39 du texte).

Cette maison s'occupe depuis quelque temps déjà de la construction de machines à vapeur dites capsulismes. Dans les constructions les plus récentes, les cylindres horizontaux constituent deux machines identiques (fig. 38-39), de telle façon que sur chaque côté de l'arbre moteur sont

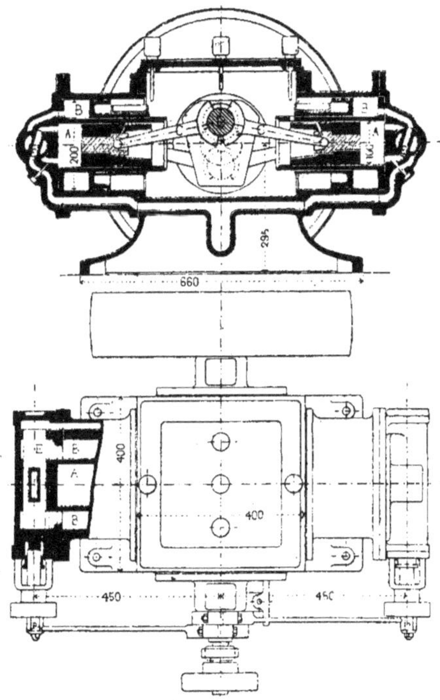

Fig. 38 et 39.

actionnés le piston d'un cylindre à haute pression et le piston d'un cylindre à basse pression. Les deux pistons se meuvent en sens opposé de manière qu'il y a un équilibre parfait. On a appliqué un robinet sur le tuyau d'arrivée de vapeur. Cette disposition donne de bons résultats quel que soit le nombre de tours. La longueur de la machine ainsi que sa largeur est de 1 mètre; sa hauteur est de 0m,500. La machine fait 500 tours par minute et développe une force de 50 chevaux à une pression de 5 atmosphères. Son poids est de 2,500 kilogrammes.

Hunter et English, à Londres.

(Figure 40-41 du texte).

Les machines à vapeur dites capsulismes figurent depuis longtemps déjà dans les expositions de machines anglaises. Ces machines se distinguent par une distribution très simple, laquelle est effectuée par des tiroirs à pistons ou par le piston même du cylindre. Toutefois la machine Woolf représentée fig. 40-41 est moins simple. Le nouveau dispositif de détente variable consiste dans un piston plongeur mû directement par le piston à basse pression. L'extrémité supérieure de ce plongeur *C* se termine obliquement de manière que l'arrivée de la vapeur peut être réglée à la main. Il arrive parfois dans des machines de ce système que la vapeur se détend dans le cylindre *B* jusqu'au-dessous de la pression atmosphérique, de sorte que la bielle n'est plus pressée contre le tourillon de l'arbre vilbrequin; on obvie à cet inconvénient par le piston plongeur *C*; car la vapeur à pleine pression s'exerçant sur ce dernier tend à presser vers le bas le grand piston *B*. La distribution proprement dite de la vapeur s'effectue au moyen du tiroir à piston *D*. Par la descente de *D*, la pression de la vapeur peut s'exercer sur le petit piston; en même temps le grand cylindre *B* communique avec le tuyau d'échappement. Le piston *D*, en montant, intercepte la communication entre la chaudière et le petit cylindre (pourvu toutefois que la vapeur ne soit pas encore interceptée par le dispositif de détente) ensuite pour établir la communication entre les deux cylindres.

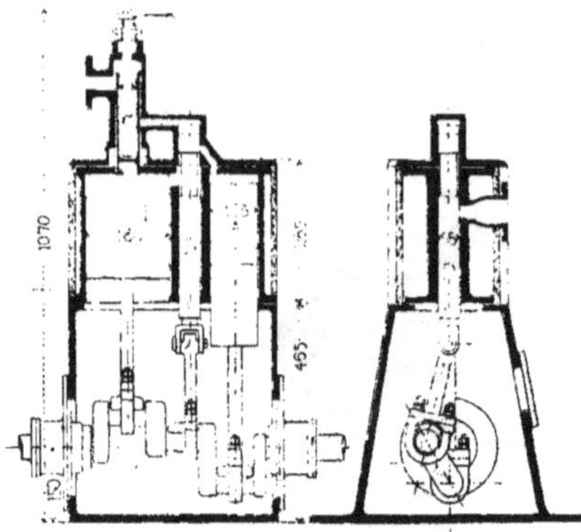

Fig. 40-41

Locoge et Cie, à Lille.

(Figure 42-44 du texte).

Le moteur représenté fig. 42-44 du texte commande une pompe rotative (système Greindl) (1) il se compose de deux machines Woolf à simple effet. Les deux bielles sont appliquées sur un tou-

---

(1) M. Poillon ingénieur des Arts et Manufactures est le concessionnaire du système de pompes Greindl, il a publié récemment un traité complet sur les pompes (librairie Bernard et Cie).

Fig. 42.

rillon commun de l'arbre coudé *M* (fig. 44). La vapeur, après avoir agi dans les cylindres à haute pression *A A'*, se détend dans les cylindres à basse pression *B B'*, situés du côté opposé. La vapeur fait un long trajet, elle passe par les tubes d'un réservoir intermédiaire chauffé comme la chemise

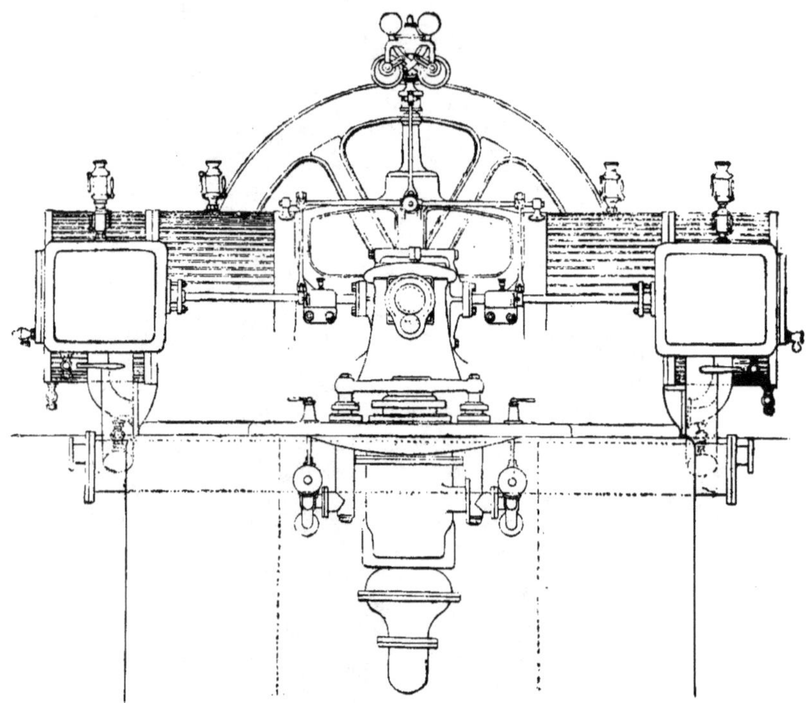

Fig. 43.

des cylindres au moyen de vapeur fraîche. La machine est à condensation et on a appliqué une pompe alimentaire de chaque côté de la pompe à air *N* (fig. 43).

Ces pompes sont commandées à la fois avec la pompe à air *N*. L'une des pompes aspire l'eau de refoulement de la pompe à air, tandis que l'autre aspire l'eau condensée dans les cylindres, les chemises de vapeur et le réservoir intermédiaire. Cette dernière alimente donc la chaudière avec de l'eau d'une température assez élevée.

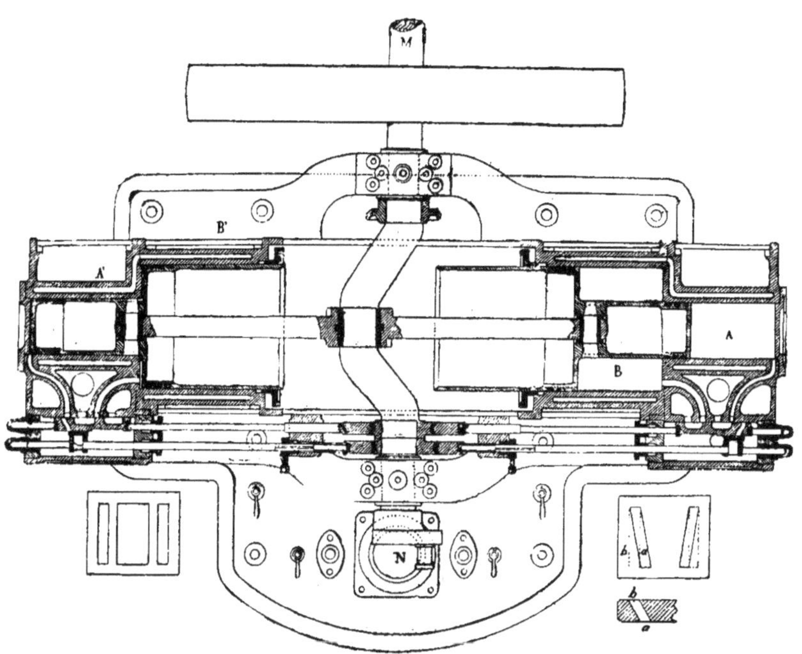

Fig. 44.

H. Berchtold à Thalweil près Zurich (figure 45 du texte).

La coupe fig. 45 représente la disposition intérieure d'une machine de cette maison. Ces machines Woolf accouplées sont à double effet et à cylindres oscillants. Le bâti porte à la partie supérieure les deux paliers de l'arbre moteur. Ce dernier possède une manivelle à chaque extrémité. A la partie inférieure, et de chaque côté du bâti, on a appliqué en porte à faux des tuyaux faisant office de tourillons pour les deux cylindres qui sont venus de fonte. Une bride inférieure les fixe solidement sur le tourillon dont la partie *a* de l'intérieur creux est en communication avec l'arrivée de vapeur et dont l'autre partie *b* communique avec le tuyau d'échappement de la machine. La machine tournant dans le sens de la flèche, la vapeur fraîche du canal *a* peut pénétrer par les orifices 1 et 2 dans le petit cylindre, en même temps l'orifice 5 du grand cylindre communique avec 6, et comme 6 est toujours en communication avec le canal 8, il en résulte que la vapeur, se trouvant en dessus du petit piston, vient se détendre dans le grand cylindre.

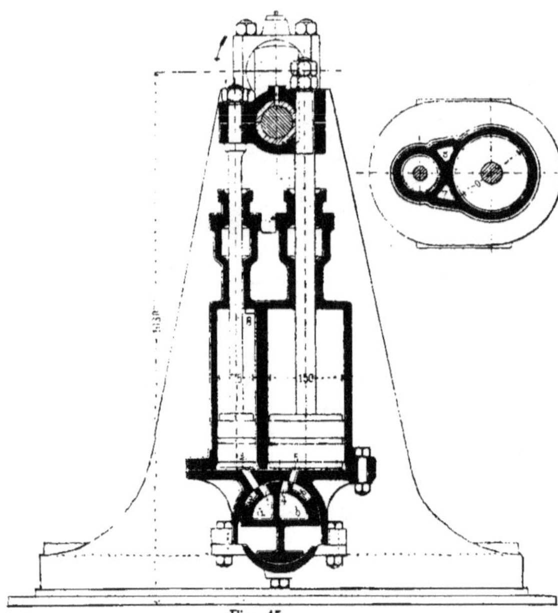
Fig. 45.

Si les pistons sont à la partie supérieure, la distribution se fait d'une façon inverse ; alors, des canaux 2 et 3 communiquent et puisque 3 est toujours relié à 7, la vapeur du dessous du petit piston vient agir sur la face supérieure du grand. L'échappement a lieu par 5 et 4 tandis, que la vapeur fraîche entre par 1 et 8. Du fait que 8 reste toujours en communication avec 6 il ne résulte aucune influence sur la distribution, car 3 et 6 ne sont que des cavités sur le tourillon qui relie les canaux en question d'une façon convenable. Cette construction se recommande surtout pour des forces n'excédant pas 30 chevaux et lorsqu'on veut une machine exigeant peu d'entretien.

DISPOSITIONS DES MACHINES COMPOUND

Schneider et Cie au Creuzot.

(Planches 28 et 29, figure 1-4).

Examinons la machine Compound exposée à Vienne par le Creuzot et représentée fig. 1-4, pl. 28 et 29. Sa disposition verticale et sa forme sont d'un goût parfait. Les cylindres venus de fonte avec leurs chapelles ont des diamètres de 240 et 400 millimètres et une course commune de 600 millimètres. La distribution à détente du petit cylindre est établie d'après le système à deux chambres. L'excentrique de détente peut être déplacé pendent le repos de la machine au moyen d'un boulon engagé dans une rainure. La disposition des cylindres est moins bonne, car le petit cylindre est complètement entouré par le réservoir intermédiaire qui ne possède pas d'enveloppe le protégeant. Le réservoir d'un volume égal à 4 fois celui du petit cylindre est trop grand et les surfaces exposées au refroidissement sont aussi trop grandes. Au moyen d'une soupape, on peut faire arriver directement de la vapeur fraîche sur le grand piston. La partie saillante du socle porte le régulateur, lequel agit sur un papillon, pour lequel MM. Schneider et Cie ont pris un brevet. La pompe à air, actionnée par le coulisseau du cylindre à basse pression est à simple effet, elle a 230 millimètres de diamètre et 300 millimètres de course. L'arbre moteur est supporté par trois paliers, il se termine d'un côté par un plateau forgé avec l'arbre, lequel est accouplé avec l'arbre du volant supporté par un seul palier. Le volant a 2^m,300 de diamètre. La manivelle placée à l'extrémité de l'arbre du volant commande la pompe alimentaire.

Escher, Wyss et Cie à Zurich.

(Planches 28 et 29, figure 5-7).

Cette maison a exposé à Paris en 1878, une machine marine du système Compound, nous la reproduisons pl.28 et 29, fig. 5-7. Les cylindres à haute pression et à basse pression sont venus d'une seule pièce de fonte avec leurs chapelles. Le réservoir intermédiaire quoiqu'un peu plus petit que dans la machine précédente, entoure encore complètement le cylindre à haute pression non abrité. Chaque cylindre n'a qu'un tiroir à double admission actionné par une coulisse de Stephenson. La tête de piston du cylindre à basse pression commande la pompe à air à simple effet. A côté de cette dernière, on a placé la pompe alimentaire dont les clapets ont la forme de boules et la pompe aspirante de cale à clapets en caoutchouc.

Les diamètres des cylindres sont 210 et 350 millimètres ; la course est de 250 millimètres d'où le rapport $m = 0,34$. La pompe à air a 260 millimètres de diamètre et 100 millimètres de course, tandis que les doux autres pompes ont 220 millimètres de diamètre et 268 millimètres de course. Le diamètre de la tige du piston est de 38 millimètres et celui de l'arbre moteur est de 80 millimètres dans le palier. Cette machine développe une force de 50 à 60 chevaux pour une pression de vapeur de 6 atmosphères et 250 tours par minute. Le machiniste est placé du côté droit de la machine, il a sous la main les organes suivants : 1° en haut la roue à poignée pour l'obturateur ; 2° le levier de la soupape pouvant donner de la vapeur fraîche dans le cylindre à basse pression ; 3° le levier de changement de marche de la machine et enfin 4° la poignée du robinet d'injection.

A. Borsig, à Berlin.

(Planches 20 et 21, figure 7-1 et planches 28 et 29, figure 8-13).

La machine verticale du système Compound (fig. 8-9) de cette maison était en marche à l'Exposition universelle de Berlin en 1879 ; elle a été et non sans raison très remarquée. La distribution, la condensation et une disposition spéciale permettant de faire marcher chaque cylindre en utilisant le travail de la vapeur aussi complètement que possible, furent surtout considérées comme très remarquables. Sur le socle creux sont fixés deux bâtis creux ; chacun d'eux est venu de fonte avec un palier moteur et un fond de cylindre. Le grand cylindre de 393 millimètres de diamètre est boulonné directement sur l'un des bâtis, tandis que le petit cylindre de 250 millimètres de diamètre, venu de fonte avec sa chapelle est relié avec le bâti par l'intermédiaire d'une pièce creuse servant en même temps de fond à la chapelle cylindrique. La chapelle du grand cylindre est boulonnée à celui-ci. Les couvercles des cylindres sont creux et l'on voit par le dessin que les cylindres sont abrités partout contre le refroidissement. Une traverse en fonte située entre les deux cylindres supporte le régulateur placé dans une petite colonne. Le rapport des sections des cylindres est de $\frac{1}{2,5}$; la course commune est de 400 millimètres. Les têtes de pistons sont guidées entre les bâtis. La poulie-volant a un diamètre de $1^m,750$ et une largeur de 500 millimètres. Dans une pièce cylindrique emboîtée dans la chapelle se meut un tiroir à pistons creux sur lequel sont fixés les corps de pistons proprement dits ayant la forme d'enveloppes. Ces derniers glissent avec leurs canaux annulaires sur les orifices correspondants de la pièce cylindrique. L'étanchéité de ce dispositif est assurée par des bagues-ressorts disposées en dehors des canaux. Entre le corps de piston creux et sa garniture existe toujours un espace libre permettant à la vapeur de passer de l'espace moyen du tiroir par les canaux hélicoïdaux dans les canaux annulaires du tiroir principal. La tige creuse du tiroir de distribution est actionnée par un excentrique au moyen d'un levier à deux bras. Dans l'intérieur du tiroir de distribution se trouve le tiroir de détente, il a la forme d'un tube. Ce dernier possède aux deux extrémités des arêtes hélicoïdales recouvrant pour la détente les canaux hélicoïdaux correspondants du tiroir de distribution. La tige du tiroir de détente passe dans la tige creuse du tiroir de distribution et est fixée dans une traverse, de sorte qu'elle peut tourner; son mouvement est obtenu par un excentrique au moyen d'un levier intermédiaire. La tige du tiroir de détente passe dans le fond supérieur de la chapelle et porte en haut un petit levier commandé par le régulateur. Par le soulèvement du régulateur, les arêtes de manœuvre du tiroir de détente s'approchent des arêtes correspondantes du tiroir de distribution, de telle façon que la vapeur est interceptée plus tôt et que l'admission devient plus petite. Si le régulateur descend, l'inverse se produit et par suite l'admission est prolongée. La vapeur sortant du petit cylindre est réchauffée dans un réservoir intermédiaire au moyen d'un tuyau recourbé recevant de la vapeur fraîche de la chapelle du cylindre à haute pression. La condensation s'effectue dans deux tuyaux descendants conduisant l'eau de condensation aux deux pompes à air. Ces dernières sont actionnées par les têtes de pistons auxquelles sont reliées des bielles et des balanciers semblables à ceux employés dans les machines marines. La disposition ressemble plutôt à une machine marine qu'à une machine fixe.

L'eau est injectée dans le condenseur par une soupape d'injection. Outre cette quantité d'eau, une autre quantité d'eau est encore aspirée, elle provient de l'eau refoulée par la pompe à air. La vapeur d'échappement rencontre sur son trajet, au condenseur d'abord, cette petite quantité d'eau alimentaire (déjà un peu chaude) et passe, en chauffant celle-ci encore davantage, dans le condenseur où elle est complètement condensée par une plus forte quantité d'eau d'injection.

Par l'adoption d'une soupape équilibrée, on peut interrompre la communication des cylindres de façon à pouvoir travailler avec un seul des deux cylindres. Ce résultat est très important parce qu'il n'y a pas besoin d'une machine de réserve, si l'une des machines nécessite une réparation. Les cylindres ont des diamètres de 250 et 400 millimètres et une course de 400 millimètres. La machine fait 120 tours par minute (vitesse du piston $1^m,600$) et elle produit un travail de 30 à 45 chevaux effectifs. On a constaté par des expériences que la machine consomme $7^k,21$ de vapeur par cheval indiqué et par heure. La machine de l'Exposition de l'industrie des laines allemandes, à Liepzig, en 1880, est également construite d'après le type précédent. Cette machine notablement modifiée, est représentée pl. 20 et 21, fig. 7-11. La distribution est surtout modifiée, car on a employé des tiroirs plans équilibrés, au lieu de tiroirs à pistons. On a appliqué au cylindre à haute pression, une détente Rider variable par le régulateur et les deux tiges de pistons sortent du fond de la chapelle par les deux boîtes à étoupes indépendantes. Le mouvement des tiges des tiroirs au moyen de balanciers et de bielles obliques a été conservé. Le régulateur du système de la maison est actionné par l'arbre moteur au moyen d'une courroie ; il est fixé d'une façon originale à côté du cylindre à haute pression. Un tuyau de communication de 200 millimètres de diamètre placé entre les cylindres sert de réservoir intermédiaire, il est recouvert de la même enveloppe de bois que les cylindres. Les cylindres ont des diamètres de 310 et 620 millimètres et une course commune de 620 millimètres. On a appliqué deux pompes à air dont les pistons sont mus par les têtes de piston au moyen de balanciers en fer de telle sorte que chaque cylindre puisse travailler indépendamment de l'autre, lorsqu'on le veut. Près de chaque pompe à air est fixée une pompe alimentaire actionnée par le même balancier. A cette disposition, qui est complètement double, il n'y a qu'une petite modification à faire dans le tuyau d'arrivée de vapeur pour faire travailler soit les deux cylindres (ce cas est représenté sur le dessin) soit l'un ou l'autre des cylindres. La disposition du volant sur l'arbre moteur entre les deux machines est remarquable. Ce volant peut servir d'organe de transmission, dans ce but, on a fixé de chaque côté les jantes de poulies de 200 millimètres de largeur de façon à pouvoir transmettre la force dans des directions différentes.

La disposition entière ainsi que les belles formes de la machines sont remarquables.

Un léger escalier en escargot et une balustrade permettant d'aborder aux parties supérieures de la machine ne nuisent en aucune façon à son aspect général.

A ces machines verticales, ajoutons la machine à balancier du système Compound de A.Borsig, réprésentée pl. 36 et 37, fig. 1-4 ; elle sert pour un moulin et doit développer de 530 à 800 chevaux

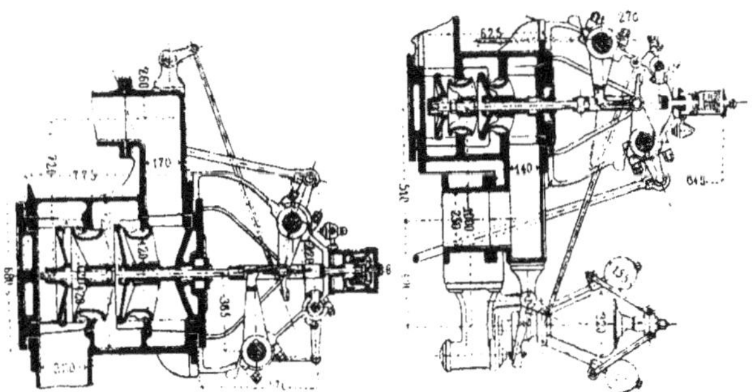

Fig. 46.

avec une pression initiale de 7 atmosphères 45 tours par minute. Elle est disposée comme machines accouplées, elle possède une distribution très précise représentée fig. 46 du texte ; les deux cylindres et le réservoir intermédiaire sont chauffés. Les diamètres des cylindres sont de 760 millimètres et de $1^{m},220$, la vitesse du piston est de $2^{m},28$ par seconde. Chaque cylindre possède un balancier à deux bras ainsi que son socle et le bâti support du balancier en forme d'un *A* d'après le type Corliss. La poulie à câbles à rainures fraisées a un diamètre de $6^{m},08$, une largeur de $2^{m},04$, un poids total de

33 tonnes, elle est composée de quatre parties. Les chemises de vapeur sont formées par l'emboîtement d'une fourrure de rechange dans le corps du cylindre lequel est muni de canaux de vapeur. Les soupapes d'échappement comme les soupapes d'admission sont mues par le haut; de même ont les enlève par l'extrémité supérieure. Elles sont actionnées par des excentriques calés sur les arbres de distribution. Les soupapes d'admission sont actionnées par un mécanisme de déclic dont celui du cylindre à haute pression est seul soumis à l'influence du régulateur. Seulement dans le cas où le cylindre à basse pression travaille seul avec de la vapeur fraîche, on peut relier également sa distribution avec le régulateur. Pour la condensation, on se sert de deux pompes à air à simple effet placées verticalement au milieu du socle.

Leur mouvement est emprunté aux balanciers principaux à l'aide de balanciers en fer.

Klein frères à Dahlbruch (Westphalie).

(Planches 30 et 31, figure 13-20).

Cette maison a installé, en 1880, à l'exposition des industrie de la province de Dusseldorf, une machine Compound, combinée à une machine soufflante, d'une construction très rationnelle. La machine à vapeur que nous traitons exclusivement ici mérite notre attention. Elle est représentée complètement pl. 30 et 31. En dessous des cylindres soufflants de $1^m,00$ de diamètre chacun, se trouve à gauche le cylindre à haute pression de 380 millimètres de diamètre, et à droite, le cylindre à basse pression de 600 millimètres de diamètre. La course commune de tous les pistons est de 700 millimètres. A 50 tours par minute, la machine aspire dans le même temps 110 mètres cubes d'air et le comprime à une pression de 0,3 kgr. par centimètre carré. Chacun des cylindres à vapeur est fixé sur deux bâtis boulonnés par le bas sur le socle. Les paliers supportant l'arbre moteur sont venus de fonte avec le socle. Au milieu de l'arbre moteur se trouve le volant de $3^m,500$ de diamètre et de 200 millimètres de largeur; celui-ci est muni de crans dans le but de pouvoir tourner plus facilement la machine. Pour équilibrer des masses agissant unilatéralement, on a appliqué un contrepoids à un certain endroit, dans la jante creuse du volant. Les cylindres soufflants reposent sur deux colonnes creuses, se présentant comme la continuation des bâtis inférieurs, mais qui, en réalité, sont venus de fonte avec le cylindre à vapeur. Il convient encore de remarquer que chaque cylindre est venu de fonte avec son fond inférieur, son enveloppe, sa chapelle. La vapeur passe d'abord dans la chemise du cylindre à haute pression et ensuite par l'obturateur dans la chapelle de ce dernier. Les canaux de vapeur étant situés aux extrémités des cylindres, on a employé des tiroirs séparés. Une plaque de détente Meyer variable à la main glisse sur le dos de chaque tiroir de distribution. Une chemise de vapeur est ici très nécessaire, car le cylindre à haute pression travaille en général avec une admission de 0,2 à 0,3. La vapeur passe du cylindre à haute pression dans le réservoir intermédiaire consistant en un tuyau de 150 millimètres de diamètre intérieur en forme de ┌┐, reliant les deux chapelles. La partie moyenne qui est la plus longue est enveloppée par la vapeur fraîche de la chaudière. Le cylindre à basse pression possède la même distribution que le cylindre à haute pression et il travaille ordinairement avec une admission égale à 0,5. La chemise de vapeur de ce cylindre est alimentée directement par la chaudière et l'eau de condensation de ce dernier ainsi que celle du réservoir intermédiaire, est purgée par un purgeur automatique, tandis que la chemise du cylindre à haute pression ne nécessite pas de purgeur spécial par suite de la situation des tuyaux. La vapeur d'échappement du grand cylindre passe dans les bâtis creux qui servent en même temps de condenseur, puisque la soupape d'injection se trouve déjà dans le bas du bâti. Le bâti supportant la pompe à air est venu de fonte avec ce bâti-support des cylindres. La pompe à air à simple effet a 400 millimètres de diamètre et 350 millimètres de course. La commande est obtenue par un balancier en fer relié avec sa fourche à la tête du piston. De chaque côté de la pompe à air est placée une pompe alimentaire actionnée par le même balancier. Les quatre cylindres sont munis de ce qui est nécessaire pour relever des diagrammes au moyen de l'indicateur. L'étanchéité des pistons dans les cylindres à vapeur et dans les cylindres soufflants est obtenue par deux bagues-ressorts en fer juxtaposées. Les bagues des premiers sont poussées par des torons en chanvre, et les bagues des derniers sont poussées contre les parois du cylindre par des ressorts.

Gutchoffnungshutte à Oberhausen-sur-Ruhr.

(Planche 30, figure 1-7).

On a pris également la machine marine comme type de la machine Compound fixe, on lui a aussi emprunté sa disposiption dite pilon et aussi d'autres détails caractéristiques comme la commande de la pompe à air, etc., etc. Mais comme l'expérience a sanctionné la disposition horizontale de la machine fixe, il est une série de machines horizontales qui ont bien réussi et que nous allons traiter en détail.

On a représenté pl. 32, deux machines Compound du grand atelier de la Gutchoffnungshutte, à Sterkerade, dont l'une représentée fig. 1-3, est de force de la 250 chevaux. Le couvercle d'avant du cylindre et le palier moteur sont venus de fonte avec le bâti à baïonnette. La pompe à air placée en contre-bas de la machine, est actionnée par le bouton de manivelle du cylindre à basse pression. Entre les deux cylindres, se trouve le réservoir intermédiaire consistant en un cylindre à double parois, comme le montre la coupe (fig. 2). L'espace compris entre le cylindre intérieur en fonte et le cylindre extérieur en fer est rempli de vapeur fraîche, dans le réchauffer la vapeur venant du petit cylindre. Comme toujours le régulateur n'agit que sur la distribution du cylindre à haute pression. Les deux cylindres possèdent une distribution à soupape, mais seulement employée par la maison, pour de puissantes machines. Les soupapes de chaque cylindre sont actionnées par un arbre de distribution commandé par l'arbre moteur à l'aide d'engrenages coniques et droits. On voit aisément la distribution dans la coupe transversale fig. 3. Les soupapes sont actionnées deux à deux par des excentriques. L'une de ces deux soupapes sert pour l'admission et l'autre pour l'échappement. En dessus de la chapelle est supporté un axe que le régulateur fait tourner d'un angle plus ou moins grand suivant sa position. Les leviers *a*, calés sur cet arbre, sont reliés aux tiges *b* par l'organe *c*. Un mouvement de l'axe force donc les extrémités supérieures des bielles *b* à effectuer leur mouvement à une distance plus ou moins grande des axes des soupapes. Un levier à deux bras fou sur le même arbre, opère le soulèvement des soupapes. A cet effet, l'une de ses extrémités s'applique sous le tourillon de la tige de soupape tandis que l'autre est entraînée vers le bas par la came de l'extrémité supérieure de la tige d'excentrique. Suivant la position du régulateur cet entraînement dure plus ou moins longtemps, jusqu'au moment où la came lâche le levier et alors la soupape est fermé sous l'action d'un ressort à boudin. On voit donc que la période d'admission est variable par le régulateur. Les soupapes d'échappement sont simplement actionnées par l'excentrique et par un levier à deux bras et l'intermédiaire d'une petite bielle. Les diamètres des cylindres ont 620 millimètres et $1^m,050$ et la course commune $1^m,250$ d'où le rapport des volumes $m = 0,34$. On voyait encore à l'Exposition de Dusseldorf de 1880 une puissante machine Compound de 100 chevaux représentée fig. 4-7, pl. 10, de la même maison. Les cylindres ont des diamètres 400 et 680 millimètres et une course de 850 millimètres. Elle développe 100 chevaux indiqués pour une admission de 0,3 dans le petit cylinde avec 60 tours par minute et 5 atmosphères 5 de pression initiale dans le petit cylindre. Le réservoir intermédiaire consiste simplement dans le tuyau de communication entre les deux cylindres, il n'est point chauffé. La machine est disposée pour marcher sans condensation. Cette machine diffère peu de la précédente, comme disposition générale, seulement on n'a pas guidé sur des glissières spéciales le prolongement des tiges. La poulie-volant a un diamètre de 4m,400 et une largeur de 500 millimètres. Comme organe de transmission on emploie un câble plat de coton de Gaudy. La distribution avec tiroirs plans et mécanisme de précision variable par le régulateur (de 0 à 0,85 environ) est effectuée par un seul excentrique; la maison a pris un brevet pour cette distribution. Pour avoir des canaux de vapeur très courts, on a employé un tiroir séparé, sur le dos de chacun de ces tiroirs glisse le tiroir de détente. Les deux parties du tiroir séparé sont fixées sur la même tige, laquelle est guidée dans un support du bâti et mise en mouvement par la bielle d'excentrique. Une crossette *d* fixée sur la tige du tiroir séparé, est fixée en avant et en arrière de la chapelle, chacune de ces crossettes met en mouvement de la façon suivante un tiroir de détente (fig. 7), dans une fourche latérale de cette crossette *d*, guidée par une console à glissière, s'engage une extrémité de la tige *h* du tiroir de détente. De plus, cette crossette porte une pièce à déclic *g* oscillant autour d'un axe *f*. La pièce à déclic *g* est munie à sa face inférieure d'un talon *i* en acier durci et à sa came supérieure d'une plaque également en acier durci. Au milieu de la tige du tiroir de détente se trouve un piston se mouvant dans un petit cylindre. L'étanchéité entre les deux doit être assurée et l'espace derrière le piston doit communiquer avec le tuyau d'échappement à l'aide d'un tube avec un robinet.

On voit en plan (fig. 5) qu'une tige en fer plat, longeant le cylindre est reliée à la bielle d'excentrique. Cette tige est guidée au milieu de la chapelle par un tourillon porte à faux, tandis qu'elle est reliée en avant et en arrière aux bielles *p* (fig. 6).

Les points d'attache de ces deux bielles *p* avec la tige en fer plat sont obligés de décrire une ellipse, il est évident que ces bielles n'oscillent pas seulement autour de leur tourillon *n*, mais que ces derniers ainsi que la buttée *u* à l'autre extrémité du levier à deux bras *q*, font plutôt un mouvement ascendant et descendant. Comme on le reconnaît facilement sur le dessin, le point *s* servant comme point d'oscillation du levier *q* peut être déplacé par le régulateur et modifie par suite le mouvement de la buttée *u*.

Si le mécanisme de la distribution fonctionne, *i* s'accroche avec *e* et par suite l'un ou l'autre des tiroirs de détente est entraîné par la clanche *g* vers le milieu de la chapelle. Pendant ce temps, la pièce de buttée *u* est descendue de telle sorte que la corne *g* doit s'y heurter et par conséquent effectuer le déclictage. Aussitôt la pression de la vapeur, agissant sur une face du piston du petit cylindre *m*, repousse le tiroir de détente, et par suite ce dernier intercepte l'admission de la vapeur. Ensuite *g* se meut en retour pour recommencer la même opération. Par un robinet on peut régler la vitesse de la fermeture.

La Gutchvffnemgshütt emploie cette distribution pour des machines ayant jusqu'à 650 millimètres de diamètre du cylindre.

Ph. Swidersky, à Leipzig.

(Planches 33 et 34, figure 1-3).

Cette maison avait en marche une machine Compound à l'Exposition insdustrielle des laines allemandes à Leipzig en 1880. Dans cette machine on a conservé le socle ordinaire, ce qui donne à l'ensemble un aspect solide.

Les deux cylindres munis de chemises de vapeur ont 260 et 445 millimètres d'alésage et leurs pistons ont une course commune de 750 millimètres. Le nombre des tours est de 70 d'où la vitesse moyenne des pistons est de $1^m,75$, par seconde. Le rapport des cylindres est égal à 0,34. Le travail nominal de la machine est de 50 chevaux pour une admission égale à $\frac{1}{5}$ du cylindre; on peut cependant l'augmenter jusqu'à 70 chevaux.

Comme on le reconnaît par les coupes longitudinales et transversales des cylindres, la distribution de chaque cylindre est effectuée par deux tiroirs superposés actionnés chacun par un excentrique. Le cylindre à basse pression n'a pas de détente variable, tandis que le cylindre à haute pression, en possède une du système Gubauer. Le régulateur est commandé par l'arbre moteur au moyen d'engrenages et d'un arbre. La pompe à air est placée horizontalement en contre-bas de la machine, elle est actionnée par la tête du piston du cylindre à basse pression, dont le diamètre est de $0^m,290$ et la course de $0^m,320$. L'arbre moteur porte en son millieu, deux petites poulies-volants ; chacune d'elles a un diamètre de 3 mètres et une largeur de $0^m,350$. Aux extrémités de l'arbre moteur sont calés deux plateaux-manivelles équilibrés par des contrepoids. Les cylindres sont fiyés directement sur les massifs en maçonnerie ; ils sont simplement reliés avec leur bâti par leur fond d'avant.

Le réservoir intermédiaire, entièrement en fonte, est cylindrique, il est recouvert extérieurement d'une couche de feutre et de bois. Les trois chemises de vapeur sont en communication et l'eau de condensation est conduite à une pompe spéciale qui la refoule à la pompe alimentaire pour être refoulée par cette dernière, dans la chaudière. Les cylindres et le réservoir intermédiaire sont purgés au moyen de petits tubes respectivement munis de robinets qui conduisent l'eau dans le tuyau d'échappement et de là dans le condenseur.

Société anonyme de construction des Batignolles.

(Planche 35, figure 1-10).

Cette machine horizontale du système Compound, développe une force de 40 chevaux ; le diamètre du grand cylindre est de 750 millimètres et celui du petit de 460 millimètres. La course commune est de 900 millimètres. La machine fait quarante tours par minute ; la tension de la vapeur dans le petit cylindre est de 3,38 kilogrammes par centimètre carré, le rapport des volumes du petit cylindre au grand est de $\frac{1}{2,7}$. La distribution, commandée par deux bielles d'excentriques appliquées à une coulisse, comporte pour le petit cylindre une admission variable de 23 à 50 0/0 ; l'admission dans le grand cylindre est constante, et égale à 37 0/0. La détente est variable par le régulateur, mais on peut aussi la régler au moyen d'une tige filetée et d'une roue à main. Le cylindre à haute pression est muni d'une chemise de vapeur servant également de réservoir intermédiaire. Ce dernier communique avec la chapelle du cylindre à basse pression par une simple tubulure. Les diagrammes du petit cylindre sont représentés fig. 9 et ceux du grand cylindre fig. 10.

A. Borsig, à Berlin.

(Planches 20 et 21, figure 7-11 et figure 47-48 du texte).

Aux machines verticales de cette maison, ajoutons deux machines Compound horizontales.

La première, représentée fig. 7-11, pl. 20 et 21, d'après les *Annales de Glaser*, a été construite pour un moulin de Berlin. Les deux cylindres sont munis d'une distribution à soupapes; leurs diamètres sont de 625 millimètres et de 1 mètre et leur course commune de 1 mètre. La machine développe 550 chevaux à l'indicateur avec une pression de vapeur de $7\frac{1}{2}$ atmosphères; l'admission dans le cylindre à haute pression est de 0,4. La machine fait 65 tours par minute. Le cylindre et le palier moteur sont reliés à un bâti en forme de cuvette renfermant complètement les glissières; la tête du piston est munie de quatre faces de glissement. A l'extrémité du palier moteur, le bâti a une section en forme de ∩. Le volant est calé, au milieu de l'arbre moteur, entre les

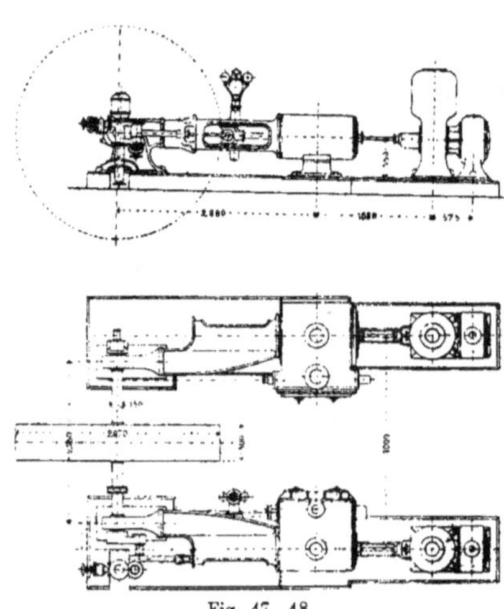

Fig. 47 48.

deux machines; il ne sert pas pour transmettre la force; cette transmission s'effectue par un arbre situé dans la même direction que l'arbre moteur, qui est supporté par un palier du bâti du cylindre à basse pression et qui est actionné par la manivelle de ce dernier au moyen d'une double manivelle. Cette machine est également disposée pour travailler avec un seul cylindre. A cet effet, on a placé dans le tuyau de communication des deux cylindres deux soupapes *a* et *b* (fig. 9). Dans la position des soupapes *a* et *b*, représentées fig. 9, la vapeur passe directement d'un cylindre à l'autre, il n'y a pas de réservoir intermédiaire proprement dit. Si le cylindre à haute pression doit travailler seul *a* ne bouge pas, tandis que *b* est appliquée sur son siège supérieur; la vapeur sort alors par la tubulure fermée par une plaque (sur le dessin). Dans le cas contraire, *a* est appliqué en haut et *b* reste sur son siège inférieur. La vapeur fraîche venant de traverser le purgeur automatique passe alors par la soupape *a* dans le cylindre à basse pression et, dans ce cas, l'obturateur du cylindre à haute pression est naturellement fermé.

Dans la seconde machine Compound représentée fig. 47-48 du texte, on a employé le bâti à baïonnette, ce dernier est fixé au palier moteur par des brides, de telle sorte que, par cet assemblage, la machine présente un aspect peu agréable. Chaque cylindre possède un tiroir séparé et des canaux très courts. Il y a deux pompes à air actionnées par les tiges prolongées des pistons.

Ehrhardt et Sehmer à Mahlstatt-Saarbrücken.

(Figure 49-51 du texte).

Cette maison avait à l'Exposition industrielle de Dusseldorf une machine en marche de 30 chevaux, représentée fig. 49-51 du texte; elle est calculée pour une pression effective de 5 à

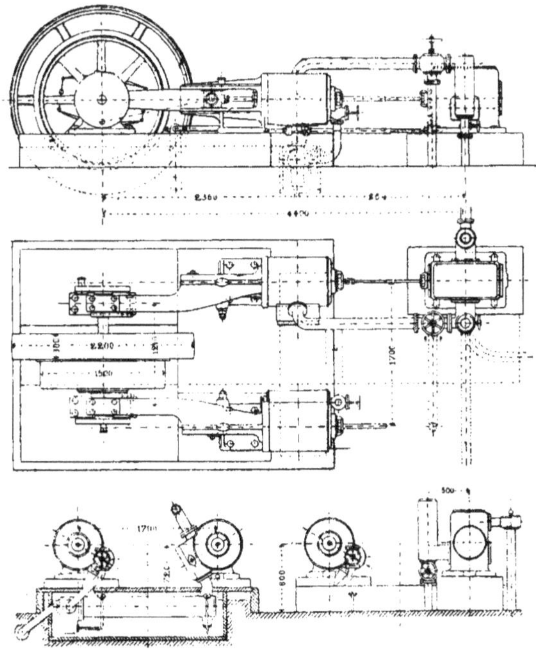

Fig. 49—51.

7 atmosphères et une vitesse de piston de 2 mètres par seconde pour 120 tours par minute. La vapeur fraîche passe de la chemise de vapeur du cylindre à haute pression dans la chapelle de ce dernier où se trouve un tiroir à pistons entraînés, pour lequel la maison a pris un brevet. La

variation de la détente est effectuée par un régulateur spécial placé sur l'arbre moteur et tournant avec lui par suite d'un déplacement direct de l'excentrique placé sur l'arbre moteur.

L'admission du cylindre à haute pression varie de 3 à 60 0/0. La vapeur, au sortir du petit cylindre entre dans le réservoir intermédiaire avec une pression de $1\frac{1}{4}$ à $1\frac{1}{2}$ atmosphères. Ce réservoir placé transversalement au-dessous des deux cylindres contient à l'intérieur un système de tubes de chauffage ayant pour but de dessécher la vapeur qui ensuite, passe dans la chemise du grand cylindre. Vu la faible tension on peut employer un tiroir à canaux non équilibré, travaillant avec une admission constante de 50 0/0 Les deux chapelles étant inclinées vers le bas, les robinets purgeurs sont superflus. Le condenseur se trouve dans l'axe du cylindre à basse pression et est actionné par la tige prolongée du piston de celui-ci.

On doit reconnaître que cette machine est d'une construction très simple, que tout mécanisme compliqué est évité, ce qui est très remarquable pour une machine Compound, puisqu'on obtient quand même, dans le cas présent, une détente variable automatiquement.

Atelier de construction de machines d'Augsbourg.

(Planches 35 et 37, figure 5-2).

Cette maison a construit pour une filature de laines peignées, à Augsbourg, une machine d'un rendement normal à l'indicateur, de 150 chevaux. Les deux cylindres ont une distribution à soupape du système Sülzer; celle du petit cylindre est variable par le régulateur, et celle du grand à la main. Les diamètres des pistons ont 370 et 611 millimètres et la course commune de 950 millimètres, d'où le rapport des volumes est de $\frac{1}{2,75}$. Le volume du réservoir intermédiaire est de 327 décimètres cubes; c'est donc 1,19 fois le volume du grand cylindre. L'espace nuisible du petit cylindre est de 4,3 0/0 et celui du grand cylindre de 3,1 0/0. La vitesse moyenne du piston est de $2^m,26$ par seconde, pour un nombre de tours de 71 en moyenne par minute. La détente totale, c'est-à-dire le rapport du volume initial au volume final est comme $\frac{1}{13}$ à $\frac{1}{14}$. Nous empruntons ces données à un article du professeur Schroter qui a fait des essais calorimétriques sur cette machine.

On voit, par la coupe transversale que la chemise du petit cylindre est seule chauffée par la vapeur, circulant autour de lui pour de là entrer dans sa chapelle, tandis que la chemise du réservoir intermédiaire et du grand cylindre communiquent par une tubulure avec l'arrivée de vapeur. Dans un essai on peut donc intercepter la vapeur dans ces dernières de façon à montrer l'économie de vapeur réalisée dans la marche de la machine par le chauffage du réservoir intermédiaire et du grand cylindre. Les essais exécutés ont donné des résultats favorables, la machine ne nécessite que 6,55 kilogrammes d'eau d'alimentation par cheval indiqué et par heure, tandis que pour une machine Sülzer accouplée de 400 chevaux, il en faut 8,75 kilogrammes. Les diagrammes relevés à l'indicateur ont montré que, à l'état normal, c'est-à-dire avec un chauffage du réservoir intermédiaire du grand cylindre, la courbe de détente correspond à la courbe théorique. On exige théoriquement que cette courbe soit identique à celle relevée sur une machine équivalente, ayant un cylindre de la grandeur du cylindre à basse pression. Dans les cas exceptionnels où l'on ne chauffe pas le réservoir et le grand cylindre, on a reconnu une chute de pression très prononcée dans le grand cylindre. L'origine de cette chute doit être attribuée à la différence de tensions entre la vapeur sortant du petit cylindre et celle entrant dans le grand. Il est encore intéressant de mentionner que les degrés d'admission trouvés en tournant lentement le volant, étaient en moyenne pour le petit cylindre, de 0,114 au lieu de 0,236 à 0,245 trouvés par les diagrammes. De même on trouve pour le grand cylindre, 0,239 au lieu de 0,400 trouvés au moyen de l'indicateur. Ces nombres prouvent qu'il faut toujours un certain temps entre le décliquetage par le régulateur et la fermeture de la soupape.

Société de construction de machines et fonderies de Goerlitz.

(Planches 33 et 34, figure 7-11).

Le dessin de cette planche représente une machine de forme élégante et d'une construction raisonnée dans tous ses détails. Les cylindres ont des diamètres de 440 millimètres et 800 millimètres et une course de 1 mètre, d'où le rapport des volumes = 3,3. La machine développe 180 chevaux pour 65 tours à une pression absolue dans le petit cylindre de 6,5 atmosphères, elle a une admission normale de 30 %; son maximum d'effet de 350 chevaux a lieu pour une admission de 70 %. Le réservoir intermédiaire en fonte est chauffé, il a un diamètre de 350 millimètres et une longueur de 2m,300. L'obturatrur se trouve au milieu entre les deux cylindres, et l'on peut avec lui, règler l'arrivée de la vapeur dans le petit cylindre et éventuellement aussi, l'arrivée dans le grand. Ce dernier cas peut se présenter lorsque le petit cylindre étant en réparation, on doit travailler avec le grand cylindre seul, on peut aussi travailler avec le petit cylindre seul et avec condensation. Le grand cylindre possède une détente Meyer variable à la main avec tiroir principal séparé; de plus, l'excentrique de détente peut être déplacé dans la rainure de l'excentrique de distribution. Par conséquent, on peut donc régler l'admission dans le grand cylindre suivant la résistance à vaincre. Le cylindre à haute pression possède la distribution brevetée de M. Collmann. Cette distribution avec mécanisme de précision n'a ni déclic ni coussin d'air. Le bon fonctionnement de la distribution est donc, par conséquent, indépendant de l'intelligence et de l'attention du machiniste. Les pertes par rayonnement de la chaleur des cylindres sont empêchées par une bonne enveloppe entourée de tôle; le cylindre à haute pression est seul muni d'une chemise de vapeur. La liaison entre le cylindre et le palier moteur est obtenue par un solide bâti à baïonnette fixé en grande partie directement sur le massif de la fondation; ceci donne à la machine un aspect très stable. La transmission de la force s'effectue par une poulie à dix gorges avec des cordes de 50 millimètres de diamètre; elle est calée sur l'arbre moteur, son diamètre est de 5m. Entre les gorges se trouve une couronne munie de rochets. L'arbre moteur, les tiges de pistons, les manetons, les tourillons et les tiges de soupapes sont en acier fondu, le régulateur actionné par l'arbre de distribution du cylindre à haute pression est placé dans l'axe du cylindre, et à côté d'eux, sur un support en fonte creux.

Duncan, Stewart et Cie à Glascow.

(Planche 40, figure 1-2).

Les Anglais ne se sont pas contentés de l'emploi des machines Compound à deux cylindres; ils ont déjà dépassé le nombre de 2 cylindres dans leurs puissantes machines marines. Voyons comment on dispose ces 3, 4 ou 5 cylindres. La machine actuelle a trois cylindres dont l'un est à haute pression et les deux autres à basse pression. Leurs pistons ont la même course et leurs manivelles sont à 120° l'une par rapport à l'autre, elles font donc deux angles égaux. Ces machines Compound à 3 cylindres sont de plus en plus employés surtout là où il importe d'avoir une marche très régulière, mais actuellement, on ne les emploie que dans les machines marines. En mettant plusieurs machines du type Woolf ou du type Tandem-Machine (dans la Tandem-Machine les deux cylindres se trouvent dans le même axe) juxtaposées, on a une autre disposition. La disposition double, c'est-à-dire avec deux cylindres à haute pression et deux cylindres à basse pression dont les manivelles sont rectangulaires les unes par rapport aux autres y est déjà fréquemment employée dans les machines marines. On a même déjà employé une disposition triple, c'est-à-dire avec 6 cylindres. Mais il est évident que la machine Compound à 3 cylindres est supérieure à cette dernière machine Woolf triple, car dans la première, il n'y a que la moitié des cylindres, des pistons, des tiroirs, etc., exigeant de l'entretien et des réparations. De même l'équilibre des 3 forces produites par les trois pistons sur l'arbre moteur peut être obtenu dans la machines Compound à 3 cylindres par le réglage des périodes de détente, la machine représentée pl. 40, fig. 1 et 2, destinée à une filature française de coton a été construite à 3 cylindres dans le but d'obtenir une marche aussi régulière que possible. Le cylindre à haute pression a 428 millimètres d'alésage, et les deux cylindres à basse pression ont 660 millimètres d'alésage. La course est de 1m,065, le nombre de tours par minute est de 50 et la pression absolue dans la chaudière est de 5 1/2 atm. La force est transmise par une poulie-volant de 6m,080 de diamètre au moyen de 12 cordes de 60 millimètres. Le cylindre à haute pression possède une détente automatique de Dobson se composant d'un tiroir séparé avec plaque de détente. La vapeur, après avoir agi dans le cylindre à haute pression, passe dans chapelle commune des cylindres à basse pression servant en même temps, de réservoir intermédiaire; cette vapeur est alors distribuée par un tiroir Penn dans l'un ou l'autre des grands cylindres. Les trois cylindres ont des chemises de vapeur. La pompe à air de 553 millimètres d'alésage et de 532 millimètres de course est actionnée par la tête du piston de la machine moyenne à l'aide de bielles et de leviers coudés. Cette pompe est complètement enfermée par le condenseur.

Weyher et Richemond à Pantin.

(Figure 52 du texte).

La machine locomobile construite par cette maison a acquis une certaine célébrité, en obtenant le premier prix de la Société Industrielle de Mulhouse et parce qu'elle a été soumise à des expériences sérieuses par Hallauer, Walther, Meunier et autres.

Dans la fig. 52 où sont représentés les cylindres, on remarque surtout les dispositions des chemises de vapeur et des canaux. Le cylindre à haute pression a un diamètre de 295 millimètres et celui à basse pression a un diamètre de 480 millimètres. La course commune est de 480 millimètres. Le rapport des volumes est donc $\frac{1}{2,84}$. Les espaces nuisibles sont de 6,4 0/0 pour le petit cylindre et de 5 0/0 pour le grand. La vapeur fraîche chauffe d'abord les chemises de vapeur avant d'entrer dans la chapelle du petit cylindre *A*. On doit regretter que la chemise de vapeur n'entoure le grand cylindre que sur une partie un peu plus grande que la moitié et que, dans les parties inférieures, puisse facilement s'accumuler de l'eau. Le cylindre est muni d'une détente Farcot, variable par le régulateur Porter. Le réservoir intermédiaire *D* établit la communication entre les

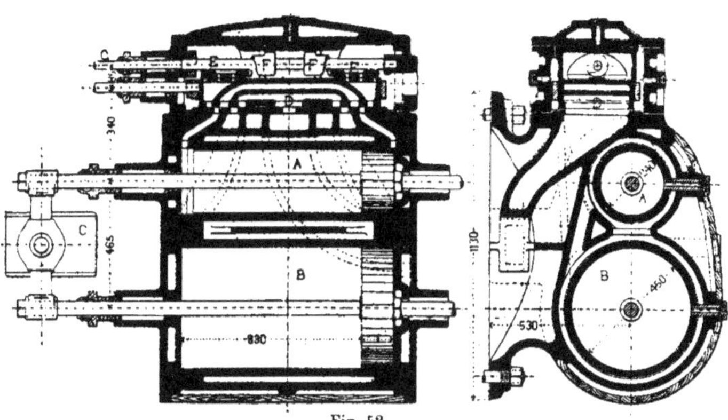

Fig. 52,

deux chapelles, il se trouve en dessous des cylindres; la distribution du cylindre *B* est effectuée par un simple tiroir à coquille. La position des pistons est celle d'une machine de Woolf.

J. Hermann Lachapelle, à Paris.

(Planches 38 et 39, figure 12-13).

Une machine demi-fixe de cette maison était en marche à l'Exposition d'Électricité, à Paris, en 1881. La machine est fixée sur un socle et non directement sur la chaudière. Les deux cylindres sont venus de fonte avec leurs enveloppes, et les fonds d'avant ainsi que le réservoir intermédiaire sont fixés contre l'extrémité de ce socle. Toutefois, le petit cylindre proprement dit, venu de fonte avec son fond, est emboîté dans son enveloppe. La détente Farcot est variable par un régulateur Andrade, tandis que le grand cylindre n'a qu'une distribution ordinaire à tiroir séparé. Les deux tiges de pistons se meuvent dans des douilles en acier, dans lesquelles s'engagent les boîtes à étoupes proprement dites.

Les dimensions principales sont les suivantes : diamètre du cylindre à haute pression 260 millimètres ; diamètre du cylindre à basse pression =430 millimètres ; course commune = 430 millimètres. La machine développe 45 chevaux à 95 tours par minute. Le condenseur est boulonné sur le support de la chaudière et sa pompe à air est actionnée par une petite manivelle de l'arbre moteur. En arrêtant le condenseur, on peut employer la vapeur d'échappement pour chauffer l'eau d'alimentation.

TABLE DES MATIÈRES

II. — TIROIR DE DÉTENTE DISPOSÉ SUR LE DOS DU TIROIR DE DISTRIBUTION OU TIROIR DOUBLE

II. — TIROIRS DE DÉTENTE AVEC ARÊTES A ÉCARTEMENT VARIABLE

III. — LES TIROIRS D'ENTRAINEMENT

C. TIROIRS-PISTONS ET DISPOSITIONS A CHANGEMENT DE MARCHE

D. DISPOSITIONS DE CHANGEMENT DE MARCHE

2E PARTIE

LES MACHINES WOOLF ET LES MACHINES COMPOUND

MACHINES WOOLF

DISPOSITIONS DES MACHINES COMPOUND

Paris. — Imp. E. Bernard & Cie, 71, rue Lacondamine.

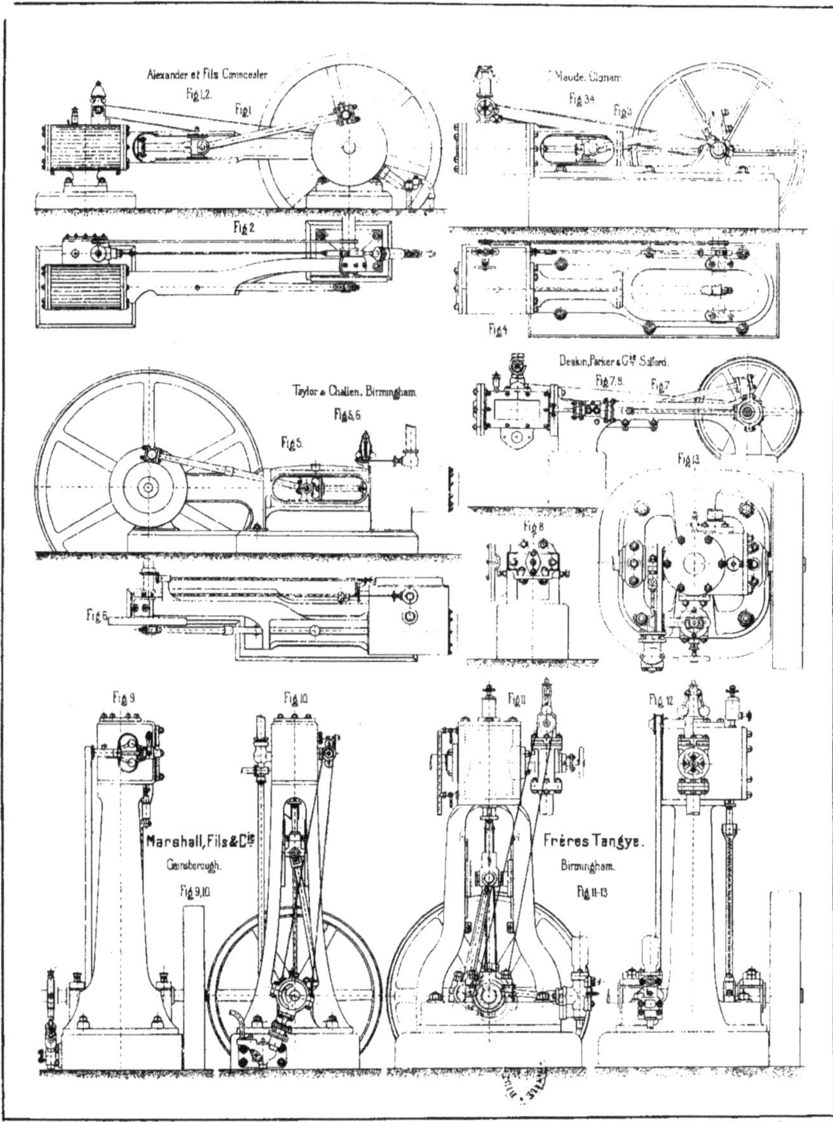

E. Barnard et Cie éditeurs, Paris. Jmp. E. Newák, Leipzig.

Ateliers de construction de Prague. (ancien^{mt} Mess. Danek et Cie) Fig. 1–5.

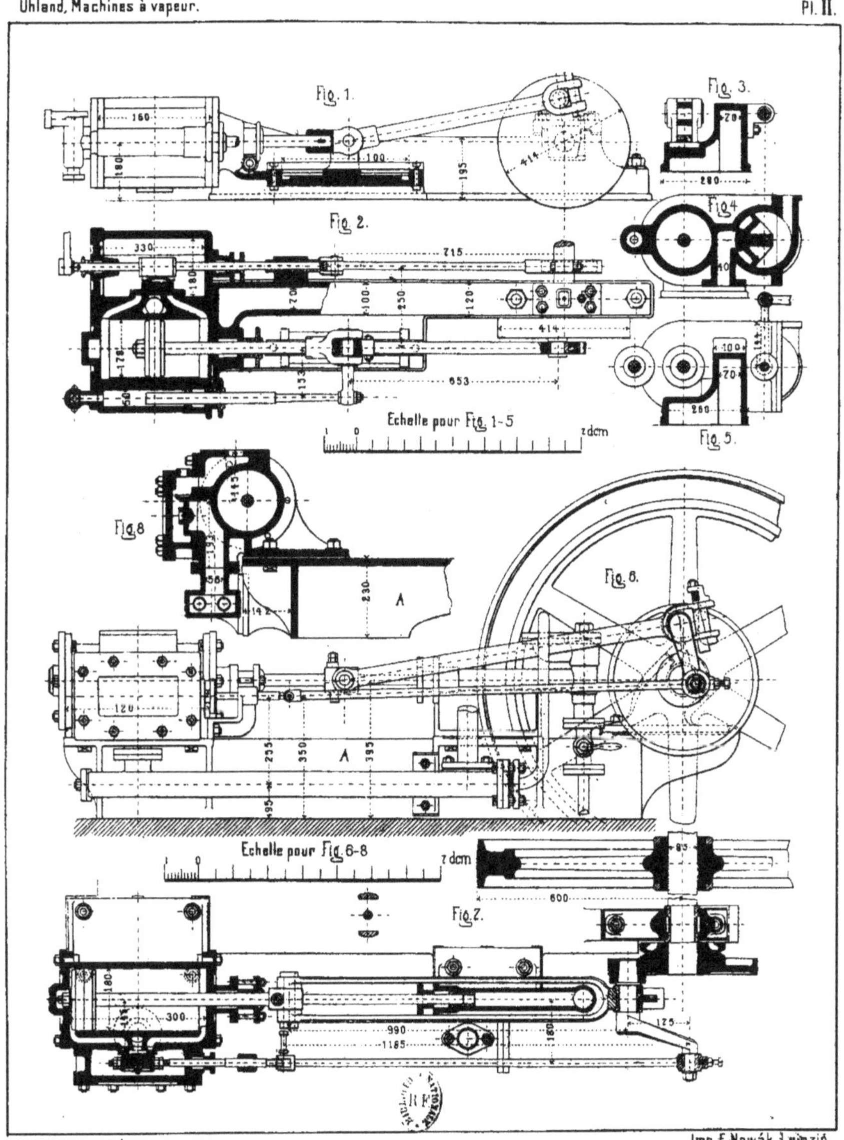

E. Bernard et Cie éditeurs, Paris.
Imp. E. Nowák, Leipzig.

W. H Uhland, C. J. de Leipzig. (Fig. 6-8).

Druitt-Halpin de Londres C.J.

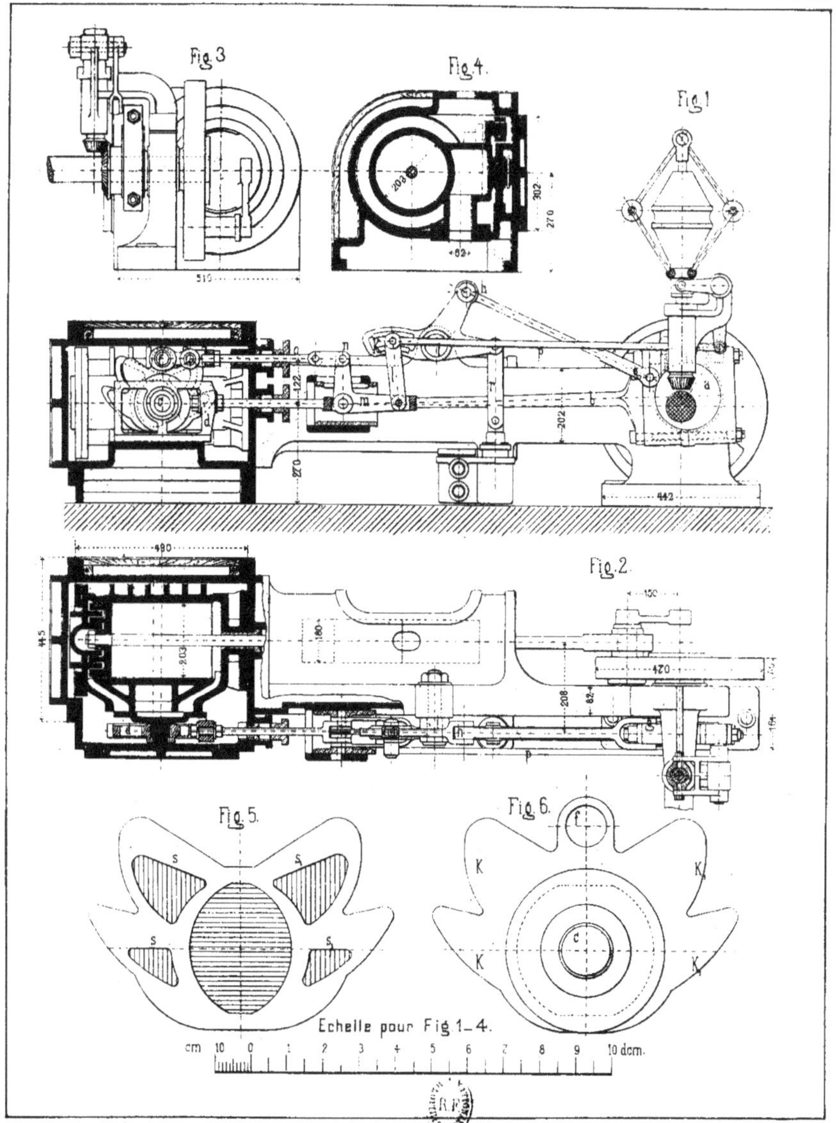

E. Bernard et Cie éditeurs, Paris. Imp. E. Nowák, Leipzig.

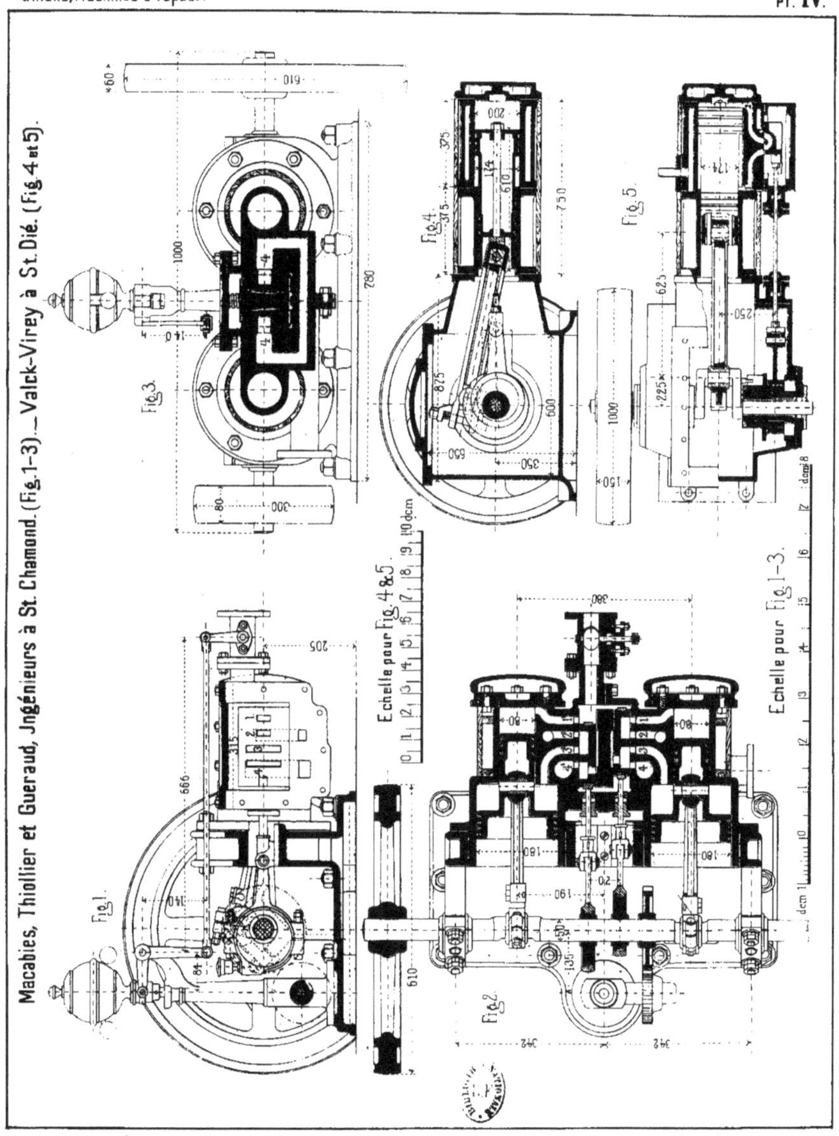

E. Bernard et Cie éditeurs, Paris. Jmp. E. Nowák, Leipzig.

Ateliers de Construction de Simmering près Vienne. (Fig. 1-4).
A. F. Brown, Jngénieur à New-York. (Fig. 5-7).

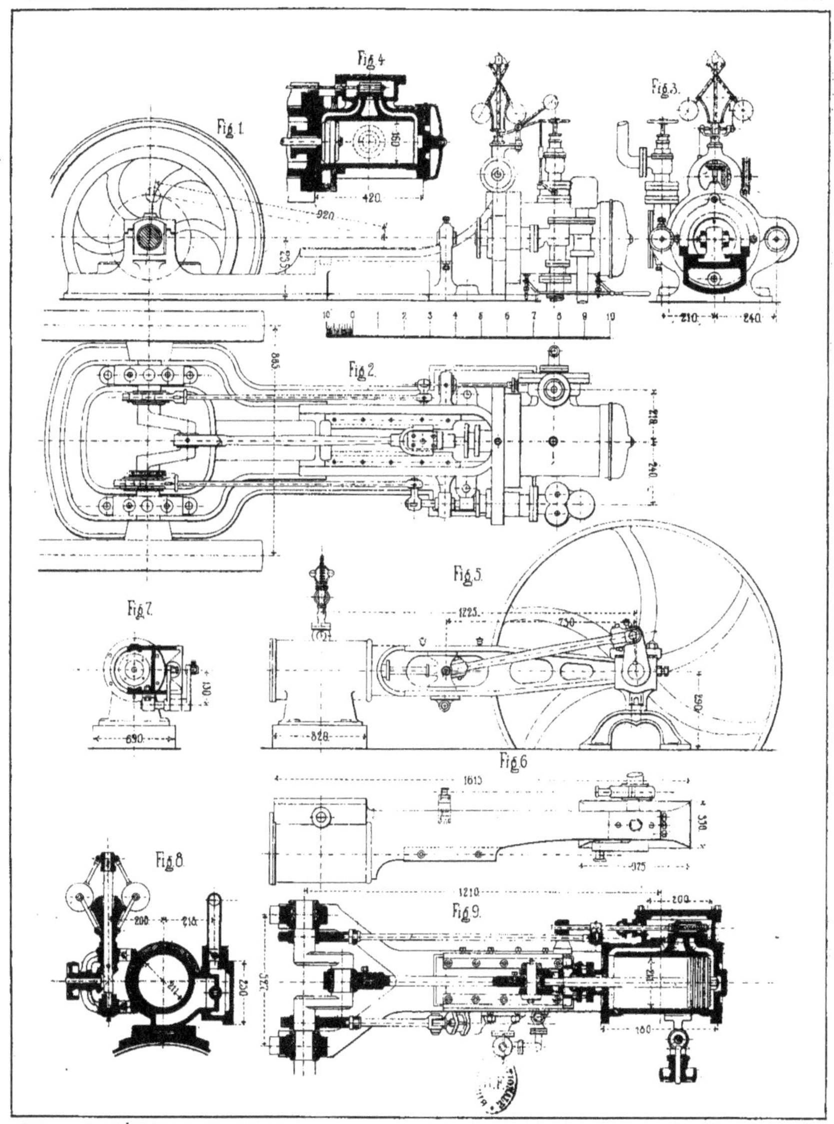

E. Bernard et Cie éditeurs, Paris
Jmp. E. Nowák, Leipzig.

J. Körösi d'Andritz près Gratz. (Fig. 8 et 9).

Ateliers de construction de Humboldt, à Kalk près Cologne. (Fig. 1–4); G. Pétau à Paris. (Fig. 5–7.).

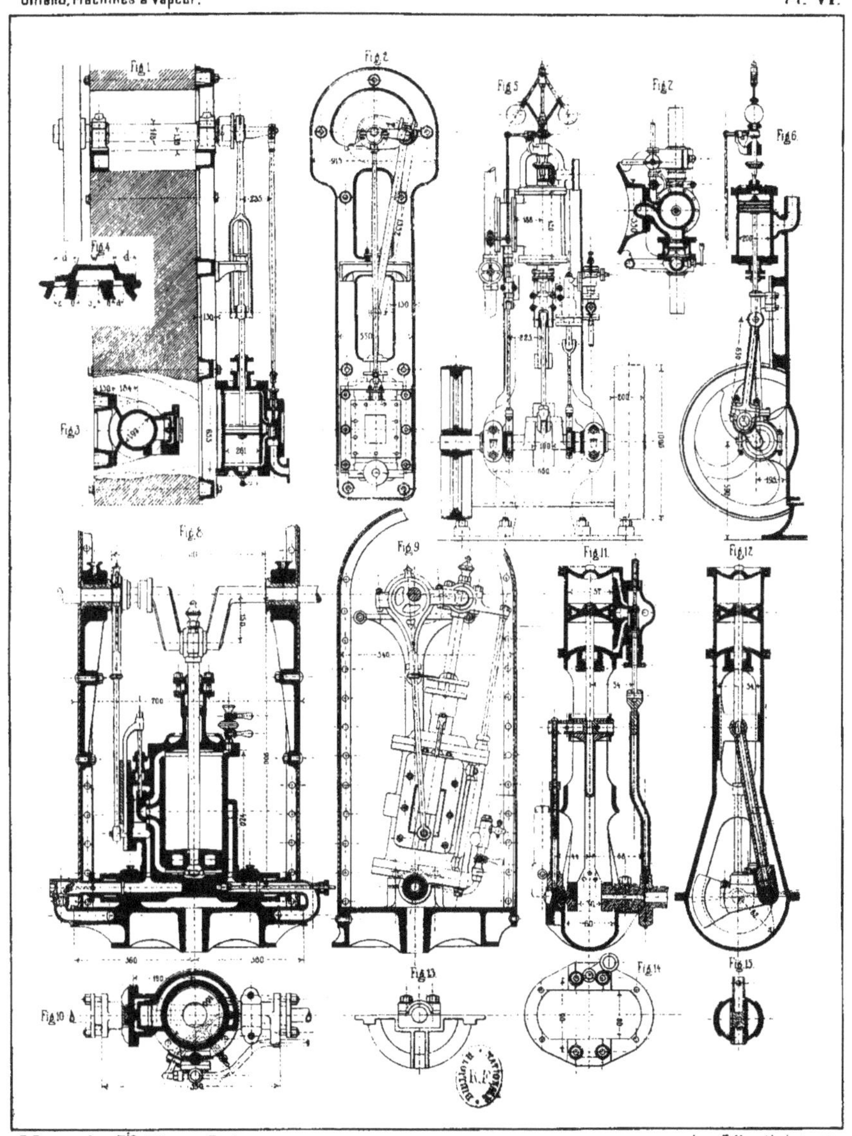

E. Bernard et Cie éditeurs, Paris. Jmp. E. Nowák, Leipzig.

E. Bréval à Paris. (Fig. 8–10); B. Herreshoff à London. (Fig. 11–15).

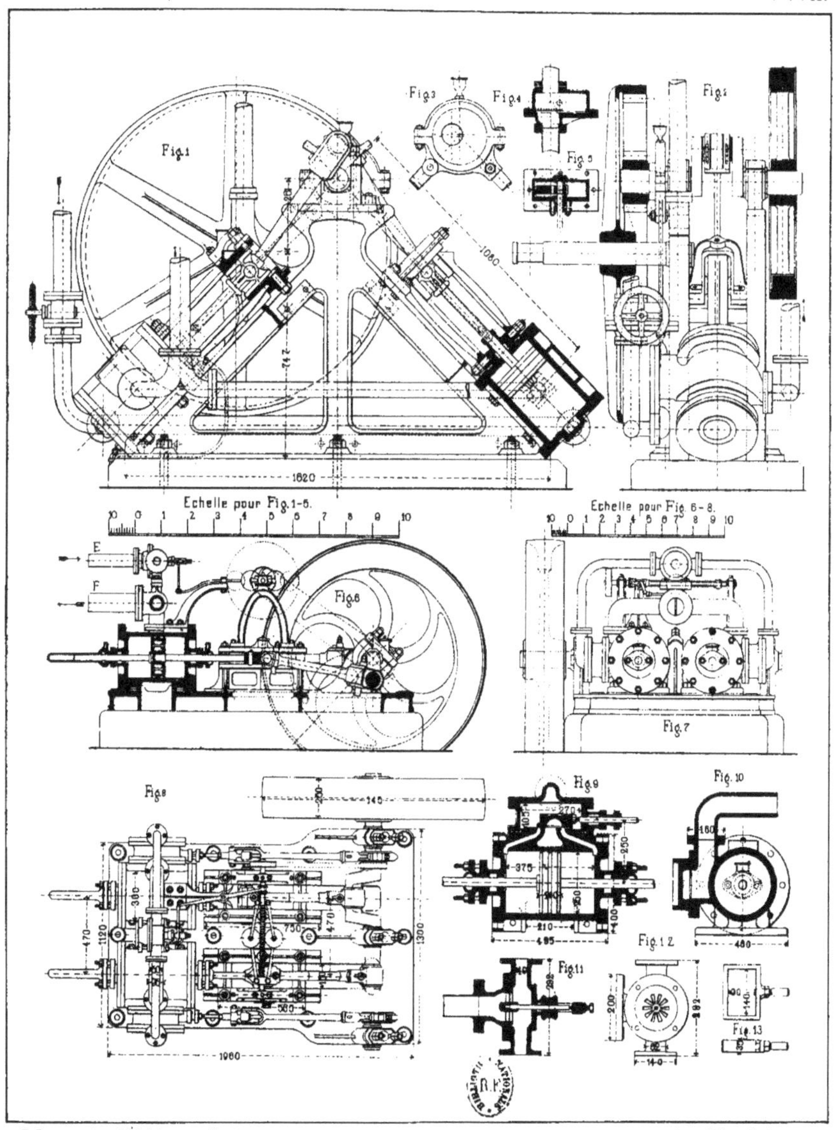

E. Bernard et Cie éditeurs, Paris. Imp. E. Nowák, Leipzig.

H. Flaud, Ingenieur à Paris. (Fig. 6-13).

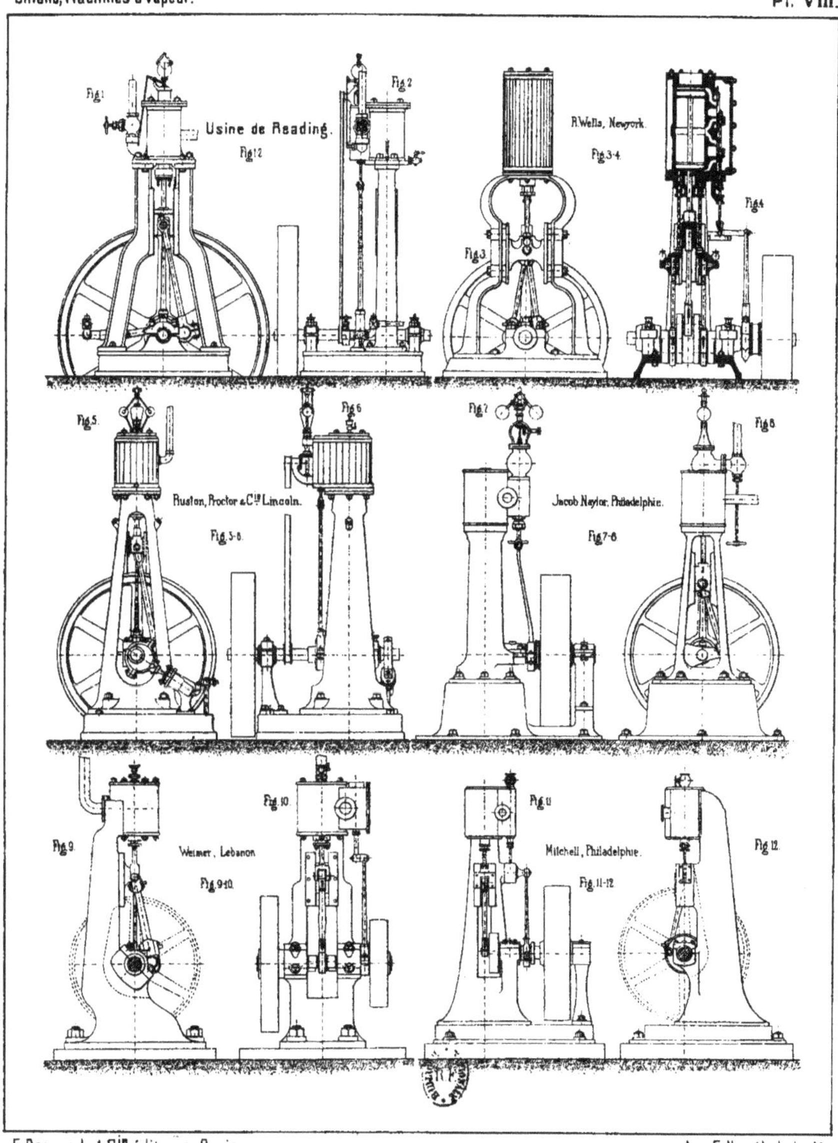

E. Bernard et Cie éditeurs, Paris. Jmp. E. Nowák, Leipzig.

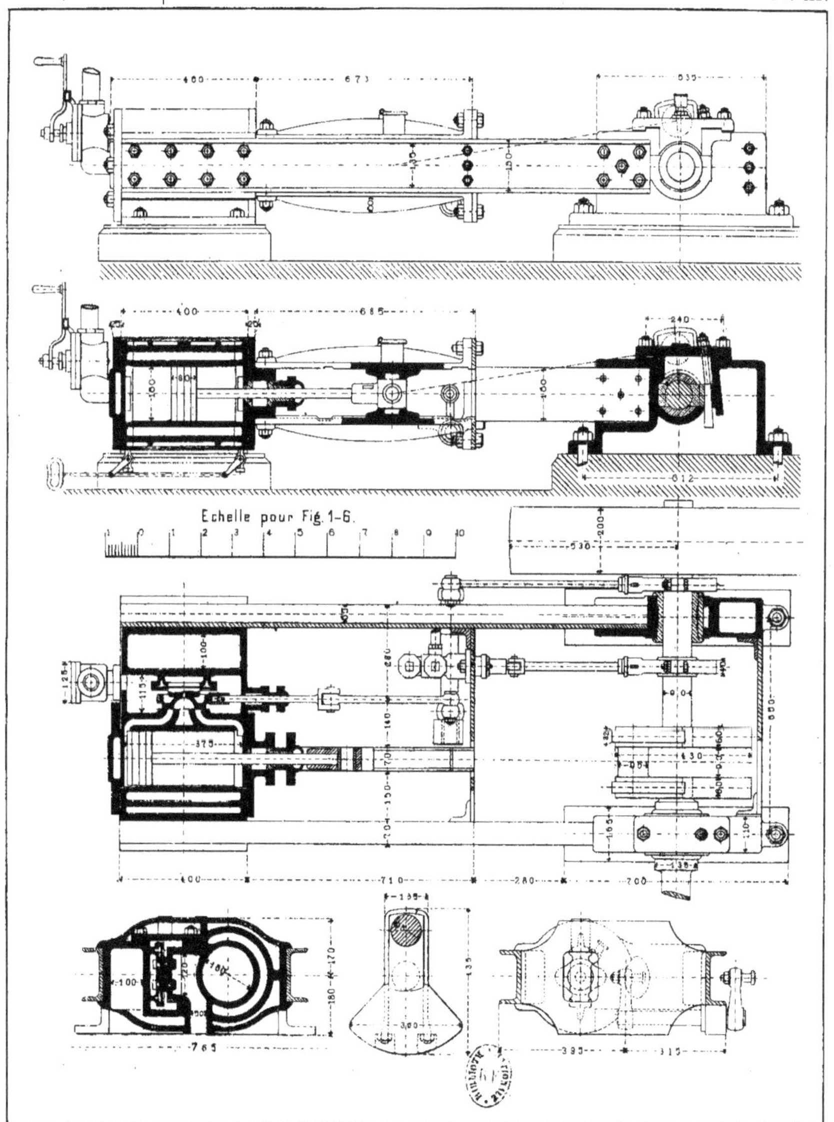
Echelle pour Fig. 1-6.

A. Siepermann à Lübeck. (Fig. 1–3).

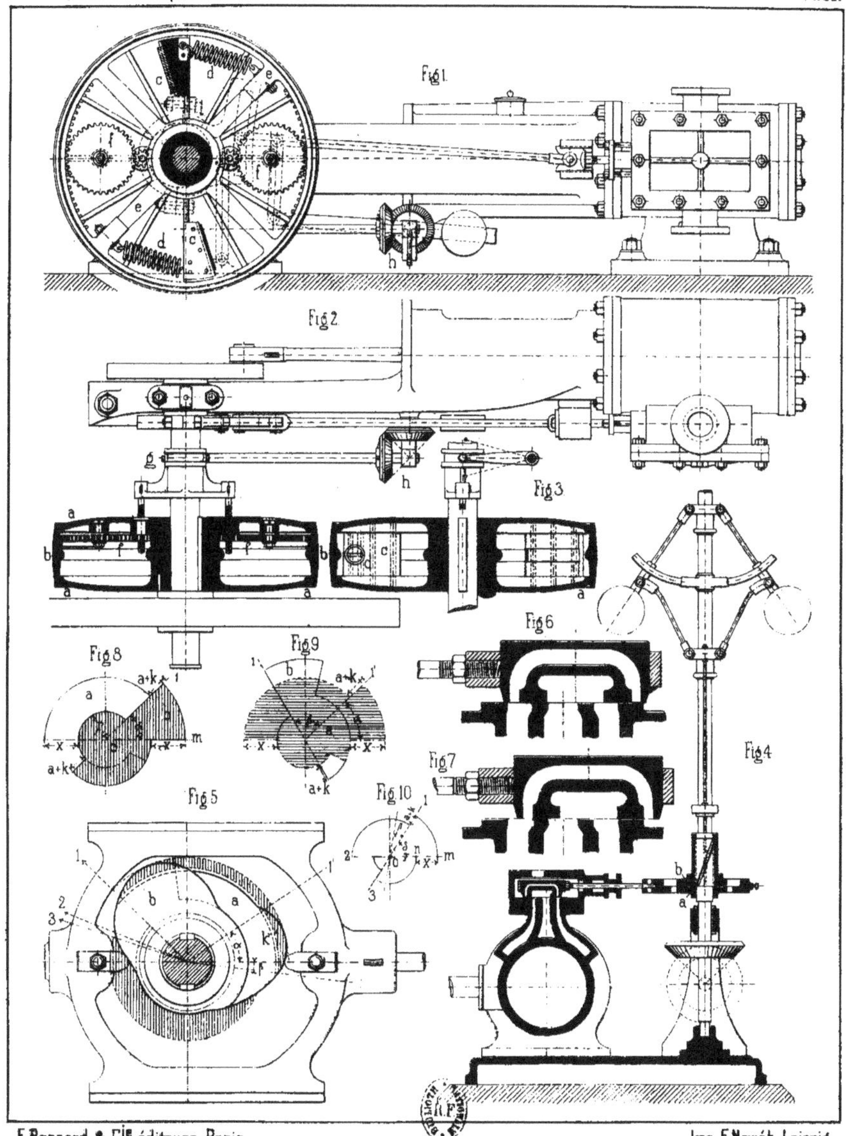

E. Bernard & Cie éditeurs, Paris. Jmp. E. Nowák, Leipzig.

E. Earnshaw & Cie à Nürnberg. (Fig. 4–10).

Davey Paxman & Cie à Colchester. (Fig. 1-6).

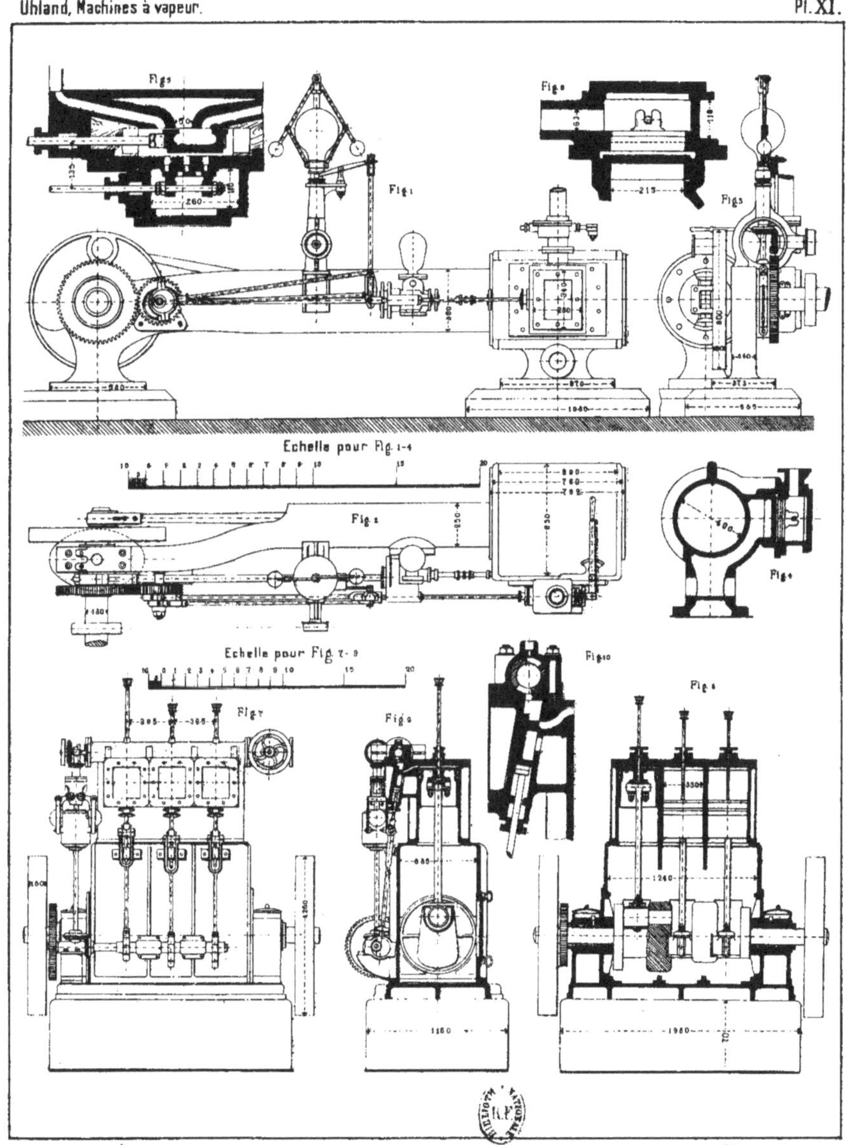

E. Bernard et Cie éditeurs, Paris. Jmp. E. Nowák, Leipzig.

Ch. Beer à Jemeppe. (Belgique). (Fig. 7-10).

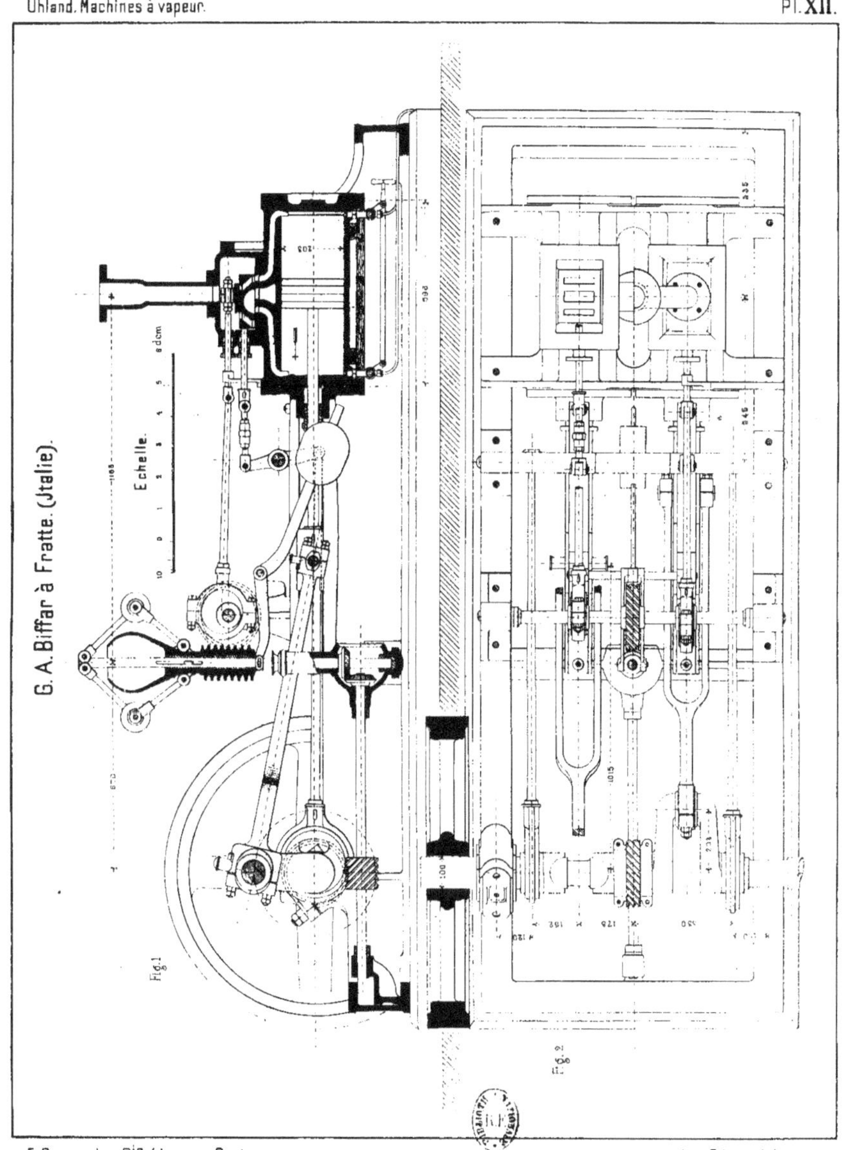

E. Bernard et Cie éditeurs, Paris.

Jmp. E. Nowák, Leipzig

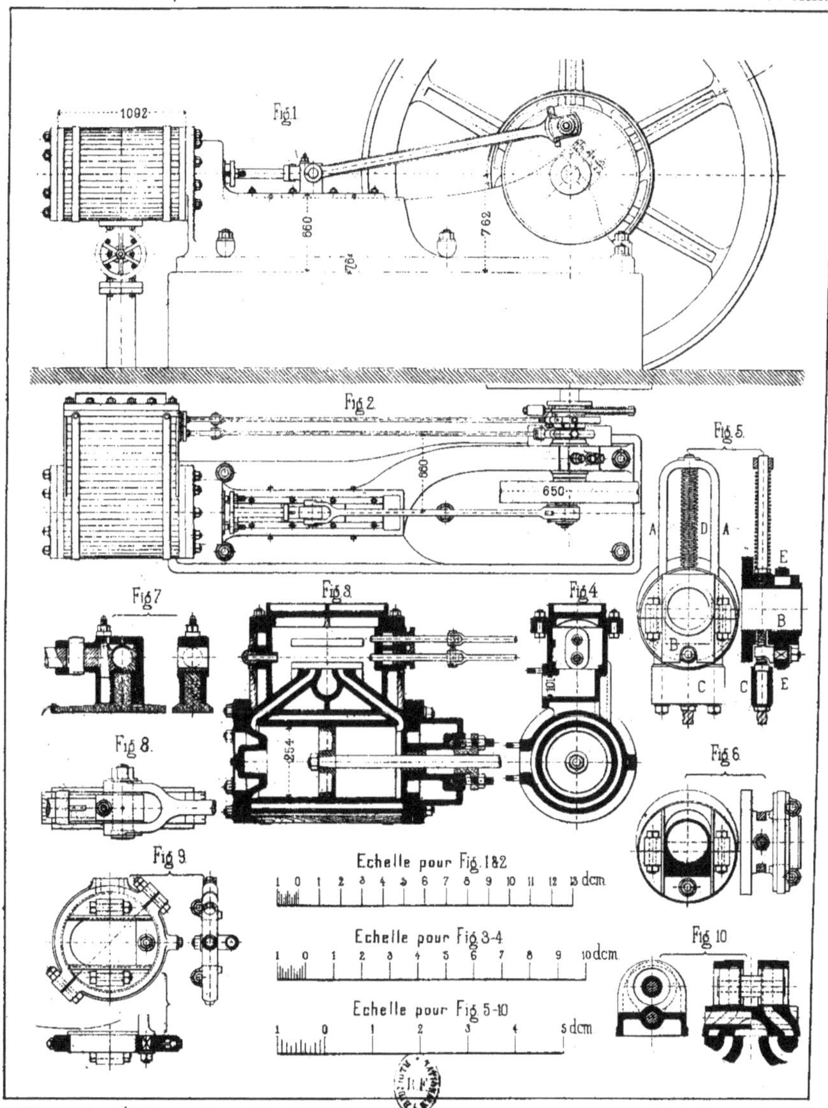

E. Bernard et Cie éditeurs, Paris. Jmp. E. Nowák, Leipzig.

Société (par actions) de construction de machines de Cologne. (Fig. 1 et 2).

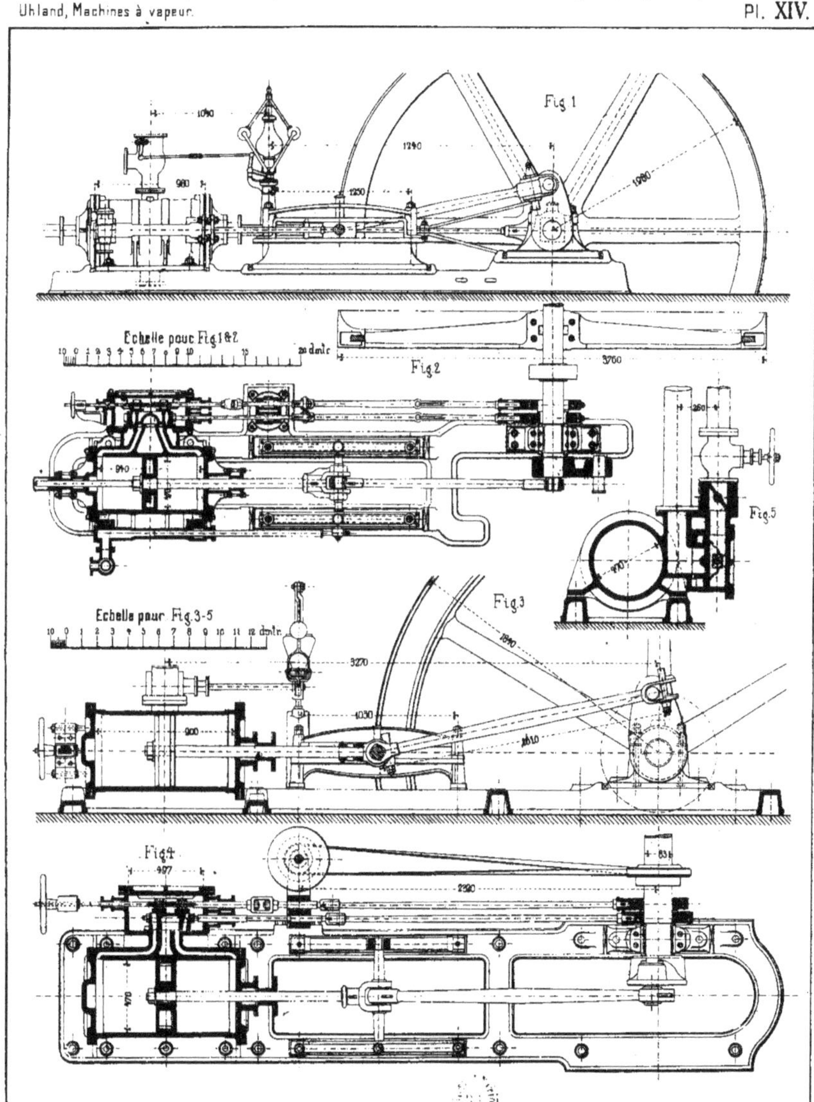

E. Barnard et Cie éditeurs, Paris. Imp. E. Nowák, Leipzig.

Société (par actions) de construction de machines de Humboldt à Kalk près Cologne. (Fig. 3-5).

Whieldon, Lecky et Lucas à Londres.

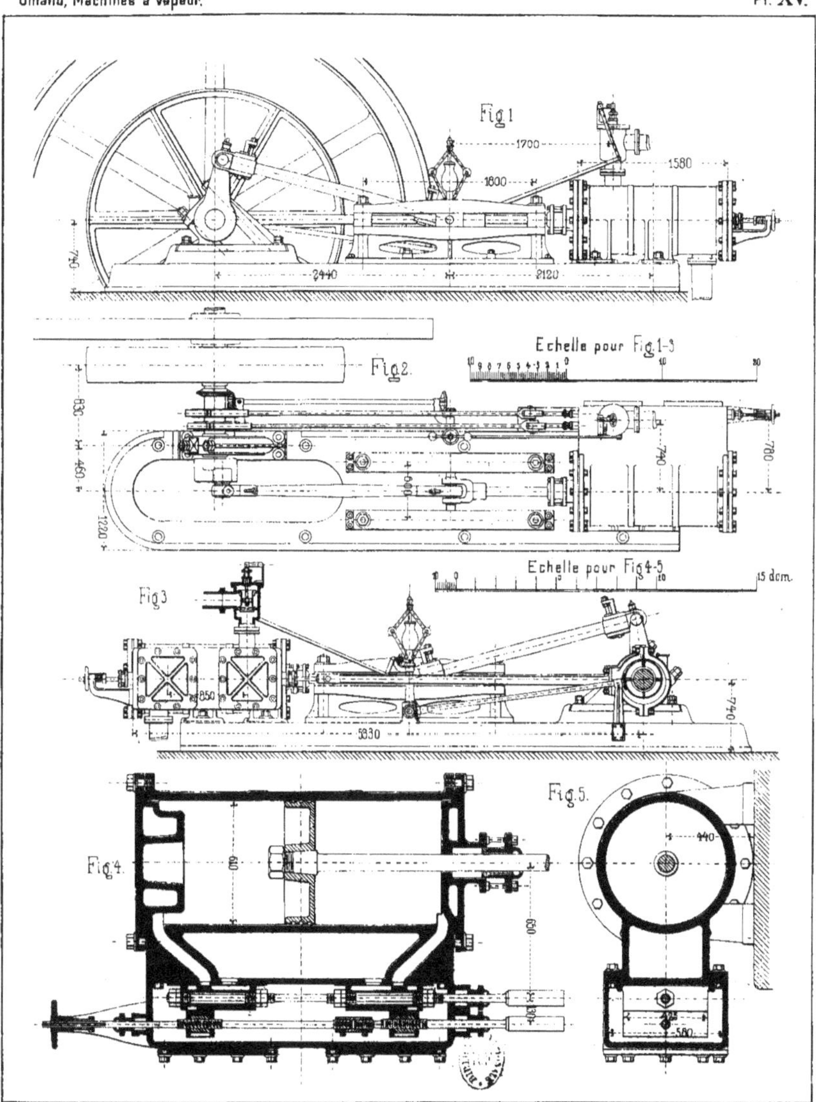

E. Bernard et Cie éditeurs, Paris. Jmp. E. Nowák, Leipzig.

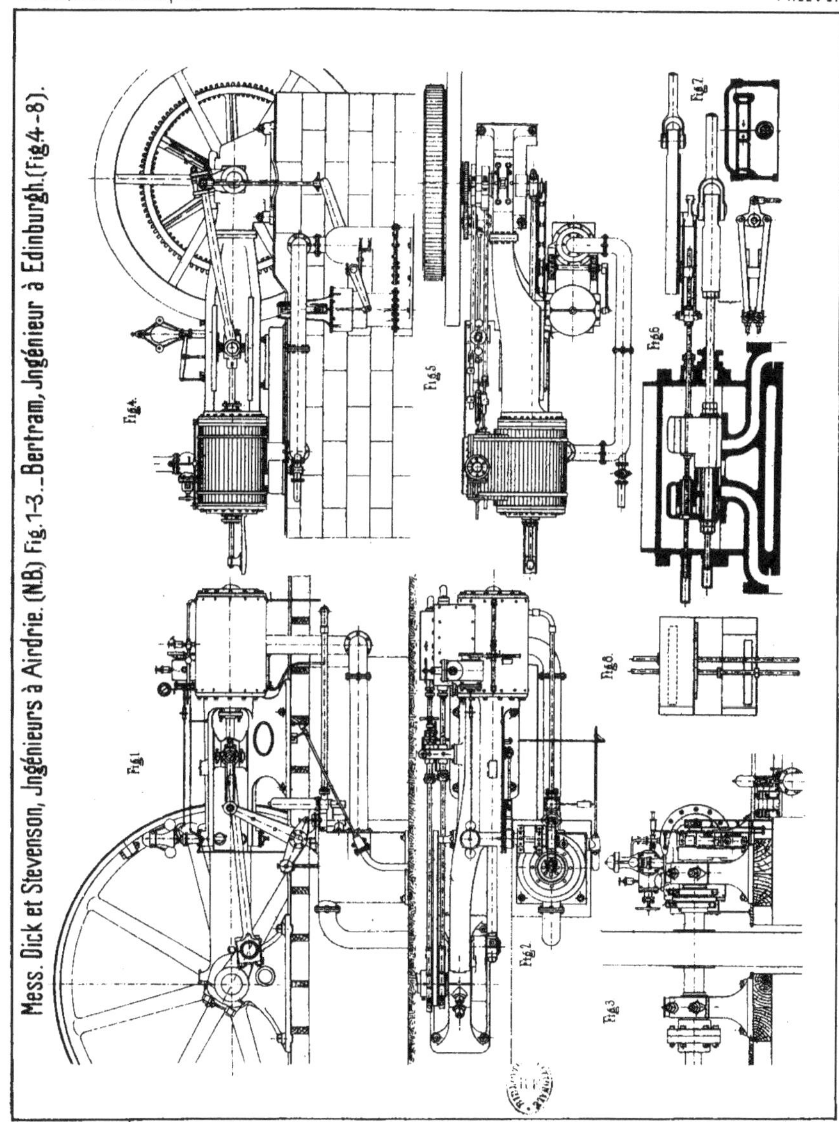
Mess. Dick et Stevenson, Jngénieurs à Airdrie. (N.B.) Fig.1-3._Bertram, Jngénieur à Edinburgh.(Fig.4-8).
Fig.1
Fig.2
Fig.3
Fig.4
Fig.5
Fig.6
Fig.7
Fig.8

Neut et Dumont à Paris. (Fig. 1-4).

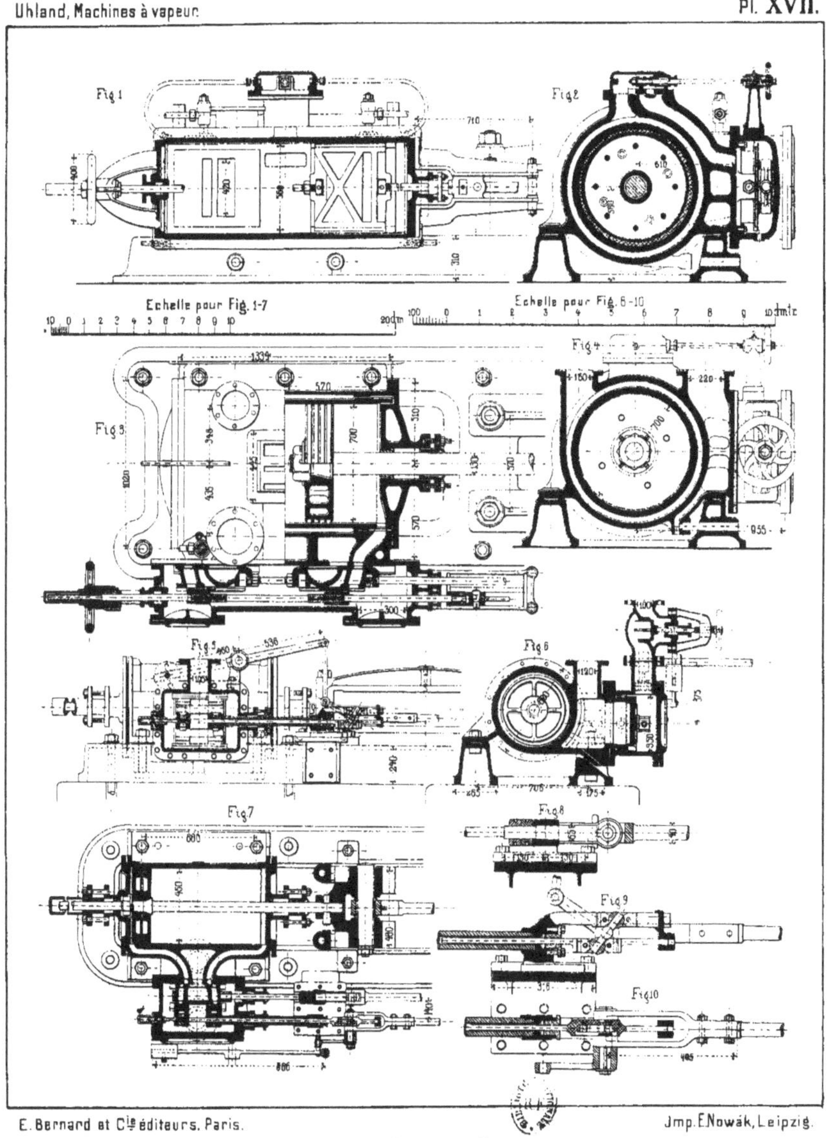

E. Bernard et Cie éditeurs, Paris.

Jmp. E. Nowák, Leipzig.

Louis Soest à Düsseldorf. (Fig. 5-10).

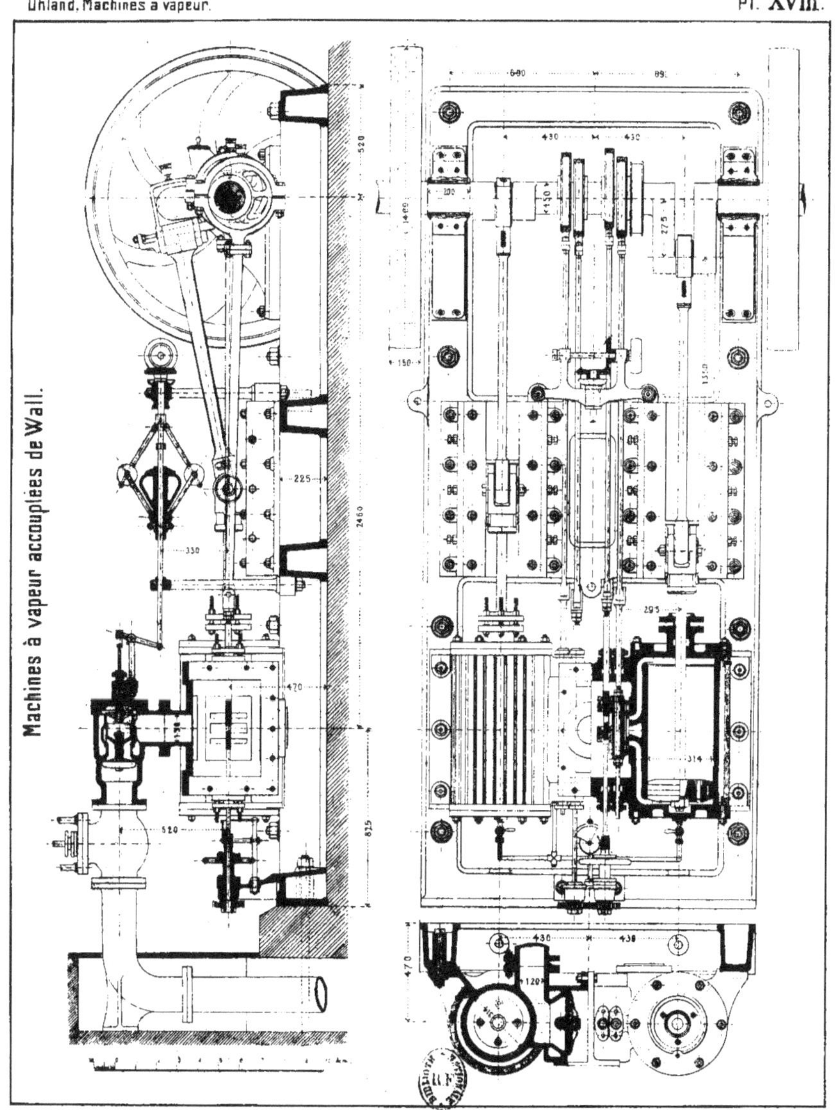

Machines à vapeur accouplées de Wall.

E. Bernard et Cie éditeurs, Paris. Jmp. E Nowák, Leipzig.

Ateliers de construction de Nienburg, à Nienburg.

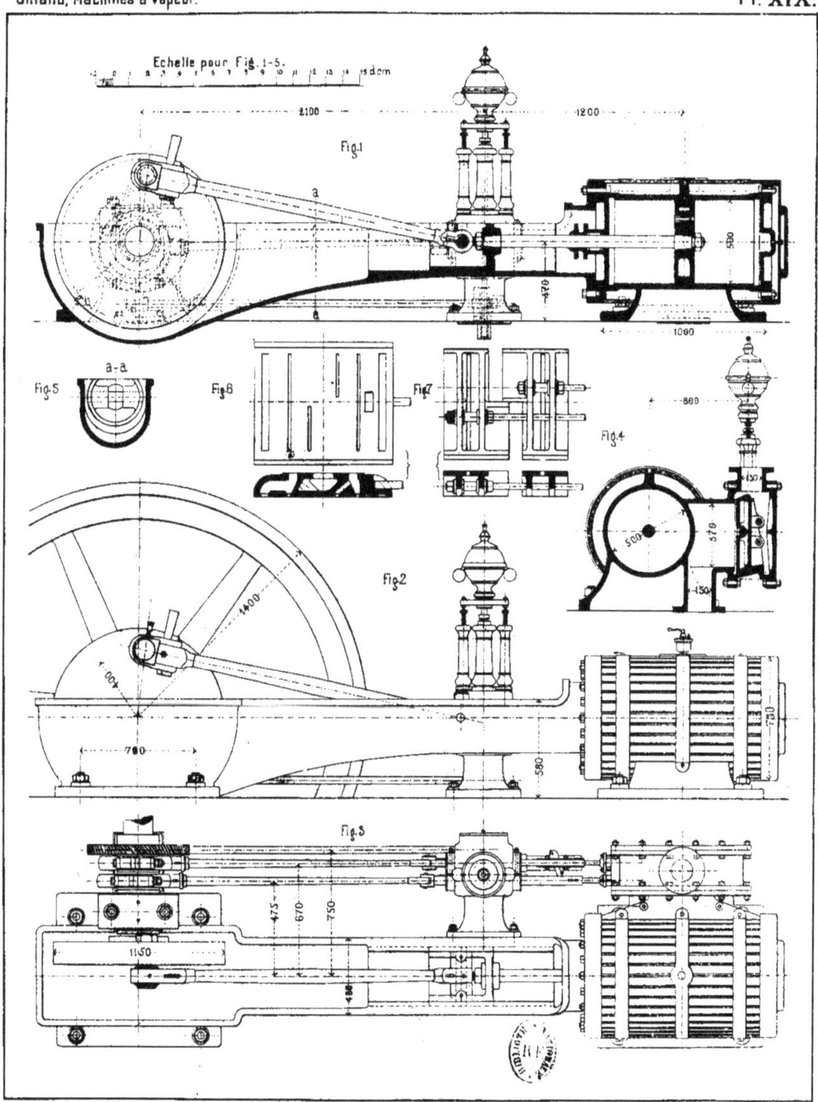

E. Bernard et Cie éditeurs, Paris. Jmp. E. Nowák, Leipzig.

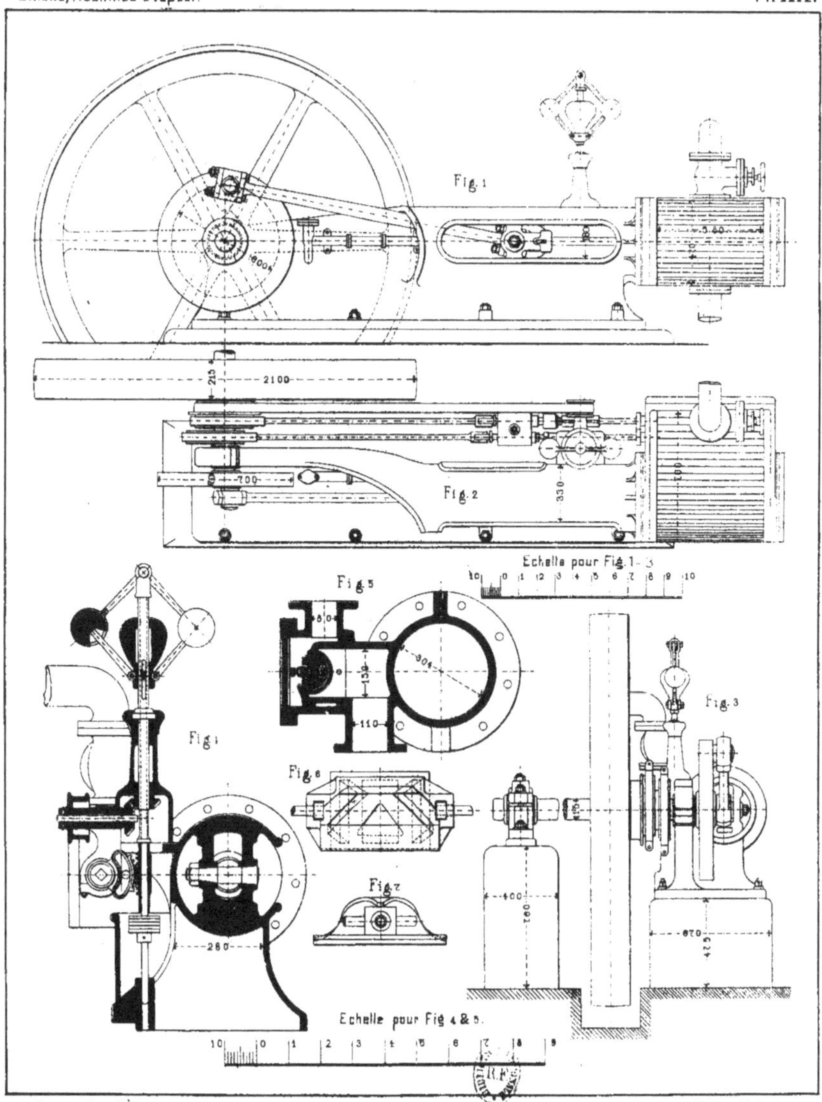

E. Bernard et Cie éditeurs, Paris. Jmp. E. Nowák, Leipzig.

www.ingramcontent.com/pod-product-compliance
Lightning Source LLC
LaVergne TN
LVHW020600230826
846091LV00002B/550